独户住宅用地	商业、娱乐、文化设施用地	公园、绿地
公共住宅用地	官公厅、业务设施用地	运动公园
学校用地	干道沿线设施用地	农业用地
医疗保健设施用地	工业用地	规划道路

图4.5　大井町城市基本规划土地使用规划图

图例

城市规划区域
开始 1933 年 2 月 10 日
结束 1999 年 1 月 8 日 埼玉县告示第 29 号

城市化区域、城市化调整区域
开始 1970 年 8 月 25 日 埼玉县告示第 982 号
结束 2004 年 4 月 27 日 埼玉县告示第 927 号

用途分区
开始 1983 年 8 月 12 日 建设省告示第 1955 号
结束 2013 年 12 月 3 日 川越市告示第 713 号

类别	图例	项目
城市化区域或城市市化调整区域		城市行政区域
		城市化区域

类别	图例	用途区域	建筑密度（%）	容积率（%）
区域分区		第一类低层居住专用区	50 60	80 100
		第二类低层居住专用区	50 60	100 200
		第一类中高层居住专用区	(50) 60	(100) (150) 200
		第二类中高层居住专用区	(50) 60	(100) (200) 200
		第一类居住区	60	200
		第二类居住区	60	200
		准居住区	60	200
		近邻商业区	80	(200) (300)

类别	图例	用途区域	建筑密度（%）	容积率（%）
区域分区		商业区	80	400 (600)
		准工业区	60	200
		工业区	60	200
		工业专用区	60	200
		高度开发区（A区）	70	最高 600 最低 300
		高度开发区（B区）	70	最高 400 最低 200
城市设施		形态规定 上：容积率 下：建筑密度		
		形态规定 上：容积率 下：建筑密度／建筑限高（m）		
		防火区		
		准防火区		

类别	图例	用途区域
区域分区		生产绿地区
		传统建筑群保护区
促进区		近郊绿地保护区
		土地区划整理促进区
区域规划等		区域规划
城市设施		城市规划道路
		其他城市规划设施
		城市规划公园、绿地
		城市下水道
		其他城市设施
城市街区开发		实施中
		已实施
		城市街区再开发项目 城市化调整区域内建筑形态规定 A 区

图7.5　川越市城市规划图（2014年，埼玉县城市整备部城市规划科）

INTRODUCTION OF URBAN PLANNING

城市规划概论

（原著修订第 3 版）

[日]日笠端　[日]日端康雄　著

祁至杰　陈昭　孔畅　译

江苏凤凰科学技术出版社

图书在版编目（CIP）数据

　　城市规划概论：原著修订第3版 / （日）日笠端，（日）日端康雄著；祁至杰，陈昭，孔畅译. -- 南京 :江苏凤凰科学技术出版社，2019.4

　　ISBN 978-7-5713-0148-4

　　Ⅰ．①城… Ⅱ．①日… ②日… ③祁… ④陈… ⑤孔…
Ⅲ．①城市规划 Ⅳ．①TU984

中国版本图书馆CIP数据核字(2019)第032883号

江苏省版权局著作权合同登记 图字：10-2017-323
都市計画第3版増補
日笠端・日端康雄（著）

城市规划概论（原著修订第3版）

著　　　者	[日]日笠端　[日]日端康雄	
译　　　者	祁至杰　陈昭　孔畅	
项 目 策 划	凤凰空间／曹蕾靳秾	
责 任 编 辑	刘屹立　赵研	
特 约 编 辑	靳秾	

出 版 发 行	江苏凤凰科学技术出版社
出版社地址	南京市湖南路1号A楼，邮编：210009
出版社网址	http：//www.pspress.cn
总 经 销	天津凤凰空间文化传媒有限公司
总经销网址	http：//www.ifengspace.cn
印　　刷	天津久佳雅创印刷有限公司

开　　本	710mm×1000mm　1／16
印　　张	24.25
版　　次	2019年4月第1版
印　　次	2019年4月第1次印刷

标 准 书 号	ISBN 978-7-5713-0148-4
定　　价	79.00元

图书如有印装质量问题，可随时向销售部调换（电话：022-87893668）。

第三版前言

工业化国家的城市在 20 世纪末经历了从工业社会到后工业社会的转变，其中，日本从 20 世纪末到 21 世纪，也迅速进入了后工业时代。特别是在 20 世纪 90 年代初，经历了历史性的泡沫经济崩溃之后，日本的产业经济社会结构发生了变化。

从 20 世纪末到 21 世纪，这样的社会变化很明显。同时，地球上的环境、资源、人口等问题的危机正在加剧，必须同时解决的重要问题之一就是城市问题，这一事实从来没有改变过。在解决城市问题上，城市规划和区域规划发挥的作用极为重要。

日本的现代城市规划始于明治时代，从战前到战后独立进行了发展。20 世纪是工业化社会，也是城市发展的时代。在战后的经济高度发展期，城市规划也曾受到经济优先、企业优先的潮流推动，优先发展大规模项目，并且允许过度开发，最后导致自然环境破坏和城市生活环境恶化越来越严重。

居民抗议运动以环境公害问题为首，也波及到了城市规划领域，居民参与城市规划的要求强烈。从这个意义上，可以理解日本的城市规划在基本理念上发生了 180° 的转变，把城市规划作为人类居住环境的规划来重新审视。

日本在 20 世纪 90 年代初期经历了泡沫经济崩溃，进入到了新的城市文明时代。现代城市除巨型城市以外，都会从成长到成熟，再进入到停滞时期。日本诞生了环境友好型的紧凑城市、以文化艺术作为城市理念核心的创意城市等新的城市理论，世界各国也在实践各种各样的政策。

现代社会处于一个激烈变革的时代。人们的价值观呈多样性，不稳定、两极化的观点一个接一个登场。对于未来日本的城市规划应有的状态，要看清新的方向，并且去接受，应该让更多的人首先去了解城市规划的本质，并且对日本的现状和问题进行正确的评价。

本书在 1977 年 10 月作为大学建筑学系列教材之一出版，从 1982 年 10 月开始单独出版。有幸得到多方读者的支持，至今第一版已 23 次印刷、第二版已 15 次印刷、第三版已 45 次印刷，作者对此十分欣慰。每次印刷时都会进行部分修订，并增加新的文献，近几年城市环境的价值观产生了很大的变化，因此决定修订增补后出版，但基本理论和结构并没有改变。

本书较全面地涵盖了城市规划的重要内容，尽量将其系统化，将大学城市规划专业学生应了解的内容以概论形式进行了说明，适合作为大学城市规划课程的教材使用。

大学课程最大的问题在于时间有限。在有限的时间里，教师必须要对整个城市规划系统尽量多方面地讲解，但另一方面，教师又希望对他们目前最感兴趣和最投入精力研究的问题深入地讲解。这两个要求本身就相互矛盾，如果处理不当，往往贪多必失。为解决这个问题，若通过教师适当的指导而能最大限度地利用本书，将是我的荣幸。

本书在考虑上述日本城市规划现状和问题的基础上，突出以下重点：

①把城市视为人类生活的环境，城市规划则是用科学的方法有计划地创造这个环境的手段；

②经常回顾城市规划历史，以此作为未来展望的依据；

③经常关注国外的情况，为打破日本城市规划工作的障碍提供参考；

④对于物质规划，通过联系社会背景来理解；

⑤以土木工程、建筑、景观设计为首，将多个领域的设计思想综合融入到城市规划体系当中；

⑥在城市级别，相比于分项规划，把重点放在城市基本规划的制定上；

⑦重视按照土地使用规划制定区域规划，城市规划最终以区域设计结尾；

⑧城市规划是构筑空间系统的技术，同时为了实现这一目标，公众参与其中的法律制度及其应用极其重要。

本书虽然收入了数量可观的插图和照片，但对于表达不充分的部分，教师仍宜通过图片、幻灯片、实地参观等进行必要的补充。

希望本书有助于正确理解城市规划，如果可以为城市规划的未来发展做一点贡献，那是作者最大的荣幸。

值此第三版增补之际，对筑波大学名誉教授大村谦二郎、东京城市大学教授明石达生、城市规划师石川岳男氏等各位的协助，表示深深的谢意。

日端康雄

2014年12月

目 录

第1章 城市规划的发展

第 2 章 城市规划的意义

第3章 城市基本规划总论

第 4 章　城市基本规划分论

第5章 区域规划

第 8 章　城市设施和区域开发

第1章　城市规划的发展

1.1　城市规划历史

　　城市从古代就已存在，但起源并不明确，并且城市规划及其实践也从古代开始。刘易斯·芒福德指出，城市是人类文明和文化的象征，但是各个时代城市规划的意义却完全不同。

　　在古代，城市由王侯、贵族、僧侣支配，以宫殿、神殿、市场为中心构成；到了中世纪，在封建领主的支配下，城市由城墙和水渠围住，成为各领主间战争的要塞。此后，随着宗教的影响和商业发展，教会和市场成为城市的中心。文艺复兴时期，诞生了中央集权国家，为了显示其强大的国家权力，连接巨大广场之间的直线宽马路和气势恢宏的街区成为当时城市规划的主题。

　　因此，历史上的城市规划"由谁制定""为了谁"和"以什么为目的"，与现代城市规划存在很大的差异。但历史上的城市是我们无可替代的宝贵遗产，其变迁史也是指引人类社会发展和未来城市方向的指南针。特别是在人们的价值观多样化、很难统一的当今社会，回顾城市和城市规划的历史有着重大意义。

　　探索各个时代的城市模式、建筑样式的变迁很有趣味，同时，考察其政治、社会、经济背景，理解它的真正意义也极为重要。我们不仅要关注宫殿和城市、城市基础设施，而且还要重视每个时代的普通居民住什么样的住房、过着怎样的城市生活。

　　在研究城市规划变迁史时，需要关注两个方面的内容：一是自由表达的关于城市规划的各种思想，称为理想城市规划（ideal city planning）；二是行政制度上的城市规划的变迁，称为行政城市规划（administrative city planning）。两者互相影响，又各自发展，这种关系延续到今天依旧如此。也就是，如今城市规划一方面很大程度上受规划师个人思想的影响，另一方面又不得不考虑公共利益和私有权利之间的平衡，并通过法规制度来实现规划。为了使城市规划未来更好地发展，这二者之间也不必无意义地妥协，而要充实各自的方法论，并维持良性竞争关系。

　　对于从古至今城市规划的变迁史可参考其他文献，本书主要针对工业革命以后的城市规划思潮以及各国城市规划的发展进行介绍。

1.2　城市规划思潮

从人类建立城市以来，无论哪个时代，都希望解决现实的矛盾和痛苦，建设拥有更好未来的城市。既有以柏拉图的理想国和托马斯·莫尔的乌托邦为代表的用哲学和文学表现的理想社会，也有像列奥纳多·达·芬奇和阿尔布雷特·丢勒一样，通过图画来表现的物质环境。关于理想城市的理念也不在少数，这些概念方案都以当时的时代思想作为背景，不仅鲜明地体现了提案者的职业及人格，也受到其他思想的影响。

下面将工业革命以后的主要理想城市理念按时间顺序列出并介绍。

1.2.1　约翰·伍德（John Wood）

18 世纪，英国因古典主义的复兴和《建筑法》的实施，住房公寓的外观出现了建筑外墙从基础到屋顶一体化的改变。最普遍的是六层建筑，其内部由公共楼梯贯通上下，各层独立使用。每户设有 3 个卧室、起居室、厨房和餐厅，主要供中上层阶级居住，贫困人群则以合租形式居住。

约翰·伍德曾是英国巴斯（Bath）的建筑师及工程师。1724 年，他租下巴斯市内的一块地，开发建设了皇后广场（Queen's Square）。在广场的中央设计了方形庭园，周边由道路围住，将外围的土地转租出去。对于转租用地上的建筑，允许内部及背面自由设计，正立面则要求建成乔治式 ①，以统一用地上的建筑立面（图 1.1）。

1764 年，同样的模式也应用到皇家圆形广场（Royal Circus）的建设之中。他的儿子小约翰·伍德则更大胆，在 1769 年建设了皇家新月广场（Royal Cresent，图 1.2）。

1.2.2　克劳德·尼古拉斯·勒杜（Claude Nicholas Ledoux）

法国建筑师勒杜的绍村理想城（Chaux）发表于 18 世纪后半叶，他意识到工业革命的到来，在理想城市中引进了新的生产体系，成为理想城市的开创性方案。

勒杜的规划方案整体呈圆形，道路系统呈放射状。圆形中心有中央管理楼，其左右设置工厂，住房则环绕中心布置，每个住房背后都有宽敞的院子；外侧布置了各种会馆、工厂、

---

① 指 1720—1840 年的建筑风格，与英国乔治一世至乔治四世在位时间基本相同。其源于意大利文艺复兴风格的传入。——译注

集合住房等未来工业城市所需要的城市设施。虽然勒杜的规划方案近来变得受人瞩目，但其人口规模与城市设施之间的关系、城市运营主体等仍存在很多疑问。

　　有趣的是，工厂的位置相当于现在的社区中心，象征性的工厂设置，反映了当时新的期望和兴趣。该规划并不是虚拟方案，从 1773 年到 1785 年，中央管理楼及其左右的工厂，以及围绕的周边住宅楼实际已建成，时至今日还有一部分被保存下来（图 1.3）。

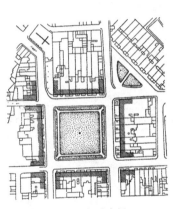

图1.1　皇后广场

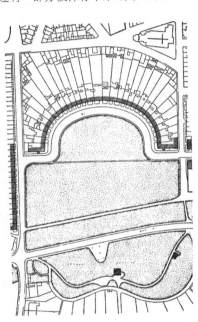

图1.2　皇家新月广场

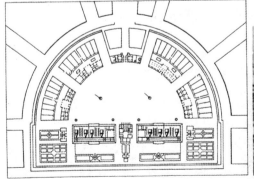

图1.3　勒杜的绍村理想城（Chaux）

1.2.3　罗伯特·欧文（Robert Owen）

　　从 19 世纪初到中期，涌现出一批社会改良人士，区别于马克思的科学社会主义，被称为空想社会主义，其中代表性的有罗伯特·欧文、圣西门、傅立叶三人。他们推动的主要是消除资本主义社会的弊端以建设理想社会，并试图通过说服统治阶级来实现。

　　欧文是英国新拉纳克一家棉花厂的厂主，在 1816 年提出将农业与工业结合的理想工业村方案。规划在 404.7~607hm² 的正方形土地上容纳 1200 个劳动者，每人分配约 0.4hm² 的周边农地，试图实现无失业而自给自足的共同生活模式。居住区的中央是大面积的公共用地，布置幼儿园、公用厨房、学校等公共设施，居住区的外围则设置了工厂及办公室（图1.4）。

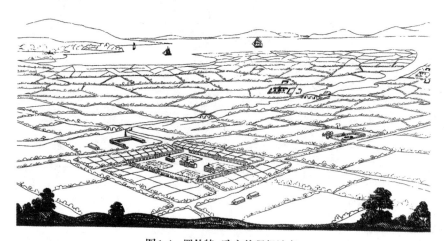

图1.4　罗伯特·欧文的理想城市

1.2.4　傅立叶（Francois Marie Charles Fourier）

　　傅立叶在 1808 年匿名发表了一篇论文，提出基于个人或阶级的竞争而建立的社会是不道德且不合理的，主张实现人类社会和谐的方法是合作和共同努力。

　　关于未来城市的秩序，他考虑到土地使用分类和建筑规划的控制，这预测了 19 世纪的建筑控制制度。而最终居住形态是取代模棱两可的社区，引入合理设置的功能性社会单元，并且取消无定型的城市，提出由单一建筑构成的法郎吉（phalanstère，图 1.5）。

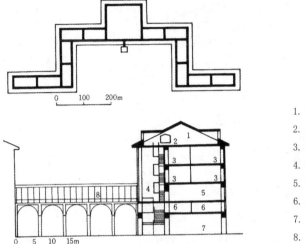

1. 客厅
2. 贮水槽
3. 公寓
4. 室内走廊
5. 会议室
6. 夹层儿童室
7. 一层车库
8. 带屋顶连廊

图1.5　傅立叶的法郎吉（phalanstère）

法郎吉的构想是由居民一千数百人组成共同体，合作运营，由成员各自分担出资，利益则按每个成员的贡献程度分配。事实上傅立叶的空想社会主义在各地进行了尝试却都以失败告终，直到他得到在法国硅兹（Guise）经营炼铁厂的年轻实业家戈丁（Jean Baptiste Godin）的资金支持，他的理想才几乎完美地得到了实现。

建于硅兹的共同体被称为法米里斯泰尔（Familistere）。主要建筑为3个各自带有中庭的封闭的建筑群，中庭设有玻璃屋顶，替代了傅立叶的室内通道。这些建筑建设从1859年到1880年，配备了托儿所、幼儿园、学校、剧场、公共浴池及公共洗衣房。1880年，戈丁设立了合作社，并把工厂和法米里斯泰尔的管理权交给工人。到1939年，合作社发展壮大，还扩大了工厂规模（图1.6）。据说，法米里斯泰尔的建筑形态对于后来的勒·柯布西耶也有很大的影响。

1.2.5　詹姆斯·西尔克·巴金哈姆（James Silk Buckingham）

巴金哈姆是理想社会主义者之一。他在1849年发表了题为《国家罪恶与现实救济政策》的论文，其中提出了"约1万居民的社区"方案，名为维多利亚。模范城市协会倡导优先重视美观性、保障性、健康性和便利性，并通过现代建筑技术及科学进步来实现规划。

维多利亚由多个同心正方形互相重叠而成，中央广场设置高92m的电光塔作为该社区的中心，总面积为1.5km²，其中呈放射状的八条大道被命名为：正义、统一、和平、和谐、

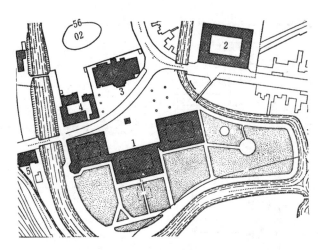

1.法米里斯泰尔
2.1886年以后建成的新住宅楼
3.学校和剧场
4.工厂车间
5.洗衣厂和公共浴池

图1.6 法米里斯泰尔

刚毅、慈善、希望、诚实。工厂设置在城市的外围，内部布置住房和公共设施。所有的住房都配有冲水卫生间，每个区域设有公共浴池，工厂规定必须设置排烟设备，可见规划很重视保健卫生。在城市的周围有 $4000hm^2$ 农地。所有的土地归协会所有，建筑原则上也采取租赁形式。

巴金哈姆的规划里明确反映了当时的社会阶级分化。靠近规划方案的中心部分是高官和富豪们的住房，外围则布置工人住房和工厂车间，越向外住房的规模就越小。对此，刘易斯·芒福德曾评价："巴金哈姆所设计的社会可以说是资产阶级的理想社会。""他很理所当然地看待同时代人的价值观，而他所追求的是完全有秩序地去实现这些价值。"（图1.7）

1.2.6 由工厂主建造的样板城镇

空想家们提出的方案大多数脱离了现实，或者实际经营起来比较困难，导致方案最终都无从实现。然而，对工人生活的关心、合作式的经营模式、城乡统筹规划意向等在当时引起了世人的注意，也给了工厂主们一定的启发。部分工厂主希望为自己的工人们提供更好的住房和生活环境，受乌托邦提案的影响，开始了样板城镇的建设。

如今看来，这些样板城镇其实是一种企业城（company town），规模较小，居民也只限于工厂职工。因此，规划很大程度上取决于工厂主的个人信念和慈善心，并且优先考虑管理条件，但相比于一般市区，样板城镇实现了高水准的居住环境。

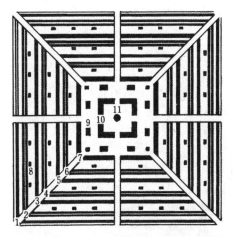

1. 进深为6.1m的住宅1000户
2. 工厂上面的拱廊
3. 进深为8.5m的住宅560户
4. 小卖部
5. 进深为11.6m的住宅296户
6. 冬季步行街拱廊
7. 进深为16.5m的住宅120户
8. 学校、公共浴池、食堂
9. 公共建筑、教堂
10. 进深为24.4m的住宅24户
11. 中央广场

图1.7　巴金哈姆的理想城市

主要样板城镇的建设情况如下：

1846 年，贝斯布鲁克（Bessbrook）：在爱尔兰纽里附近，为棉麻厂工人而建。

1852 年，索尔泰尔（Saltaire）：由提图斯·索尔特爵士在英国的布拉德福德附近为 2000 余名纺织工人而建立。该样板城镇配有完善的社区设施，占地面积 45hm^2（图 1.8）。

1865 年，克虏伯社区（Krupp Colony）：克虏伯炼铁厂历时多年，在德国埃森为工人建设了数个社区（Colony）。

1879 年，伯恩维尔（Bournville）：英国的巧克力制造商吉百利把工厂从伯明翰迁移到农村，样板城镇最初由该公司管理，土地实行公有制之后，移交地方政府，现在约有 2000 户住房（图 1.9）。

1881 年，铂尔曼（Pullman）：美国铂尔曼卧铺列车制造商建设的城镇，建于伊利诺伊州。

1886 年，日光港（Port Sunlight）：由英国肥皂制造商利弗（Lever）兄弟建于利物浦附近，占地面积为 220hm^2（图 1.10）。

1905 年，伊尔斯威克（Earswick）：由可可制造商约瑟夫·朗德（Joseph Round）建于约克市附近，最后也由地方政府接管。设计由理查德·帕克（Richard Barry Parker）和雷蒙德·昂温（Raymond Unwin）担任。

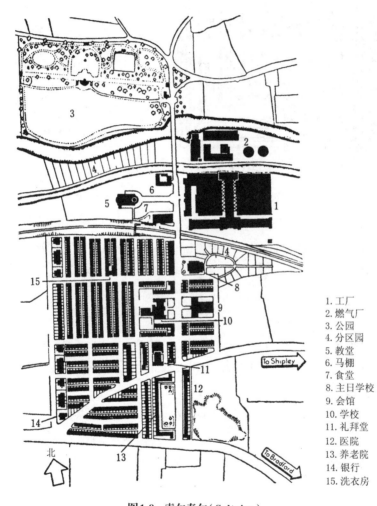

1. 工厂
2. 燃气厂
3. 公园
4. 分区园
5. 教堂
6. 马棚
7. 食堂
8. 主日学校
9. 会馆
10. 学校
11. 礼拜堂
12. 医院
13. 养老院
14. 银行
15. 洗衣房

图1.8 索尔泰尔（Saltaire）

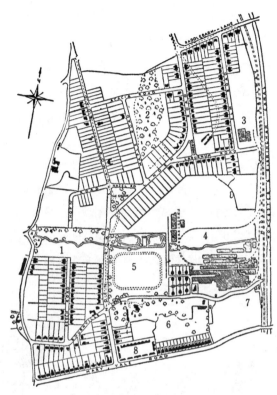

1. 公园
2. 森林
3. 砖瓦厂
4. 工厂
5. 操场（男）
6. 操场（女）
7. 火车站
8. 老人之家

图1.9 伯恩维尔（Bournville）

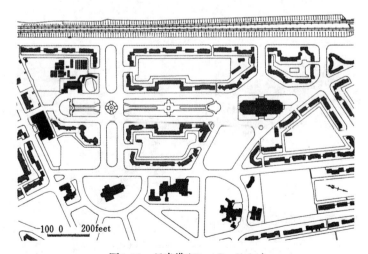

图1.10 日光港（Port Sunlight）

1.2.7 索利亚·伊·马塔（Arturo Soria y Mata）

西班牙城市规划师索利亚·伊·马塔因在 1882 年提出了带形城市（La Ciudad Linear）方案而闻名。对交通问题感兴趣的他曾参与马德里第一条有轨电车线路的开设。

带形城市方案在以轨道为中心、宽 500m 的地块上，除自来水、煤气、电气等设施之外，还设置了公园、消防局、保健所等城市服务设施，开发了由独栋住房构成的住房区，具有无限连续延伸的特征。轨道两侧的居住用地由间隔 300m、宽 20m 的道路分割，以面积 4~6hm^2 的大街区作为划分标准。他将这一模式应用到三种新城的建设方案之中：现状城市近郊的环状新城、连接两个城市的新城和未城市化区域的新城。

马塔为了推广该方案在多地演讲，并在杂志上撰文，在海外也颇具影响力。1894 年，他在马德里创立公司，终于实现了轨道和居住用地的同时经营（图 1.11）。

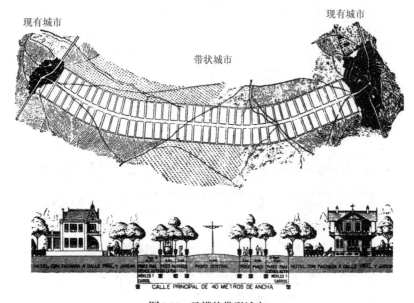

图 1.11 马塔的带形城市

1.2.8 卡米洛·西特（Camillo Sitte）

奥地利的建筑师卡米洛·西特在 1889 年出版的《城市建设艺术——遵循艺术原则进

行城市建设》[①]一书中，纯粹从艺术和技术的角度对城市规划进行了阐述。他对古代、中世纪以及巴洛克时代的城市空间构成进行了剖析，总结出共同的城市内在要素的基本原理，更以此为基础创造出了空间构成模型。他主张城市空间应有连续性，建筑物、广场及其他要素相互关联，城市才真正有意味。

西特把他的理论应用到了维也纳的环状道路建设项目当中。西特学派空间模型的特征在于，通过重新关注中世纪城市而得出要素连续性，空间的封闭性和变化，非对称性、不规则性、有意义的要素结合等。

西特的理论特别在日耳曼民族国家得到了强烈的反响，当时主要是为了对抗风靡一时的奥斯曼（Georges Eugène Haussmann）派的城市规划。在英国，西特的理论受到帕特里克·格迪斯（Patrick Geddes）和雷蒙德·昂温（Raymond Unwin）的支持而有了很大的影响力。

1.2.9　埃比尼泽·霍华德（Sir Ebenezer Howard）

1898 年，霍华德出版了《明日的田园城市》[②]，其中提出了田园城市的理想，并以此而闻名。霍华德既不是建筑师，也不是规划师，而是一名业务员。他把城市、田园和田园城市比喻为三块磁铁，对各自的利弊进行比较，说明田园城市综合了城市与田园两者的优势。

霍华德的田园城市体现独创性的有以下几点：

①作为城市不可缺少的一部分，霍华德主张应永久性保留农业土地，并利用这一开放空间来控制城市的无限扩大（城市与农村的结合）；

②所有土地由市政府所有，不认可土地私有化，并对租赁的土地进行控制（土地公有制）；

③限制城市的规划人口（人口规模的限制）；

④随着城市的发展和繁荣，产生开发利益的一部分为社区保留。（开发利益回馈社会）；

⑤确保能够维持大部分人口的产业（自给自足）；

⑥居民能最大限度地享受自由合作的权利（自由和合作）。

霍华德提出的田园城市为人口仅 32000 的小城市，而当它发展到规划人口时，就不断地产生出其他新的田园城市，这些城市之间用铁路和道路连接而形成城市群。根据霍华德田园城市的图解，城市群的人口大约有 25 万，单个田园城市的市区占地面积为 400hm²，

①*Der Städte-Bau nach seinen künsterischen Grundsätzen.*

②原名《明日——通向真正改革的和平之路》，再版改为《明日的田园城市》。

围绕其周边布置了 2000hm² 的农业生产用地。城市呈放射环状形，市中心设置广场、市政府、博物馆等，中间地带主要是住房、教堂、学校，外围设置了工厂、仓库、铁路，最外围则是由农庄、租赁农场、牧场构成的农业地带（图 1.12）。

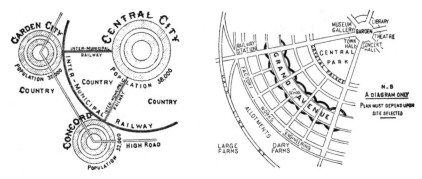

图1.12　霍华德的田园城市图解

与大多数空想家的规划未能实现或以失败告终不同，霍华德实现了他的理想。1899 年，他成立了田园城市协会，并在 1903 年创立了田园城市有限公司，在伦敦以北 54km 处购置土地，建立了第一座田园城市莱奇沃思（Letchworth）。土地总面积为 1547hm²，中心开发了面积 745hm² 的市区。规划由雷蒙德·昂温（Raymond Unwin）和理查德·帕克（Richard Barry Parker）负责。

规划住房 7000 户，全市综合规划了道路、广场、公园、绿地、给排水系统、燃气、电气等市政公共设施，建设了工厂和商业街。按照霍华德的主张，规划实现了农业绿带包围城市，并坚持土地公有制和限制公司利益，将剩余收入用于城市便利的原则。

莱奇沃思成功之后，1920 年，霍华德如愿在伦敦以北约 36km 处建设了第二座田园城市韦恩（Welwyn）。该城市 15 年后发展成为拥有 50 个工厂和人口 1 万的城市，具备了作为伦敦卫星城的绝佳条件，因此 1948 年被指定为新城，并由国有开发公司负责进行了新的开发（图 1.13）。

1.2.10　田园郊区（garden suburbs）

英国田园城市的成功经验当时给世界各国带来了很大的影响，在各地建成了类似田园城市、称为田园郊区的城镇。田园郊区位于大城市的边缘，具备充分的开放空间和公共设施，大部分的居民利用公共汽车或高速铁路到中心城市上班，它属于一种郊区住房区，而不是

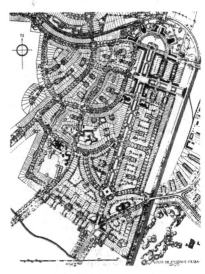

图1.13　田园城市韦恩（Welwyn）

一个完整的自给自足城市。因此，虽然田园郊区受到霍华德田园城市的影响，但真正意义上的田园城市继承者是英国政府根据《新城法》开发建设的新城。

英国的田园郊区以伦敦郊区的汉普斯特德（Hampstead）和曼彻斯特郊区的威森肖（Wythenshawe）最著名（图1.14）。1907年由雷蒙德·昂温（Raymond Unwin）和理查德·帕克（Richard Barry Parker）负责设计的汉普斯特德（Hampstead）是当时最优秀的设计方案之一。威森肖（Wythenshawe）是为了解决曼彻斯特市中心的贫民窟问题而由曼彻斯特市住房委员会从1926年开始开发的。市政府在2200hm²的土地上，保留了400hm²的农业用地，其余土地开发为包括100hm²的公园和40hm²的高尔夫球场的市区[①]。

1.2.11　托尼·加尼尔（Tony Garnier）

托尼·加尼尔是一名法国建筑师，年轻时就获得了罗马奖。著名的工业城市（La Cité Industrielle）是他1899年到1901年期间住在罗马的时候设计的，发表于1917年。

该规划把构成城市的各项功能按地区分开布置，明确城市结构，可以说是划时代的提案。

---

①威森肖可以说是最接近田园城市的田园郊区，因此也称为卫星田园城市（Satellite garden city）。

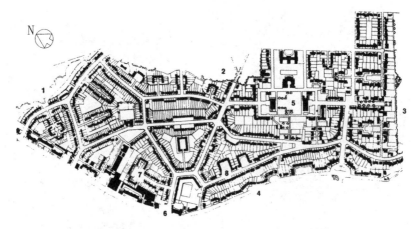

1. 小河　2. 树林　3. 高尔夫球场　4. 芬奇利（Finchley）　5. 中央广场
6. 购物中心　7. 阿斯蒙斯（Asmuns）广场　8. 汉普斯特德路

图1.14　汉普斯特德（Hampstead）田园郊区

同时，他设计了带露台和中庭的住房群、底层架空的集合住房以及大量的公共建筑，确立了城市秩序，是实用性和美观相结合的方案。这一点影响了很多建筑师，使很多人受益。

加尼尔的工业城市人口为35000，工业区沿河低地而建，确保铁路、道路以及水路交通，并设置了水力发电厂。城市则在台地上呈线形扩张，中心区设有行政、集会、娱乐等公共建筑，住房和学校布置在外围，医院等设施则布置在高地。工业区和城市之间用绿化带隔离，从而确保各自发展的空间（图1.15）。

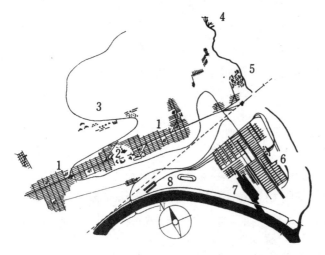

1. 住宅区
2. 中心区
3. 医院
4. 水力发电厂
5. 现有城市
6. 工厂
7. 港口
8. 铁路

图1.15　托尼·加尼尔的工业城市

1.2.12　堪培拉（Cambella）

1901 年，由 6 个州组成的澳大利亚联邦政府成立后，决定在悉尼、墨尔本等现有城市以外，建设一个新的城市作为首都，这造就了堪培拉的诞生。

1911 年，澳大利亚联邦政府组织了首都设计国际大赛，美国芝加哥建筑师沃尔特·伯利·格里芬（Walter Burley Griffin）的方案被选中。在实施阶段这个方案曾一度被废除，1919 年又重新被采用，其中心区几乎是完全按照这个方案实现的。

格里芬的方案用水坝截住莫朗格洛河，把洪水多发的平原区变为人工湖，将 3 个城市功能中心呈三角形布置，以此构成城市中心区，即在国会山（Capital Hill）设置中央政府，城市山（City Hill）设置市政厅等功能机构，在罗素山（Russell Hill）承担以火车站为核心的办公商业功能。城市外围是郊外居住区。1969 年的城市人口为 10 万（图 1.16）。

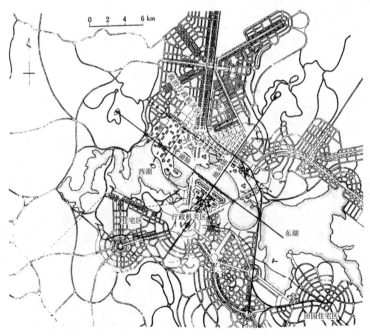

图1.16　堪培拉

1.2.13 卫星城（satellite towns）

卫星城源于霍华德的田园城市，是为了控制大城市的发展，在其周围规划性布置的独立小城市。这些卫星城在工业区和商业区设工作岗位，在居住区配备日常生活所需的各项城市设施，将一般只在大城市才具备的教育、娱乐、文化等设施设在母城市，通过加强卫星城和母城市之间的交通连接来提高便利性。母城市和卫星城之间设置永久性的农业用地，以防止市区连成一片。因为这些城市如同围绕太阳周边的卫星围绕母城市，所以叫作卫星城。

20世纪20年代的卫星城方案有：保罗·伍尔夫（Paul Wolf）的工业城市（1922年）、雷蒙德·昂温（Raymond Unwin）的理想城市（1922年）、罗伯特·惠滕（Robert Whitten）的理想城市（1923年）、阿道夫·雷丁（Adorf Rading）的理想城市（1924年）

这些卫星城基于以汲取城市和农村的优点、解决大城市弊病为目的的城市分散政策而建成。而进入战争时期，基于城市防空的角度，分散理论再次盛行，卫星城也再次引起了关注[①]（图1.17、图1.18）。

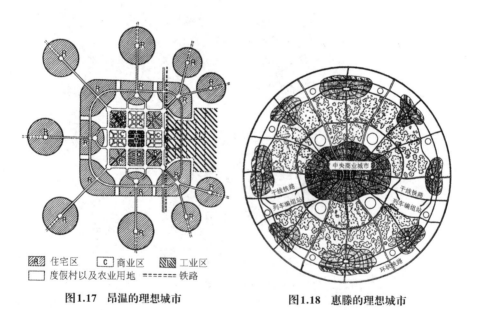

住宅区　C 商业区　工业区
度假村以及农业用地　======= 铁路

图1.17　昂温的理想城市　　　　**图1.18　惠滕的理想城市**

---

①武居高四郎：地方計画の理論と実際，p51-52，冨山房，1938.

1.2.14　帕特里克·格迪斯(Patrick Geddes)

格迪斯曾是一名生物学家，1892 年他在爱丁堡创办了《瞭望塔》(*Outlook Tower*)杂志，研究城市的结构和生活的复杂性。格迪斯主张应全面观察人类社会生存的所有侧面，并把物质规划和社会、经济等各学科进行综合，对于无理论基础的空想主义予以反击。

在其著作《进化中的城市》(*Cities in Evolution*，1915)中，通过生物学的模拟来说明工业城市的问题，并且通过对城市的人口、就业、生活等调查分析，强调发展科学的城市规划技术的必要性。他的主张对当时的城市规划特别是行政城市规划影响很大，改变了工业革命以来的凭感觉考虑城市问题，政府开始通过准确的统计了解和解决问题，这一点非常重要。

2.2.15　勒·柯布西耶(Le Corbusier)

法国建筑师勒·柯布西耶是一位纯粹主义的现代画家。他站在与霍华德的田园城市、费得(Gottfried Feder)的小城市相反的立场提出了理想城市的方案。他发表的关于城市规划的观点可以追溯到 1920 年。

1922 年，勒·柯布西耶在法国秋季沙龙发表了"300 万人口的现代城市"方案。他所追求的理想城市是以广阔的开放空间围绕着中心雄伟的摩天大楼，城市也可以说是巨大的公园。市中心林立着人口密度 3000 人 /hm² 的 60 层办公大楼，而建筑密度仅为 5%，并设置铁路、飞机等的交通枢纽。摩天大楼的周边则布置居住区，8 层高的联排住房布置在开放空间里，或是围绕开放空间而布置，其人口密度为 300 人 /hm²。郊区则是独立住房组成的田园郊区、工业区以及大公园（图 1.19）。

勒·柯布西耶简洁的城市理论以及他对未来城市规划的唯美表现捕获了众多人心，特别是建筑师和城市规划师们为之着迷，引起了轰动。

1925 年勒·柯布西耶将这个"现代城市"理论应用到了巴黎中心区的"瓦赞规划"(Plan Voisin)之中，在 1933 年的"光辉城市"(Ville Radieuse)规划里也得到了发展。这一构想还应用在阿尔及尔、内穆尔、安特卫普、斯德哥尔摩的规划当中。

勒·柯布西耶忠于快速发展的工业化社会的逻辑，并崇尚美国的高层建筑和汽车社会。他试图证明规划中的问题可以被技术解决。

1928 年，由支持勒·柯布西耶观点的各国建筑师成立了国际现代建筑协会（缩写为CIAM），并在 1933 年的雅典会议上对现代城市理想状态的观点进行了总结，制定了由 95

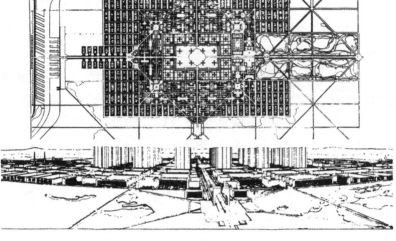

图1.19 勒·柯布西耶的300万人城市

条内容构成的《雅典宪章》（*La Charte D'Athenes*）。《宪章》提到城市的四大功能为居住、游憩、工作和交通，并认为城市规划应以居住单位为中心，对这四项城市功能的相互关系作出决定。国际现代建筑协会主张的理想城市以"绿地、阳光、空间"为目标，引起了人们的共鸣，应用到了各国的城市规划和居住规划之中。

1945 年，勒·柯布西耶创立了"建筑复兴制造联盟"（缩写为 ASCORAL），为建筑改革召集建筑师和工程师，开始了新的城市研究。联盟提倡三种"人类设施"，即"农耕单位""放射型城市""带状工业城市"（参见第 5.4 节）。

1.2.16 克拉伦斯·斯坦(Clarence Stein)

美国曾致力于郊区中产阶级居住区的开发。1926 年纽约市住房公司取得了长岛 10 个街区的用地，建设了阳光花园（Sunnyside Gardens）。项目的规划由克拉伦斯·斯坦和亨利·赖特（Henry Wright）担任，采用了田园集合住房（garden apartment）形式。

随后，1928 年该公司在距离纽约市 24km 的新泽西一块面积 420hm² 的用地上，开发了以"汽车时代第一城"著称的雷德朋（Radburn）。该规划也由斯坦和赖特负责。规划的大街区面积 12~20hm²，过境交通不穿越街区内部。利用尽端路和入户路组成居住单元，步行路和机动车道路内外有别、层次分明，彻底人车分离。步行路通往地块内的公园，公园连接学校、游泳池等连续的公共用地，因此儿童不受外部交通的影响就可以到达学校和运动场地。这种规划方式被称为雷德朋（Radburn）体系，应用到了各国的新城规划和小区规划当中（图1.20、图1.21）。

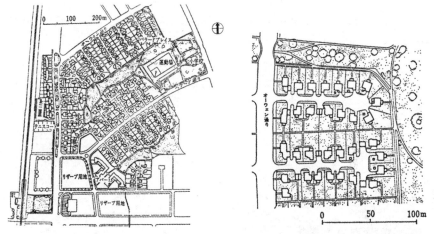

图1.20 雷德朋体系（Radburn）　　　图1.21 雷德朋（Radburn）的尽端路

1.2.17 克拉伦斯·佩里（Clarence Authur Perry）

1929年，克拉伦斯·佩里创建了著名的邻里住区单元（neighborhood unit）[1] 理论，以邻里单元构成住房区。该理论的重点是，根据小学校区确定邻里的规模，并确保邻里生活的安全性、方便性以及舒适性。这一理论可以概括为以下6个原则（图1.22）：

①规模：一个邻里单元提供满足一所小学服务的人数所需要的住房，其实际面积则由人口密度决定。

②边界：邻里单元应当以城市的交通主干道为边界，这些道路应当足够宽，以满足交通通行的需要，避免机动车从邻里单元内穿越。

③开放空间：根据每个邻里单元的需求，规划小公园和休闲空间系统。

④公共设施用地：小学与其他公共设施的服务范围应当对应于邻里单元的界限，这些设施应适当地围绕一个中心或公共用地进行布置。

⑤区域商业：邻里住区的周边应当布置与服务人口相适应的一个或多个商业设施，最

---

[1]C. A. Perry: *The Neighborhood Unit*, 1929, 载于《纽约城市圈调查报告》(*Regional Survey of New York and Its Environs*) 第七卷。日文版：C. A. ペリー著，倉田和四生訳：近隣住区論，鹿島出版会，1976。

好处于道路交汇点或与临近的邻里住区商业设施共同组成较大的商业区。

⑥内部道路系统：住区内独立设置道路系统，住区的干道承载适当的交通量，整体内部路网应便于住区内的循环交通，同时又要防止外部交通的穿越。

邻里住区单元的原则根据各国的实际情况调整，并作为居住区规划原理，以英国的新城规划为首，被世界各国采用为城市规划标准。

邻里住区单元理论不可忽视的基础是美国 20 世纪 20 年代的社会背景，以及佩里本人的社区中心运动经验等社会因素。邻里住区在社会层面上，遭到了艾萨克斯（Isaacs）、约翰·杜威（John Dewey）、雅各布斯（Jacobs）等人的批判，也有以刘易斯·芒福德为首的邻里住区拥护者（图 1.23）。

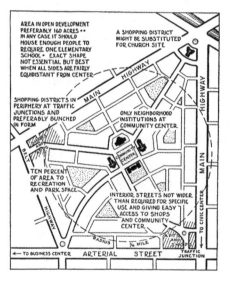

图 1.22　佩里的邻里住区单元

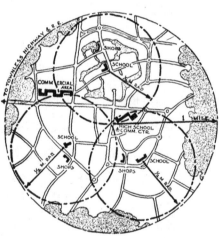

图 1.23　克拉伦斯·斯坦的邻里住区单元

1.2.18　N.A. 米卢廷（N. A. Milyutin）

与环形放射状的向心型城市形态不同，苏联米卢廷的带状城市则把各项城市功能平行地线形布置，可以说是一种典型的城市模式。该模式遵从工业配置的流程操作系统规划工业城市，并且符合居住区和工业区最短距离的要求。图 1.24 为带状城市模式的示意图，图 1.25 是米卢廷在 1930 年沿伏尔加河建设斯大林格勒（今伏尔加格勒）时采用的带状城市规划方案。

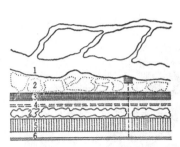

1. 伏尔加河　　4. 高速公路
2. 绿化带　　　5. 工业区
3. 居住区　　　6. 铁路

图1.24　带状城市

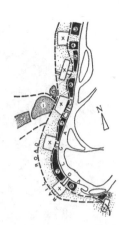

1. 机场
2. 休养所
3. 木材工业区
4. 冶金工业区
5. 拖拉机厂
6. 机械工业区
7. 木材加工工业区
8. 化工以及变电站
9. 造船厂
10. 中央公园
11. 住宅区以及学校

图1.25　斯大林格勒

工业区沿铁路线形延伸，由数百米宽的绿化带将居住区和工业区隔开。从而使每一个居住区都接近绿地，公园、运动场等各项设施均匀分布于各区。

这一模式有很多优点，如可以沿着工业区的发展延伸居住区，但也存在缺乏向心性的缺点。苏联的城市规划也并非普遍采用该模式，但带形城市却出现在现代建筑研究会（缩写为 MARS）、路德维希·希尔贝斯爱蒙（Ludwig Hilberseimer）、勒·柯布西耶等的方案中，也常见于日本的沿海工业城市规划。

1.2.19　古特里德·费德尔（Gottfried Feder）

1932 年，德国的城市学家古特里德·费德尔在他的著作《新城市》（*Die Neue Stadt*）中提出了人口 2 万的理想城市构想（图 1.26）。费德尔在对德国各城市进行统计分析的基础上，详细描绘了标准城市的构成。他把邻里住区的构想进一步展开，制定了按日中心、周中心、月中心周期性构成的生活中心以及相应公共设施的种类和设置标准。

费德尔为当时纳粹政权统治下的德国的城市政策提供了理论方面的支持。他构想的日常生活圈中社会的封闭性和对社会现象过于机械受到了很多批评，但对于日本战前的城市规划理论有很大的影响 [1]。

---

[1]石川荣耀、西山夘三等人的论文受到费德尔的影响很明显。

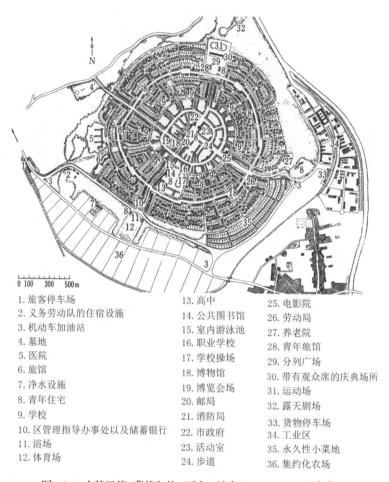

1. 旅客停车场
2. 义务劳动队的住宿设施
3. 机动车加油站
4. 墓地
5. 医院
6. 旅馆
7. 净水设施
8. 青年住宅
9. 学校
10. 区管理指导办事处以及储蓄银行
11. 浴场
12. 体育场
13. 高中
14. 公共图书馆
15. 室内游泳池
16. 职业学校
17. 学校操场
18. 博物馆
19. 博览会场
20. 邮局
21. 消防局
22. 市政府
23. 活动室
24. 步道
25. 电影院
26. 劳动局
27. 养老院
28. 青年旅馆
29. 分列广场
30. 带有观众席的庆典场所
31. 运动场
32. 露天剧场
33. 货物停车场
34. 工业区
35. 永久性小菜地
36. 集约化农场

图1.26　古特里德·费德尔的2万人口城市（Heinz Killus）方案

1.2.20　弗兰克·劳埃德·赖特（Frank Lloyd Wright）

　　1935年，著名建筑师弗兰克·劳埃德·赖特在纽约工艺美术展览会上发表了广亩城市（Broadacres）的基本规划。之后，他把自己的建筑作品几乎都编入到了广亩城市当中。

　　他的构想以"构成社会的各单元分散和建筑的合理化"为目的，使工业、商业、住房、社会公共设施以及农业沿铁路和主干道大范围发展，并对其进行重新分散设置。广亩城市并没有明确城市规划人口，其特征是规定每户至少拥有约4047 m^{2}土地，人口密度约为40人/hm^2，在日本是难以想象的低密度城市。

赖特的基本构想以名为"尤索尼亚（Usonia）"的民主主义社会作为理想目标，是以广阔的美国大陆和依靠汽车、直升飞机等交通为前提的理想城市（图 1.27）。

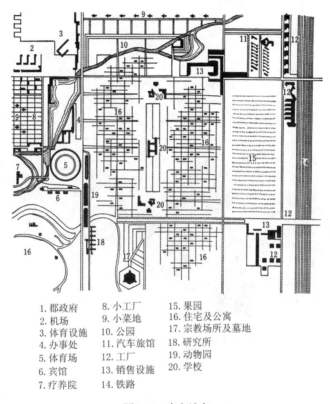

1.郡政府	8.小工厂	15.果园
2.机场	9.小菜地	16.住宅及公寓
3.体育设施	10.公园	17.宗教场所及墓地
4.办事处	11.汽车旅馆	18.研究所
5.体育场	12.工厂	19.动物园
6.宾馆	13.销售设施	20.学校
7.疗养院	14.铁路	

图1.27　广亩城市

1.2.21　绿带城镇（Greenbelt Towns）

绿带城镇（Greenbelt Towns）是作为美国政府解决萧条问题的一个重要措施，从 1935 年开始开发的田园郊区的总称。最初规划了 4 个城镇，其中华盛顿郊区的绿带（Greenbelt）、辛辛那提郊区的绿丘（Greenhills）、密尔沃基郊区的绿谷（Greendale）3 个规划得以实现，而新泽西的绿河（Greenbrook）未能实现。这些城镇都开发于大城市的近郊，受到了田园城市的影响。

绿丘（Greenhills）位于距辛辛那提市中心约 17.7km 处，占地总面积为 2399.8hm²。规划 3000 户住房，其中独栋和双拼住房占 20%，3~6 户的联排住房占 50%，公寓占

30%。土地使用情况，68 hm² 为居住区，4.9 hm² 为社区设施，14.2 hm² 为道路，20.2 hm² 为居民菜园、社区公园以及游乐场，281.3 hm² 为保留开放空间，剩余的 2011.3 hm² 则是农地、森林以及原生地（图 1.28）。

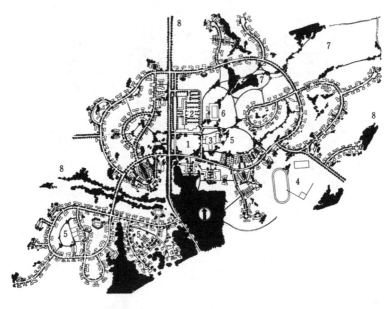

1. 城市公共用地　　　5. 公园
2. 商业中心　　　　　6. 游泳池
3. 社区设施　　　　　7. 预留住宅用地
4. 操场　　　　　　　8. 绿化带

图1.28　绿丘（Greenhills）

1.2.22　昌迪加尔（Chandigarh）

印巴分治后，印度旁遮普邦的首府拉合尔（Lahore）被划入到了巴基斯坦辖区，于是喜马拉雅山麓下的昌迪加尔被选定为旁遮普邦的新首府而被开发。印度的尼赫鲁总理聘请勒·柯布西耶担任新城市规划的政府顾问。勒·柯布西耶在1951年与英国的麦克斯韦·福莱（Maxwell Fly）、简·德鲁（Jane Drew）以及主任技师 F.L. 维尔马（F.L.Verma）联手制定了昌迪加尔的总体规划。

规划人口设定为50万，在第一阶段首先进行了容纳15万人口的3600hm²土地的开发。规划将主要道路设计成方格状，由17个 800 m×1200 m 的地块构成。各地块由

5000~20 000 人居住的邻里住区构成，中央布置了商业中心以及市政中心。国会大厦远离市区（占地 88 hm²），包括行政机关、会议中心、最高法院、首长官邸等，区域设计和建筑设计都出自勒·柯布西耶之手（图 1.29）。

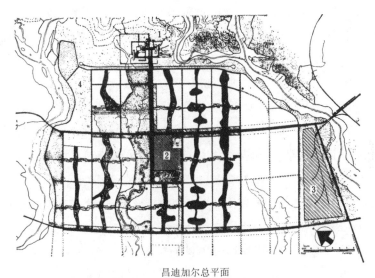

昌迪加尔总平面

1. 政府机关区　2. 商业中心区和市政中心　3. 工业区　4. 综合大学

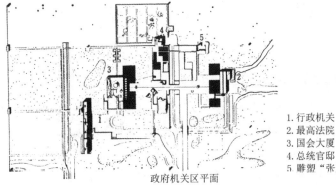

政府机关区平面

1. 行政机关
2. 最高法院
3. 国会大厦
4. 总统官邸
5. 雕塑 "张开的手"

图 1.29　昌迪加尔规则设计

1.2.23 第十小组（Team 10）

1933 年，国际现代建筑协会制定《雅典宪章》，但到了 20 世纪 50 年代，人们对它的幻想早已破灭，年轻建筑师们纷纷提出应适应新时代的建议。于是勒·柯布西耶等人发起的国际现代建筑协会在 1956 年第 10 次会议后解散。筹备该会议的建筑师们转而成立了第十小组（Team 10）。第十小组不是由固定成员组成的，其参与者多次更替，核心成员包括：荷兰的雅各布·巴克马（J.B.Bakema）、阿尔多·凡·艾克（Aldo van Eyck），法国的乔治·坎迪里斯（Georges Candilis）、沙德拉赫·伍兹（Shadrah Woods），英国的艾莉森和彼得·史密森夫妇（Peter & Alison Smithson）等，组织方式也比较自由。他们为满足新时代的要求而致力于建筑、城市规划问题的解决，相互联系并互相交流观点和信息，在 CIAM 成果的基础上，对试图超越国际现代建筑协会热情高涨。

1962 年，第十小组整理了成员们过去发表的资料、论文、图片等出版了《第十小组入门》（*Team 10 Primer*）。这本书并没有统一的口号和脉络，只是记述了对于建筑师的社会职责、城市基础设施、住房的组合等诸多问题的新观点。

书中多次出现联合（association）、身份性（identity）、群（cluster）、流动性（mobility）、轴（stem）等新的概念，这些是他们城市构成理论的基本要素。[1] 第十小组的代表作品有由坎迪里斯、艾克、伍兹等人负责的图卢兹大学规划（Toulouse le Mirail，参见第 8.3 节）和史密森夫妇的柏林城市中心区规划等。

1.2.24 道萨迪亚斯（C. A. Doxiadis）

道萨迪亚斯是希腊建筑师，也是一名有实际业务和执教经验的规划师。他的工作室设在希腊，作为道萨迪亚斯协会会长，系统研究并传播人居科学理论（EKISTICS，英文为 Science of Human Settlement），并于 1963 年发表《得洛斯（Delos）宣言》。

根据他的主张，人居社会由人类、社会、功能、自然、外壳（shell）五个要素构成，应当创造这些要素之间和谐的相互关系。他还列出了人居社会的 15 个空间单位（图 1.30）。

相对于三维空间的城市，他提出的未来城市的重点是第四维度——时间，并把有跳跃性发展的未来城市命名为动态发展城市（Dynapolis）。道萨迪亚斯的人居社会理论大部分都是研究框架和方法论，而对于具体的规划内容和社会应有的理想状态并没有明确的主张。[2]

---

① アリソン・スミッソン編，寺田秀夫訳：チーム 10 の思想，彰国社，1970.
② ドキシアデス著，磯村英一訳：新しい都市の未来像，鹿島出版，1965.

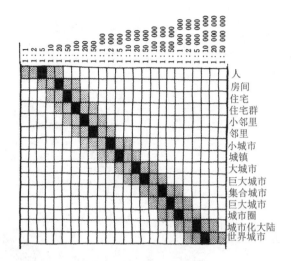

图1.30　人居社会的空间单位

1.2.25　巴西利亚(Brasilia)

巴西共和国 1889 年制定的《宪法》规定了巴西新首都的建设,最初并没有确定新首都的选址,到了 1955 年才选定距离里约热内卢约 960km 处两条河流的汇合点为规划用地。由巴西总统委托的开发公司负责新城市的建设,在 1957 年的规划设计比赛中,巴西建筑师卢西奥·科斯塔(Lucio Costa)的规划方案被选中。

该规划建立于具有十字交叉的两个巨大轴线的大胆构想之上,立交干线交通网络横过轴线。其中一个轴线上分散布置行政、办公、娱乐中心等,而沿着另一个轴线则布置居住区。巴西著名建筑师奥斯卡·尼迈耶(Oscar Niemeyer)也参与其中,诞生了强而有力的建筑形态。居住区的大部分为高层公寓的大街区,由混凝土和玻璃构成的大胆强烈的表现成为城市整体形态特征(图1.31)。

1.2.26　凯文·林奇(Kevin Lynch)

麻省理工学院城市规划专业教授凯文·林奇也是一位建筑师,曾经师从弗兰克·劳埃德·赖特。因在 1960 年提出了名为"城市意象"(The Image of the City)的极其独特的城市理论而闻名。

他主张城市是人们通过对城市环境形体的观察而形成的意象,并把形成意象的可能性

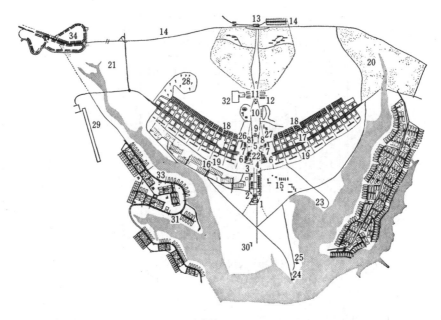

1. 三权广场
2. 中央政府机关区
3. 教堂
4. 文化区
5. 娱乐区
6. 办公区
7. 商业区
8. 宾馆
9. 广播电视塔
10. 体育区
11. 市政广场
12. 驻军基地

13. 火车站
14. 仓库、小工厂
15. 综合大学
16. 大使馆、教皇使节馆
17. 居住区
18. 两户楼住宅
19. 双子大街坊
20. 植物园
21. 动物园
22. 交通干线终点站
23. 游艇俱乐部
24. 别墅

25. 旅游酒店
26. 展览馆
27. 骑马俱乐部
28. 墓地
29. 机场
30. 高尔夫俱乐部
31. 独立住宅区
32. 印刷厂
33. 独立住宅区
34. 郊外住宅区

图1.31 巴西利亚

称之为表象能力（imageability），强调提高表象能力才能创造出优美而愉悦的环境。他所指的表象能力并不是个人的，而是集体的意象，并把城市大部分居民的共同认知称之为公众意象（public image）。他为了对城市规模的视觉形态进行剖析，并制定合理的城市设计原则，对波士顿、泽西市、洛杉矶三个城市进行了调查（图1.32）。

作为环境意象的组成部分，林奇举出了识别（identity）、结构（structure）、意义（meaning）三个因素，并且还举出了道路（path）、区域（district）、边界（edge）、标志（landmark）、节点（node）五个构成形体环境的要素。

凯文·林奇的论点简明而具有独创性，很好地反映了对城市景观的时代要求，人们对他的评价很高，甚至有人将他与卡米洛·西特作对比。他的研究虽然止于分析阶段，但后人已经开始尝试进一步把他的理论发展并应用于实际设计之中。[1]

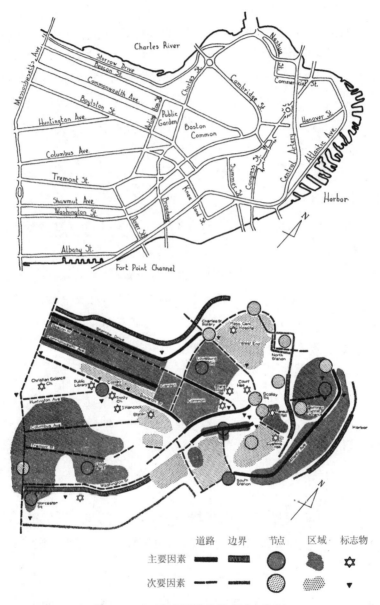

图1.32 波士顿的视觉形态（凯文·林奇）

①ケヴィン・リンチ著，丹下健三，富田玲子訳：都市のイメージ，岩波書店，1968.

1.2.27　建筑模式语言（pattern language）

著名建筑理论家克里斯托弗·亚历山大（Christopher Alexander）于 1977 年提出了建筑模式语言，这一理论以新的观点分析了建筑和城市规划。

亚历山大主张地球上的环境并不是独立存在的，而是所有因素之间相互影响的。因此，应该使更多的人参与到创造环境的活动当中，而建筑模式语言恰恰是人们创造环境时所使用的工具。模式是单词，语言是语法，而建筑和城市则是文章。他将城镇、邻里、住房、花园和房间等共 253 个模式用丰富的图示进行了说明，同时阐述了如何正确使用这些模式来建造城市和建筑的方法。

1.2.28　紧凑城市理论[①]

20 世纪末，以欧美国家为代表的世界各国开始关注地球环境问题，围绕地球人口规模的增大以及有限的地球环境资源，出现了新的动向。紧凑城市理论作为一种可持续城市的形态，遏制城市的无序扩张。而可持续的城市发展对于保护地球环境必不可少，这一点需要在国际上得到共识。于是全球范围开始了一系列城市运动，对于 19 世纪开始的快速工业化带来的自然和舒适的环境被破坏的危机感，逐渐达成了共识。

1.2.29　创意城市理论[②]

一方面，近现代的城市社会基本通过工业发展实现了富裕，另一方面，工业的发展壮大在全球范围掀起了爆发性的城市化发展。城市随着工业的发展为人们提供了工作岗位，使人们经济富裕。随着以工业为中心的新产业的发展，人们过上了史无前例的富裕城市生活，但是，城市工业公害问题以及密度过大的城市环境很快也给人类社会带来了惨重的后果。

部分欧美发达国家试图将工业为主的城市转化为具有艺术文化功能的城市，并将这类城市称之为创意城市。于是，世界上很多大城市开始变得兼具多种城市特征。

---

①海道清信：コンパクトシティ―持続可能な社会の都市像を求めて，学芸出版社，2001
②佐々木雅幸＋総合研究開発機構編：創造都市への展望―都市の文化政策とまちづくり，学芸出版社，
　2007.

1.2.30　区域管理[①]

区域管理是通过持续而有计划地推动以居民、开发商、土地所有者等为主体的文化活动、宣传活动以及交流活动等"软件"的发展，试图给城市注入活力，并推进城市可持续发展的自主性管理。

居住方面，利用建筑规定来形成和维持良好的街区景观，并创造良好的社区环境等。在办公、商业区，与城市联动开发形成街道景观，展开区域美化活动以及区域宣传推广活动等。

这类活动的理念并不来自欧美发达国家，而是以企业为中心，在东京千代田区的"大丸有（大手町、丸之内、有乐町）"地区积极地展开。

"大丸有"地区在区域再开发协议会之下，由相关的企业、团体、劳动者、知识分子、律师等组成非营利组织（NPO）区域经营管理协会。主要活动有区域的美化、绿化，公共空间的有效利用，注入活力的区域活动等各种社区建设活动。在欧美国家没有区域管理的先例，这是日本特有的。

1.2.31　城市再生

20 世纪 70 年代的两次石油危机（石油价格高涨）给世界经济带来了严重的影响。特别是发达国家的城市随着工业的衰退，加剧了城市中心区的空洞化以及工业用地空地的增加。为了解决这些问题，欧美发达国家已经开始采取城市复兴（Urban revitalization）、城市再生（Urban regeneration）等政策手段。

日本经济在 20 世纪 80 年代得到发展，90 年代初随着泡沫经济的崩溃而发生了很大转变，之后 20 多年，日本经济处于低迷状态，经历了通货紧缩，继而开始采取城市再生政策。2001 年 5 月，日本政府设立了城市再生总部，2002 年 6 月制定《城市再生特别措施法》，并基于该法律指定"城市再生紧急修复区"，修改《建筑标准法》和《城市规划法》，制定有利于改建高级公寓的相关法律、特定容积率使用区制度（放宽对容积率转移的限制）、城市再生特区、城市规划提案制度、城市再生金融支援制度等，制定了各种城市再生相关制度。

城市再生政策在法律和行政制度上的改革加强了对新的开发措施和项目的支持，使城

---

① 都市計画用語研究会：四訂都市計画用語辞典，ぎようせい，2012.

市再生在广泛的领域里得到了发展。如创立城市规划区域的总体规划制度、建筑的无障碍设计以及信息化等，提高城市的功能，有效利用私营企业的资金和技术来解决包括城市中心的居住和住房供应、建设美好街区等城市居住环境的改善。还包括《土地区划整理法》（推进高度开发区域的设立等）的修改，项目融资（Project Finance Initiative，缩写为 PFI）制度的引进等。

项目融资制度是指对于公共设施的建设、管理、运营等以前由政府主导的项目，通过有效利用私营企业的资金、经营能力以及技术能力，改由私营企业主导的方式进行。该制度颁布于 1999 年 9 月，俗称《项目融资法》（《关于有效利用私营企业资金促进公共设施建设法》）。

常见的融资项目主要分为三种类型：由私营企业为公共设施提供设计、建设、管理运营等服务，而政府为这些服务买单的"服务购买型"；私营企业通过利用补助金，用政府和民间双方的资金，提供公共服务的"共同投资型"；以及私营企业基于政府的许可，独立进行建设的"独立核算型"。

项目融资的资金筹措主要采取用项目收益偿还本金的"项目金"方式。

1.3 现代城市规划的发展

1.3.1 英国

1）城市问题的产生

城市问题最早出现于工业革命的发源地——英国。众所周知，第一次工业革命意味着生产过程以机械为主的工厂取代手工工厂。在现代资本主义发达的英国，工业革命在 18 世纪后半叶就已经以古典形式得到了迅速发展，其他欧洲国家在 19 世纪中期，美国在 19 世纪后半叶，日本则是 19 世纪末才兴起了工业革命。

英国的工业革命从纺纱到织布，从轻工业渐渐转向重工业，并发展成为从马车到铁路、从帆船到蒸汽船[①]的交通革命。

伴随着工业革命的发展，中小型工厂进入城市，加剧了农村人口向城市的迁移和集中，技术不熟练的廉价劳动力也集中到工业城市。进入 19 世纪以后，曼彻斯特、伯明翰、利物浦等城市的人口急剧增加，首都伦敦也发展为巨型城市。19 世纪初伦敦的人口超过 96 万，

---

①1765 年，瓦特发明了蒸汽机。

1841 年增长到 195 万，1887 年为 420 万，成为世界上最大的城市。

中小工厂混乱无序地进入城市，林立的烟囱冒出黑烟、烟雾弥漫于空中，工业废水和家庭污水一起积于洼地散发着恶臭。在交通不发达的情况下，住房只能邻近工厂而建。工人的住房由自私自利的房地产投机商提供，道路狭窄而弯曲，由于住房的扩建和嵌入式布置使日照、通风不能得到满足的密集街区比比皆是。下水道成了明沟，垃圾堆积在路旁（图 1.33）。

图1.33　19世纪英国工业城市的情况

住房的质量也差到今日难以想象的程度。恩格斯在他的《英国工人阶级状况》[1]里详细描述了英国各城市房荒的惨状。根据他的描述，格拉斯哥的住房每层住着 3~4 户家庭，有的甚至一个房间里塞进了 15~20 人（图 1.34）。

2）住房法的颁布

英国从 1830 年到 1832 年由于传染病的蔓延，出现了很多死亡病例，经沙夫茨伯里伯爵（Lord Shaftesbury）等人的努力，关于应当改善工人阶级生活条件的主张终于被英国政府采纳。1839 年，在全国范围内进行城市卫生状况调查，1848 年英国政府终于颁布了《公共卫生法》（*Public Health Act*），该法以清除毒害物、预防疾病为主要内容，但也包含了对居住过密、排水不良、污水积存、卫生间污秽等住房不良情况的确认。1866 年颁布《卫生法》（*Sanitary Act*）后，增加了对劣质住房的登记、检查、通知及整治等内容。此前 1851 年颁布的《工人阶层宿舍法》——又称《沙夫茨伯里法》[2]，迈出了从卫生法到住房

---

[1]F. Engels: *The Condition of the Working Class in England*, 1844.

[2]*Labouring Class Lodging Houses Act* (*Shaftesbury's Act*).

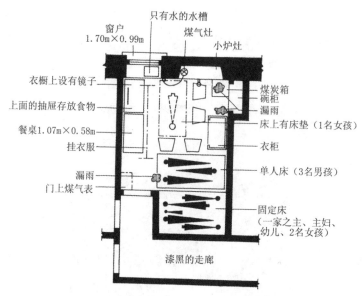

图1.34 格拉斯哥过密居住的房间案例（引自《R.I.B.A.》杂志，1948年）

法的重要一步。该法授权市、区政府为建设或购买劳工住房而贷出资金，进一步要求房屋所有人负有完善房屋条件的义务，如尽不到其义务，地方政府将有责任强制性地对房屋进行整治，而这不是针对单个住房而是以整个区域为对象进行改造，从这个角度看，可以起到消除贫民窟（slum clearance）的作用。

3）建筑条例

新兴工业国家德国在 1875 年率先制定了《道路红线法》，1894 年，著名的《伦敦建筑法案》也出台了，开始对道路宽度、建筑退让、建筑周边空地、建筑高度等进行规定，随后英国的其他各城市也相继颁布了建筑条例。这样《住房法》控制住房质量，而《建筑条例》能够确保一定宽度的道路和控制住房的排列。但是由于条例的应用机械化，出现了大量的所谓"条例住房"（bye-law housing）的毫无个性、枯燥无味的街区。1666 年的伦敦大火之后，英国在大城市全面禁止了木结构建筑的建设，常见的工人住房是两层砖砌联排式住房（townhouse），在地块内设置很小的后院，房屋排列在道路两侧连续 100m 以上，使得街道全然欠缺绿化景观（图 1.35、图 1.36）。

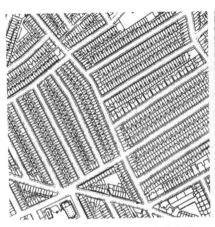

图1.35　依建筑条例生成的街道　　　　图1.36　19世纪英国的工人住房

4）城市规划的开始

1902 年德国法兰克福等城市开始施行《区划法》（又称《阿迪凯斯法》）引发规划的显著发展。在霍华德的田园城市和帕特里克·格迪斯思想影响下，英国也开始重视城市规划工作，在 1909 年颁布了《住房与城市规划诸法》（*Housing，Town Planning etc. Act*）。

从《卫生法》发展而成的《住房法》，其中包含了城市规划的内容，这使住房政策的应用与城市规划有了密不可分的关系。但当时尚未明确城市规划的工作内容，例如从 1894 年的伦敦《建筑法》可以看出，对于道路的宽度、建筑退线、建筑周围的空地、建筑高度等的控制并没有包含在城市规划工作范围内。1919 年，法律虽然规定人口 2 万以上的城市必须做好城市规划工作的准备，但是仍然没有明确城市规划的概念，城市规划只是用于待开发土地的控制手段。

1919 年法律上的发展体现在《住房法》。该法为增加政府的住房供应，确立了国家补贴原则，并实现了公共住房供应和地方政府的租金补助。重要的是这类住房的标准，采用了图德·沃尔特（*Tudor Walter*）报告书中提出的密度小于 12 户 /4047m^2 并带有厨房、浴室、院子的三居室住房。

随着交通的发达，郊区城市化得到了快速发展，而刚出炉不久的城市规划还欠缺控制土地使用的能力。到了 1925 年，《城市规划法》和《住房法》分离成为单独的法律，1932 年在城市规划中加入了区域规划的概念，成为《城乡规划法》（*Town and Country Planning Act*）。实际上这里的城市规划只是一种区划规划（zoning planning）。将土地划分为居住用地、工业用地等特定用途，并对建筑物的数量和建筑物周围的空地进行控制。但是，就像卡林沃斯指出的，"城市规划只是接受并承认了实际开发的倾向。实际上区划（zoning）范围设定得过于广泛，1937 年英国全国指定了可容纳 3 亿 5 千万人的居住用地"。1935 年，为控制主干道两侧的开发，制定了《限制带状发展法》（*Restriction of Ribbon Development Act*），但也没有发挥出作用。

5）二战后的各项政策

英国城市规划实质性的工作开始于第二次世界大战之后。1945 年二战结束的同时，对于遭受轰炸受到严重破坏的英国，保障充足的住房数量成为最主要的任务。政府根据 1946 年的《住房法》，增加了国家补助金额，并由地方政府负责推进公共住房的建设。当时，因严重缺乏建筑材料和劳动力，工党政府决定统管国内的建筑，采取了将新建个人住房与公共住房的比例控制在 1：4 的许可制。该措施一直持续到 1952 年末由保守党政府大幅放宽为止。据统计，从战后到当时，新建住房当中公共住房约占 80%。

政府在二战期间就开始为战后重建做准备，如巴洛委员会（针对产业分散）、尤特沃特委员会（针对开发费用补偿）、斯科特委员会（针对农村地区的土地使用）分别完成报告书，政府发布关于统管土地使用的白皮书，以及艾伯克隆比（Sir Leslie Patrick Abercrombie）的大伦敦规划方案等，进行了一系列的研究。其成果包括 1945 年的《工业布局法案》、1946 年的《新城法》、《土地获得法》、1947 年的《城乡规划法》、1952 年的《城市开发法》及其他相关的一系列法案。

6）大伦敦规划

大伦敦规划是由城乡规划大臣进行委托，艾伯克隆比教授于 1944 年完成并发布报告书。该规划的要点是，为防止伦敦市区的无序扩张，在其周围设置宽约 10km 的绿化带，将约 100 万居民和工业从内城区转移到绿化带外部的区域。以伦敦行政区为中心由内向外形成内城圈、近郊圈、绿带圈、远郊圈四个圈层，并且通过扩建已有城市容纳约 40 万人，其余约 40 万人则安置到规划的 8 个新城[1]当中（图 1.37）。

7）《新城法》和扩张城镇

《新城法》是根据巴洛委员会的报告，以疏散大城市人口以及振兴工业衰退区域为目的，为使工业和人口集聚于特定区域而建设新城的特别法案。迄今为止共规划了 30 个以上的城市并进行了开发（关于英国新城的发展过程及目前的问题，参见第 8.3.3 节）。

扩张城镇主要依据《城市开发法》。大伦敦规划中也提到，《城市开发法》与《新城法》

---

①规划提出的 10 个新城当中，2 个新城位于大伦敦规划区范围外。

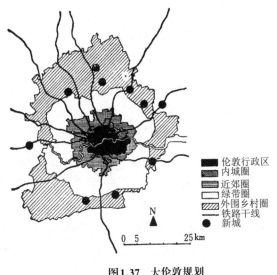

图例：
- 伦敦行政区
- 内城圈
- 近郊圈
- 绿带圈
- 外围乡村圈
- 铁路干线
- 新城

N

0　5　　　25 km

图1.37　大伦敦规划

不同，是将已建成的小城镇有计划地扩张而达到疏散人口的目的。在接收人口城市开发的居住区域称之为扩张城镇（expanding town）。扩张城镇需要由接收人口城市与疏散人口城市关于分担费用等达成协议后确立，一般小规模开发占大多数，相对于其数量而言，收效却不太显著。

8）城市规划基本体系

1947 年颁布的《城乡规划法》是英国二战后首个城市规划基本法，包含了规划法和土地法两大支柱内容。规划法授权全国的郡和特别市的地方规划局编制城市规划方案，规定必须按照统一格式制定开发规划（development plan）[1] 和实施规划，并得到主管大臣的批准。对于土地使用控制，该法律并没有采用区划制，而是采用了基于开发规划的规划许可（planning permission）制，所有开发以符合规划为条件，由地方规划局作出许可、附带条件的许可或不许可的批复，地方政府被赋予广泛的决定权。1968 年的《城乡规划法》对该制度进行了修改，改为地方规划局根据结构规划（structure plan，包括规划文本以及模式图）和区域规划[2]（local plan，包括图纸及规划文本）进行开发许可的审批。前者属于根据地区或城市整体的社会、经济发展计划的方向引导各项活动的一般性政策，需要得

---

[1] 郡行政区域要求绘制郡区域图（county map）和项目图（program map），而对于城市区域则要求市区图（town map）和项目图及各自的规划说明书。

[2] 地方规划包括功能区域规划（action area plan）、区域规划（district plan）、专项规划（subject plan）等类别。

到大臣的批准，而后者则不需要批准。

该法通过授权地方规划局指定综合开发区域（comprehensive development area），使得地区一体化开发或更新变为可能（关于英国的城市更新参见第 8.4 节）。而该制度在 1968 年被开发区域（action area）制所取代。

9）开发利益返还社会

1947 年的《城乡规划法》作为土地法，其特点在于将开发所有权转为国有，并将开发利益返还社会。规定任何规划都必须得到地方规划局的许可，否则除特殊情况外都将得不到补偿金，而得到开发许可的土地，因开发而上涨的地价作为开发费用（development charge）。该制度实际实施起来有很多难点，不久即被保守党废止，地价暂时恢复为以市场价格估算的方式。1967 年的法律根据土地委员会法案和财政法，再次试图通过土地增值税（betterment levy）和资本所得税（capital gains tax）实施开发利益返还社会制度，而最终也被保守党阻挠、削弱。

之后第三次推进，工党根据《社区土地法案》（*Community Land Act*, 1976 年）以及《土地开发税法案》（1975 年），提出地方政府可以强制收购得到规划许可的土地，但是该措施最终也被保守党在 1980 年废止。

10）内城区问题

1973 年的石油危机以后，英国的经济严重下滑，包括伦敦、利物浦、曼彻斯特等工业城市开始出现人口减少、城市中心区严重衰退的现象，解决内城区问题（Inner Urban Problem）到了紧急关头。政府在 1978 年颁布了《内城法》（*Inner Urban Areas Act*），停止新城开发，确保城市内部的产业基础，同时为改善配套的劳工住房和生活环境提供补助金，试图恢复经济并提升地区活力。

11）城市开发公司和招商引资推动地区

石油危机导致英国经济的衰退，而矿工以及码头工人的隐性失业等产业结构问题也逐渐浮出水面，被称为"英国病"。地方政府规划部门因强化参与过程等问题，导致其规划审批需要一些时间，并且因增加福利而导致的财政紧缺使大规模的城市改造无法实施。进入 20 世纪 80 年代，以撒切尔首相为首的保守党政府，开始了中央政府主导的改革。其内容之一便是由拥有强大的规划、开发能力的城市开发公司来负责进行大规模闲置用地的建设。

城市开发公司是在主管大臣指定的城市开发区域（urban development areas）进行城

市再生（urban regeneration）项目为目的，根据中央政府根据 1980 年的《地方政府、规划和土地法》（*Local Government, Planning and Land Act*，1980 年）而设立的。城市开发公司拥有取得大规模旧址、基础设施建设、房地产开发、租地权转让等开发权利，同时代替行政规划部门的工作，被赋予了城市开发区域内的规划、许可权限，是强有力的规划实施者。新城开发公司是制度建设的典型，在伦敦码头区、利物浦的默西赛德郡、曼彻斯特的索尔福德地区等共设立了 31 个公司，使城市再生事业取得了很大的成果。城市开发公司是中央政府在打破地方政府城市政策僵局的强烈意愿下设立的，为了在短时间内取得成果，设定了城市开发公司的有效期限，到 1997 年终止了所有城市开发公司的运营。开发后的土地管理等移交给后续的英格兰合作组织（English Partnership，简称 EP）来负责。

该法还规定了企业园区（enterprise zone），试图通过简化城市规划和降低企业税率来招商引资，截至 2014 年已在 24 个地区应用。

12）行政改革和城市规划制度

从 20 世纪 80 年代后期开始，随着政权的更替，英国的地方制度和城市规划制度经历了数次较大的转变：20 世纪 80 年代，从福利国家的大型政府转为基于新自由主义的小型政府，以民营企业为规划项目主导的转变；21 世纪初，与欧盟地区政策的协调和对政企合作型区域再生项目的探索；2011 年《地区主权法》（*Localism Act*）颁布以来的改革等。

英国地方政府的行政组织改革主要围绕对郡和区（county and district）二级行政以及广域规划，不断发生改变。

关于城市规划制度，首先是由上述 1968 年法律规定的结构规划和地方规划二级规划体系，由大伦敦委员会根据 1985 年的《地方自治法》（*Lacal Government Act*）废止。同时，32 个伦敦特别区和 36 个大城市改为单一城市规划（unitary development plan）。2004 年进行了进一步的大改革，根据《规划和强制收购法》（*Planning and Compulsory Purchase Act*）将结构规划重编为广域层面的区域空间战略（Regional Spatial Strategy）和下级地方政府层面的城市规划（Local Development Framework）构成的二级规划体系。从 20 世纪 90 年代后期到 21 世纪初，英国主要致力于探索通过政企合作复兴区域经济的区域体制。主要包括利用欧盟补助金消除区域内贫富差距战略而产生的空间单位的重视，以及区域竞争力的增强。其主角是由 1994 年法律规定的由国家设立的 8 个区域开发部门（Reginal Development Agency）和 2000 年重设的大伦敦厅（Greater London Authority）。

在 2010 年保守党和自由民主党联合政权执政之后，基于《区域主权法》（*Localism*

Act, 2011 年）的区域开发部门和区域空间战略都被废止，开始鼓励下级地方政府的创造性。2014 年的城市规划制度体系包含由地方政府制定和实施的地方规划及规划许可（planning permission）、国家出台的规划策略框架（National Planning Policy Framework）以及规划实施指南（Planning Practice Guidance）的简单构成。

在实施中对地方政府的规划许可持有异议，可向国家规划审批部门提出申诉，这是很常见的，实际上起到很重要的作用。20 世纪 90 年代开始的一系列制度改革后的方针，由于行政的裁量性并且需要时间，未来的目标是以规划为主导（plan-led）的远见而积极的开发政策。

1.3.2　美国

美国的工业革命始于 19 世纪后半叶。人们为了谋求工作岗位以及自由的生活而相继移民到新大陆，而美国内部从 1870 年开始，农村地区的年轻男女为了谋求城市的工厂或办公室工作而流入城市，特别集中在东海岸的港口城市和中部的工业城市。当时人口增长量最大的城市是芝加哥，其次为纽约、布鲁克林、费城等。在地方的矿山和森林采伐场还出现了企业城（company town）。

土地投机的无度迫使地方政府对土地划分（subdivision）进行控制，从而迈出了城市规划工作的第一步。当时还没有城市规划师，由建筑师、景观设计师、测量工程师等来规划公园、广场、道路等[①]，其中的一部分人此后便成了城市规划的开拓者。

1）住房问题

随着越来越多的人口向城市集中，大城市低收入阶层的居住状况变得十分严峻。1843 年，在纽约劣质住房促使传染病蔓延的事实被报道，住房问题作为社会问题开始受到关注。各市政府通过条例来试图对劣质住房进行监督，主要涉及的内容有通风、下水道以及清洁卫生等。

1867 年，从卫生保健的角度在纽约和布鲁克林制定《高级公寓住房法》，掀起了一场运动。当时，出租房屋的大部分为采光不足的过密狭窄住房，房间没有窗户的公寓称为"车厢式"房型（railroad plan），面积仅为 7.6 m×30.5 m，建筑密度为 90%，5~6 层的建筑每层有 4 户，而每户只有一个房间有采光和通风，其他房间均与外界空气无直接接触。而

① 华盛顿的道路规划是由法国设计师皮埃尔·朗方（Pierre Charles L'Enfant）在 1791 年规划设计的，而纽约曼哈顿的棋盘式道路网则由委员会在 1811 年决议。

在此基础上条件稍好的"哑铃式"房型（dumbbell plan）也属于劣质住房。1901 年的法律全面禁止了这类住房（图 1.38）。

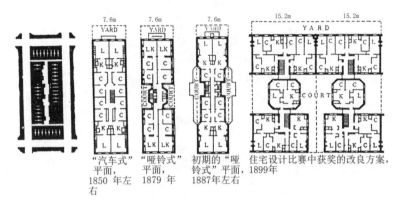

图1.38 纽约的过密住房

1894 年曼哈顿的平均人口密度达到 350 人 /hm², 高于法国和德国的人口密集城市，而第 10 区的密度为 1565 人 /hm², 超过了欧洲人口密度最高的城市布拉格的最高密度；第 11 区的 2466 人 /hm² 也远远超过了 1899 人 /hm² 的孟买最高密度。

2) 公园绿地系统

在这样的背景下，美国各城市兴起了公园建设的运动，并开始开放小学校园。因设计纽约中央公园而著称的景观设计师弗雷德里克·洛·奥姆斯特德（Frederick Law Olmstead）曾积极参与公园建设运动，在芝加哥设计了许多小公园和景观区，并于 1880 年将 800hm² 的土地开发成公园，使得芝加哥成为拥有全美第二大公园面积的城市。他的学生乔治·凯斯勒（George Kessler）在 1893 年负责制定堪萨斯城的公园系统规划，并把公园系统发展到地方规划的层面。景观设计师查尔斯·艾略特（Charles Eliot）在 1902 年规划了著名的波士顿大城市圈公园绿地系统。在那个时代景观设计师尤为活跃（图 1.39）。

图1.39　波士顿大城市圈公园系统（根据艾略特的规划开发而成，1902 年）

3）城市美化运动（City Beautiful Movement）

1893 年，为纪念哥伦布发现新大陆 400 周年，在芝加哥举办了世界博览会。会场选在密歇根湖畔，以建筑师伯纳姆（Daniel H. Burnham）为核心，动员了全国的建筑师，创造出了包罗古希腊、古罗马、文艺复兴、意大利、法国等各种样式的"白色城市"（图1.40）。

图1.40　芝加哥世博会

芝加哥世博会的成功举办极大地感染了美国人，成为城市美化运动的契机。该运动的计划是在美国的城市再现如同在巴黎街头看到的那样，由宽敞的铺装道路、广场、教堂和公共建筑、河流和桥梁、唯美的雕塑等造就的壮丽城市景观。其结果是，美国的很多城市中心区，特别是政府机关聚集区得到了快速发展，拥有大型广场、宽敞道路的市中心成为城市普遍的风景。

4）社区中心运动

城市美化运动的反作用最终使人们的目光再次聚焦在社会问题上。奥姆斯特德、约翰·诺伦（John Nolen）等人把城市视为一个复合系统，主张城市规划应与社区的社会需求相吻合。

1907 年，圣·路易斯的市民团体开展了以邻近公园、社区中心等代替城市中心纪念碑的运动。1911 年，在威斯康星大学召开了"第一届市民社交中心开发全国大会"，并在 1916 年成立了全国社区中心协会。刘易斯·芒福德（Lewis Mumford）和雷德朋体系（Radburn）设计者之一的科拉伦斯·斯坦（Clarence Stein）等人都是社区中心运动①的忠实支持者，并且，该运动领袖之一的佩里（C. A. Perry）最终在 1919 年提出了著名的邻里住区单元理论（参见第 1.2.17 节。）。

5）城市规划机构的设立

行政方面，美国开始在全国范围内成立城市规划相关组机构。1907 年最早在康涅狄格州的哈特福德设立了城市规划局，并在 1909 年召开了第一届城市规划全国会议。1911 年设立了全国住房协会。1913 年在 18 个城市正式设立了规划局，同年在马萨诸塞州出台了首个规定地方政府城市规划义务的州法律，并规定人口 1 万以上的城市必须设置城市规划局。

6）区划制

在工业化进程中，第三产业取得了惊人的发展，商业、商务等成为了城市的主角，而钢结构、电梯等技术革新使以纽约为首的各大城市开始出现摩天大楼林立的景象。在当时，建筑物无限制地占用地块内的上下空间，结果，高楼之间失去了光照，充满了污浊空气，到了需要一些手段来控制的地步。另外，土地功能混合，特别是住房区内商业店铺的随意建设导致地价和资产价值下跌，成为了人们关注的问题。

1903 年，波士顿开始对建筑高度进行限制②。1909 年，洛杉矶把办公区分成七个产业区，把剩余区域指定为居住区并将清洁行业从此区域去除。纽约律师爱德华·巴塞特

---

①起源于英国的睦邻运动（settlement movement）。
②中心区为 38.1m，其他地区为 24.4m。

（Edward M. Bassett）是致力于实行区划制（zoning）的人物之一，主张"区划制应该强制规定对每个区域的建筑高度、容积率、用途、土地使用以及人口密度进行控制"。1916 年，纽约市开始施行首个综合区划制条令。1929 年，纽约地方规划委员会为确保高层建筑周围的采光和通风，要求建筑进行退让（图 1.41、图 1.42）。

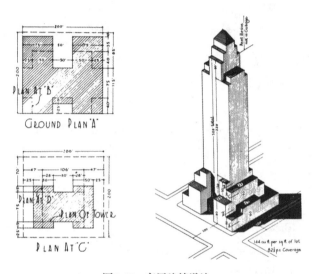

图1.41　高层建筑退让

图1.42　纽约的高层住房

对于大幅度限制私权的区划制也有很多反对意见，经常会讼至法庭。著名的欧几里得村诉讼案（Euclid Case）[①]由最高法院萨瑟兰法官判决居民胜诉，由此证实了区划制的合法性。

尽管区划制的目的不在于此，但是作为保护私有房地产价值，防止阶层混合以及避免日常生活的种种不便起了有效作用，特别被中产阶级接受而得以在全美普及。因此，也有一种说法是区划制因其排他性而得以在种族问题显著、阶层差距较大的美国作为城市规划手段而扎根。

7）道路建设和郊区住房区

1916 年，联邦政府开始对各州道路局（Bureau of Public Roads）的州间道路建设进行补助，开始了城市间主干道的开发。

第一次世界大战结束之后，借着经济的空前繁荣开发了很多优质住房区。包括 1921 年由约翰·诺伦设计的俄亥俄州的马里蒙特（Mariemont），德克萨斯州休斯敦的橡树河（River Oaks）等，在郊区开发了带有高尔夫球场的高级居住区的同时，也开发了大量花园公寓（garden apartment）。1926 年纽约市住房公司开发的阳光花园（Sunnyside Gardens），和雷德朋（Radburn）一样也由亨利·赖特（Henry Wright）和科拉伦斯·斯坦（Clarence Stein）负责规划，采用了环绕内部庭院而建的两层郊区集合住房布局，建筑密度在 30% 以下（参照第 1.2.16 节）。

中产以上阶级随着郊区住房获得了新的良好居住环境，而严重的住房问题则留给了内城区的低收入阶层。

8）住房金融和消除贫民窟

美国 1929 年发生经济危机，胡佛总统以后特别是 1933 年富兰克林·罗斯福总统政策下的《全国产业复兴法》（*National Industrial Recovery Act*，缩写为 NIRA）真正开始着手解决住房问题。需要明确的是，这些住房政策都是为了应对经济危机，而把振兴产业以及救济失业作为首要目的。

政府在 1932 年设立联邦住房贷款银行（Federal Home Loan Bank Board），制定《紧急救济和建设法》（*Emergency Relief and Construction Act*），对普通型住房建设以及贫民窟的清理工程进行融资，而且通过发起新政策主导的公共事业项目，制定了恢复经济的相

---

①美国区划制历史上重要的一次判决。事件发生的欧几里得村位于克里夫兰的郊区，正当其周边的工业开发即将吞并整个村落时，村政府试图通过条例并利用画线的方式阻止工业开发，而与开发者进行了诉讼。1926 年，根据最高法院萨瑟兰法官的判决，地方政府获得了胜诉，这一判决也奠定了区划制的合法性的相

关政策。比较著名的有田纳西河流域管理局（Tennessee Valley Authority）推进的开发项目。

为了促进普通住房建设，1934 年颁布了《国家住房法》（*National Housing Act*），并设立了联邦住房管理局（Federal Housing Administration，缩写为 FHA）及联邦国民抵押贷款协会（Federal National Mortgage Association，缩写为 FNMA），通过资金抵押担保促进私人投资住房建设项目。该政策推进城市郊区化的进一步进展，各大城市开始加强用地分段管控①（subdivision control，参见第 7.5 节）。这不仅是区域性制度，而且作为美国的城市规划土地使用管理的有力手段进行落实。

另一个推进的项目就是消除贫民窟。1935 年，仅在纽约曼哈顿和布鲁克林就有 1500 个贫民窟，据说居民数达到 100 万人。根据 1934 年对 64 个城市的房产调查（Real Property Survey），确定了房屋及设施的缺陷程度，并得出结论，维护不良区域和贫民窟的成本是该区域税收的好几倍，意味着这些区域是收不抵支的。通过重新推动金融公司融资整治贫民窟的工作没有进展，所以 1933 年联邦公共事务局住房部开始直接开展贫民窟清理项目，4 年时间在全国范围内开展了 51 个区域的改造，共涉及 22000 套房屋的拆迁。

除此之外，公共事务局还推动了全国各地公路、桥梁、公园、学校、医院、机场等公共设施的改善，1935 年成立的移民管理局（Resettlement Administration）在美国启动了称之为"田园城市"的绿带城镇建设项目②，建设了三个市郊区域，分别是"绿带""绿丘""绿谷"（参见第 1.2 节）。

9）战后的住房政策

第二次世界大战期间，许多工厂转而生产战略物资，自 1942 年以来，美国设立国家住房厅（National Housing Agency），并制定了资金政策优先保证这些工厂工人的住房问题。因此，针对一般住房的政策和城市规划产生了一个空白时期。

战后，即使是战胜国的美国也出现了前所未有的住房困难。原因一是战时房屋建设停滞，二是短期大量战时服役的士兵退伍。

美国普通住房的开发趋势从 1930 年左右开始，随着私家车的普及，高速公路的建设，中产阶级离开市中心居住在郊区，城市中的许多工厂搬到郊区，购物中心也逐渐开始在郊区开设分店。

---

① 1936 年，国家资源委员会出台"用地分配制度"，1960 年推出《用地分配制度指导书》。
② 由联邦政府进行新城开发，属于特例。

10) 房地产开发

在这样的背景下，美国的房地产业取得很大的发展。在地产开发商中，莱维特父子公司（Levitt and Sons Co.）尤为出名，通过大规模建设低成本住房以及私营服务设施，很快成为全美第一的商业巨头。该公司随着住房建设热潮扩大建设范围，在弗吉尼亚州诺福克建造了 2350 套住房，从 1945 年到 1993 年在长岛建设约 25000 套住房，从 1952 年到 1955 年在宾夕法尼亚州建造了大约 16000 套住房。虽然名为莱维特城镇（Levittown）的这些开发，在规模方面可以匹敌英国的新城，但因为是私人企业，在公共设施建设方面是有限的，与地方政府的关系存在不少问题（图 1.43）。

图1.43　莱维特城镇的部分区域

11) 高速公路网与郊区化

从 1956 年起，美国国会通过了国家支持的大规模州际公路建设规划，使美国的高速公路网迅速发展。美国主要城市的郊区化并不仅限于居住区，转移到郊区的工厂、流通设施、研究所、仓库等构成工业园区，将土地充分地利用，并且十分方便运输。高速公路沿线和机场周边开始变成高交通便利性的区域。其中许多是由大型开发商建设，开发商通过制定相当严格的规划标准，对建筑密度、配套设备、设施、广告物、绿化等进行控制，很多园区环境比居住区还要好。此外，随着居住区的进一步发展，购物中心、车行、银行、游乐园、高尔夫球场、大学等的发展都很显著，构成一种宽松的纽带，形成了较复杂的发展区域。这些趋势虽然不同于有规划地引入各种功能的英国式新城，但是通过区域调整功能的自由进入，实现了美国式新城。

12）新区的建设

进入 20 世纪 60 年代，人们对住房的需求发生了变化，大规模量化建设所带来的标准样板型住房不再受欢迎，医院和学校等公共设施配备齐全、与森林和湖泊等自然环境相融合的，更加优良的居住环境开始受到追捧。

针对这些要求，新区的发展势头在全国范围内扩大，大公司和大产权人预备了广阔的用地，制定基本规划，并将建设居住区、工业区、核心区的强大的开发商整合在旗下，预备进行开发建设，同时联邦政府也将为此提供财政和行政支援。

新区不仅包括市郊的居住区，还包括办公区、商业中心、教育设施、娱乐设施等一体化的规划，还有例如可以狩猎的森林、玩游艇的人造湖以及高尔夫球场。雷斯顿和哥伦比亚可以说是新区的先驱者（参见第 8.3.4 节）。

13）再开发和城市更新

针对城市人口稠密区的政策借鉴了二战前消除贫民窟的措施，通常由地方政府购买和出售用地，通过提供公共空间及减税等方式，让私营企业进行投资再开发。纽约斯泰弗森特（Stuyvesant Town）就是一个典型的例子。纽约市政府在这里清理了 18 个地块的贫民窟，由大都市人寿保险公司（Metropolitan Life Insurance Co.）进行投资建设。道路用地是免费提供的，并且依据纽约州法律给予免税（图 1.44）。

斯泰弗森特占据纽约曼哈顿区的 18 个地块。清除了原来的贫民窟，布局围绕中心公园以对称形式分布着 13 层的住宅楼，共容纳 8800 户，可以居住 24000 人，建筑密度 28%，人口密度 1100 人 /hm²。

1947 年，美国联邦政府下设的住房和家庭金融机构（Housing and Home Finance Agency，简称 HHFA）负责综合住房政策。1949 年颁布了以长期规划为目标的《住房法》，除了过去的清理贫民窟、提供廉租房等，这部法律还为新的城市再开发开创了国家补贴的先河。由于补贴的条件之一是符合城市总体规划（general plan），从 1950 年开始，总体规划的制定就成为美国各个城市的关注焦点。

1949 年，根据《住房法》的规定，市政当局强制收购了贫民窟区域，拆除了问题房屋和设施，并应用一种新的售地方式，即以市场价格和成本之间的中间价格向私营企业出售新的基础设施用地。这种将再开发土地以低于市场价进行操作的方式被称之为减记（write-down）。

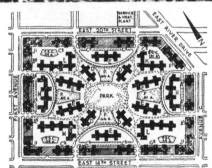

占据纽约曼哈顿区的18个街区。消除了原有的贫民窟，围绕中央公园对称布置了8800户的13层公寓。居住人口24000人，建筑密度28%，人口密度1100人/hm²。

图1.44 斯泰弗森特

五年后，《住房法》重新进行调研，于1954年修订成为新《住房法》。此前的城市再开发仅限于消除贫民区和高密度地区，慢慢地目标区域开始扩大范围，以现有城区整体的再开发即城市更新（urban renewal）作为目标。除了区域再开发（clearance and redevelopment）外，对于区域修复（rehabilitation）、区域保护（conservation），联邦政府也提供抵押担保。此外，政府补贴原来仅限于住房，也开始放宽，允许其10%可以用于住房以外的用途。之后，1961年修订的《住房法》推广了再开发规划，加强了从居住中心到市中心的商业功能的再开发工作。

14）设立住房与城市发展部

尽管有这样的政策，美国的城市问题远未解决。1965年的总统咨文显示，预计1975年至少需要2000万套新住房，被迫从贫民窟迁出的低收入群体的社会不满情绪迅速增长。为了处理这些问题，有必要出台最高级别的永久性住房政策，住房和城乡建设作为伟大的社会建设构想中的一环，约翰逊总统要求国会设立住房与城市发展部（缩写为HUD）。1965年，《住房与城市开发法》通过，此后，在对过去的住房和家庭金融机构进行重组的基础上，联邦住房局等城市开发相关机构由住房与城市发展部收编整合。1966年的《示范城市法》（*Demonstration Cities and Metropolitan Development Act*）进一步赋予住房与城市发展部几项职能。为执行联邦政府住房和城市发展的基本规划，住房与城市发展部提供土地征用、城市再开发、城市更新、公共交通设施以及其他城市公共设施的补贴和贷款，并实施一项包括模范试点城市和特殊重建项目等38个项目的补贴计划。

1974年颁布了《住房与社区开发法》（*Housing and Community Development Act*），作为尼克松总统倡导的新联邦制的一环，将此前的七项补贴整合，以改善城市社区居住环境、增加中低收入人群就业机会为目的，将社区发展综合补助金（Community Development Block Grant，CDBG）交付给地方政府。

卡特总统在1997年宣布修订众议院《住房与社区开发法》以鼓励私人投资，并将振兴经济衰退地区的城市发展行动补助金（Urban Development Action Grant）交付给市政项目。应用此补贴的代表项目有巴尔的摩内港、海港广场区（参见第8.4.6节）。但是，后因经济衰退，大量联邦政府的补贴政策缩减，转为以吸引民间资本为主，1986年这一补贴被废除。

15）引导再开发的方法

为了吸引民间资本，产生了政策以外的引导再开发方式，在州、市镇村等的区划制度之外，采用灵活弹性的运作方式。具体是以承担开放空间等部分公共设施作为条件，如以增加交易量为主的鼓励性区划（incentive zoning），允许地上开发权向相邻地转移的开发权移转制度（TDR），以及轨道站、火车站、高速公路上空的使用权，特区制度（special district），类似于英国的企业引导辅助区域制度（enterprise zone）等。

1.3.3 德国

1）建筑控制线法

1850年，德国在工业革命影响下，开始出现现代城市规划。1868年，在巴登（Baden）颁布《建筑控制线法》。

1871年普鲁士统一德国后，城市的人口集中特别显著。当时在经济活动自由的观念下，土地所有者允许自由使用土地，获得利润，因此工厂可以建在任何地方，房屋的扩建吞没了空地，造成公共卫生和道路养护方面的问题。管理建筑物是各州警方的权力，由其制定建筑安全标准和防火规定，为了确保道路安全，制定了部分建筑控制线（Baufluchtlinie）。

1875年，《普鲁士建筑控制线法》（*Fluchitliniengesetz*）颁布，将乡村道路和建筑控制线的规定权交给了市政管理，需要市政与警方之间达成一致。这样在城市化之初，先行建设道路和广场，但对用地内的建筑仅有防灾方面的规定。

2）土地的公有化

人口向城市集中造成城市扩张和地产投机，土地价格飙升已成为一个问题，所以在德国的许多城市，采取了政府优先获得城市周边空地的政策。1900 年，法兰克福市国有土地占 52.68%，汉诺威占 37.29%，莱比锡占 33.15%[1]。目的是有秩序地开发城市，在这些城市建立房地产部门和土地测量站，积极地开展土地政策。

在第一次世界大战后的住房困难时期，大量的国有土地提供给私营组织和合作机构，使房屋建设不受地价上涨的困扰，因此这一政策充分地发挥了作用。在 70 个人口 5 万以上的德国城市中，从 1926 年起到希特勒统治之前，共提供了 2400hm^2 的国有土地。奥地利、瑞士、荷兰、瑞典、丹麦等国家采取了类似的政策。

3）土地区划整理

1902 年，法兰克福市的阿迪凯斯（Adikes）市长在任期间通过了《阿迪凯斯法》（*Lex Adickes*）。该法是土地区划整理法，允许市政当局在私有土地上，根据城市规划配置重新分配土地。在这个过程中，城市可以保证高达 40% 的土地用于街道、公园等公共用地，而无须向业主支付补偿。这一制度将农用地整理的概念引入城市，影响了日本的土地区划整理方式。

4）住房政策

第一次世界大战后，魏玛共和国时期面临着严重的住房困难，不得不积极应对并颁布住房政策。旨在提高住房质量的《普鲁士住房法》于 1918 年颁布，政府积极提供高质量住房，并与《建筑控制线法》进行协调。虽然 1920 年至 1930 年间的住房项目并未全部完成，但今天看来，仍然有其价值。

其价值之一是公共事业公司和工会成为房屋供应的主体。二者都得到国家监督与补贴，但前者是供应低成本住房获得定额式补贴的公司，后者是由工会组织并为工会成员提供住房的组织。当时全国的工会共有 4300 个，其中最著名的三大工会（名为 Dewog、Gagfah、Heimat）截至 1929 年共提供了 71000 套住房。

---

[1]河田嗣郎：土地経済論，P .666，共立出版，1924. 飯沼一省：都市の理念，p .251，都市計画協会，1969.

5）社区（Siedlung）的建设

住房政策的价值之二是规划技术的发展。在 1925 年之前，规划对象几乎仅限于一般城区，由于法律规定不足，一般城市街区内，过高的人口密度和建筑面积是无限制的。为了改善这种情况，采用了中庭（hollow square）的方式设置绿地和公共空间，在街区的外侧环绕布置 3~4 层的公寓。

随着规划技术的发展，居住区要求足够的公共空间及各种社区设施，每户应获得均等的日照，并合理布局以保护隐私。法兰克福建筑技术主任恩斯特·梅（Ernst May）及其合作者在全市综合规划中，在城区周边设置了卫星社区。尼达河谷（Nidda Valley）就是卫星社区之一，勒默施达特（Romerstadt，1920 年至 1928 年建设，见图 1.45）、普劳恩赫姆（Praunheim，1926 年建设）、韦斯特豪森（Westhausen）社区的规划，引入了上述的规划方针，成为德国廉价住房建设的先行者。卡尔斯鲁厄的达默斯托克（Dammerstòck，

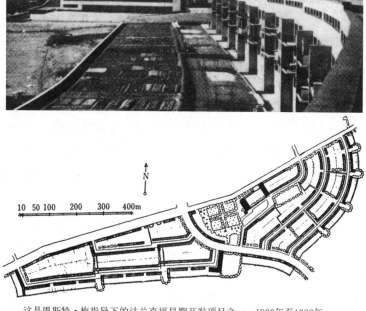

这是恩斯特·梅指导下的法兰克福早期开发项目之一。1920年至1928年期间建造了1220户住房，一些是3层建筑，大部分是2层带阳台的住房。考虑到日照，需要一定的朝向，采用平行布置，并确保开放空间充足。社区设施包括学校、游乐场、客房和商店。

图 1.45　勒默施达特（Romerstadt）社区

1929 年）社区在建筑师瓦尔特·格罗皮乌斯（Walter Gropius）的主持下，有很多建筑师参与，容纳 750 户的住宅楼以东西向排列，道路垂直布局，成为当时德国居住区规划的典型方案。

关于根据日照条件设置相邻的建筑物间隔的规定，邻里住区理论的提出者佩里（C.A.Perry）也作过阐述。希尔伯赛默（L.Hilberseimer）在 1935 年至 1936 年期间在德国的建筑杂志上发表了题为《日照与城市人口密度》的论文，提出要按照日照条件确定相邻建筑物的间隔，进而推出城市容许人口密度的公式，并以此计算了北欧各城市的允许人口密度。参见以下公式：

$$S = \frac{10000 \cdot n \cdot x}{l(\varepsilon h + t)}$$

注：S——人口密度；n——每户居住人数；x——楼层数；l——住房面宽；ε——相邻建筑系数；h——楼窗台高度；t——住房进深（屋顶斜度在 $1/\varepsilon$ 以上的情况下，h 取楼高，t 取进深的 1/2）。

德国的区域规划始于人口集中的地区。1920 年，煤矿区规划协会（SVR）成立，这是地方政府首次设置区域规划协会，可以说迈出了德国区域规划的第一步。

6）纳粹时期的城市规划

1933 年纳粹上台后，中央独裁政权加强，城市规划和区域开发也处于最严格的控制下。其特点如下：

①制定了以扩充军备和工业为最高命令的国土规划并强力执行。以分散重要产业为主要目的，赫尔曼·戈林（Hermann Goering）等进行的军工城市建设以及包含军事道路在内的国道（Autobahn）建设都是其中一环。

②纳粹政府大力推动住房政策。"住房是一种保护人类健康的器皿，同时也是养育人们的摇篮"，给予产业工人自己的土地，乡土情感可以使人民的政治信仰得到强化，在食品自给自足、防空和人口政策方面也有一定便利。因此，将包括小菜园和畜舍的村舍（Kleinsiedlung）作为住房的最佳形态，为实现这一目标增加补助，推进独院型的"国民住房"。

③在纳粹政权下的立法中，城市规划由国家政府控制。除了过去的建设规划和地块的布置之外，还包括上层规划对土地使用的管理、对建筑区域的控制以及建筑形态的管理。此外，努力实现国家方针，简化土地征收、预购、土地整理等项目的手续以及补助。

7）战后重建

1939 年开始的第二次世界大战使许多德国城市被摧毁，战后的城市规划必须首先解决重建问题。联邦德国的重建规划开始于 1948 年左右，各个州都制定了重建法规，国家将其作为上位规划，各地方政府在此指导下制定规划。但各州的法规内容有所不同，规划的方法基本上延续了纳粹时期的方法。

8）《联邦建设法》

战后重建问题涉及诸多方面，在各州的主导下实施，开始经济复苏，在定量建设住房和交通系统方面取得了很大成果。然而，此前只有以重建为核心的城市规划，推出全国统一的建设全民平等的生活环境的城市规划法变得很有必要，经过很多曲折，在 1960 年颁布了《联邦建设法》（*Bundesbaugesetz*）。

根据这项法律，城市规划（Bauleitplan）是各地方政府为宪法保障的自治行政权力，但需要遵守上位规划的目的，并且需要上级政府部门的批准。城市规划涵盖所有城市地区，包括给予规划方针的土地使用规划（Flächennutzungsplan）以及居民参与决策并具有法律效力的区域详细规划（Bebauungsplan），制定了规划保障条款和民间开发的容许条件，规划实施的条款等，并首次实现了全国统一的城市规划制度（参见第 6.2.3 节）。由于单一法律不足以大力地推动新城市的发展和城市再开发，所以 1971 年颁布《城市建设促进法》（*Städtebauförderungsgesetz*）[1]，加以补充。

另外，1976 年颁布《房屋现代化促进法》（*Wohnungsmodernisierungsgesetz*），包括住房设施现代化在内的提升型再开发得到了进一步促进。

9）新开发与再开发

在德国，基本上没有像英国的新城一样以一个完全独立的城市进行开发，这是因为人口分布较分散，人口 50~60 万的中等城市占很大比例。能够提供就业的城市，其大部分配套居住区建设在郊区。

诺德韦斯塔德（Nordweststadt）是战后开发的新城镇，自 1959 年开始在法兰克福郊区进行开发，人口 2.5 万，是一个复合的居住区组团，作为法兰克福的办公配套居住区（参见第 8.3.5 节）。

自 20 世纪 60 年代以来，各个城市都在积极发展大型居住区。在西柏林，东南部的格罗皮乌斯区（Gropiusstadt）和北部的梅尔基斯特区（Märkische Viertel）1962 年至 1963

---

① 《联邦建设法》和《城市建设促进法》于 1986 年合并为《建设法》。

年陆续建造。前者是建筑师沃尔特·格罗皮乌斯从规划就参与指导的项目，并亲自设计了几个住房，颇为著名。

慕尼黑郊区的纽帕拉赫（Neuperlach）是新城开发的一个案例。根据城市规划，纽海姆（Neue Heimat）[①]规划建设一个人口 5.7 万的新城市，1990 年完工，建成后会成为联邦德国最大的新城。

进入 20 世纪，城市再开发（Sanierung）的关注度升高，在二战后正式全面推行。

如上所述，联邦德国由于战后重建是由旧制度开展的修复工程，没有很多像其他国家那样的再开发项目。西柏林 1946 年由建筑与城市规划师汉斯·夏隆（Hans Scharoun）主导制定了总体规划，1957 年举办了国际建筑博览会，在汉莎小区，20 位德国建筑师和来自世界各地的 15 位著名建筑师参与建造了公寓房屋和各种设施，现在仍作为居住区使用，可容纳 4000 人。此外，在西柏林，具有重要历史地位的如邮政广场（Mehringplatz）等，以及音乐厅、图书馆等国际文化设施的重建得到推进。并且，以 1963 年颁布的城市重建规划作为框架，针对以蒂尔加滕（Tiergarten）、克罗伊茨贝格（Kreuzberg）为首的十几个大小区域，进行了居住区的修复工程。

区域重建项目规模比较小，原有的道路保留，在尽量保留原有建筑物的基础上，进行房屋改造、设施现代化、区域市政设施的整治工程。除此之外，改善现有道路和人行道的项目在各城市中蓬勃发展。慕尼黑的纽豪泽大街（Neuhauser Str.）、汉诺威的步行桥（Passerelle）就是代表。

另外，农村地区的更新（Dorferneuerung）也正在逐渐推进中（参见第 4.5.2 节图 4.29）。

10）德国的统一与建筑法规

1986 年 12 月，联邦德国颁布新的城市规划基本法规《建设法》（*Baugesetzbuch*），并于 1987 年 7 月生效。该法将原来的基本法《联邦建筑法》与《城市建设促进法》进行了统一整理，确立了新的基本法，以适应 20 世纪七八十年代的社会经济变化。

在该法中，城市基本规划即土地使用规划（F-plan）以及区域级别的详细土地建设规划即区域详细规划（B-plan）的二级规划体系没有发生变化。但为了确保中小企业的用地优先，与新开发相比更加重视再开发以及修复型城市更新项目，并考虑到对自然、生态系统的保护问题，加快土地区划整理以及规划实施手续，保证规划内容灵活性，先行制定实施促进方针。

---

①德国工会总联盟（DGB）是出资进行住房和城市建设的公共企业。

1990 年 10 月 3 日，东西分裂的德国实现了统一。半个世纪以来，两个地区的经济和社会的发展已经走上了不同的道路，城市规划领域出现许多亟待解决的问题。前民主德国的基础设施建设和改造不足，需要投入巨资。此外，城市中心区老化、居住环境恶化问题明显，为郊区工人建造的大型居住区的缺陷、住房空置问题也变得日益严重。

由于德国东部产生巨大的重建和修复需求，政府鼓励进行民间开发和投资，为了加快规划程序，仅在政府系统尚不完善的东部地区，在一定的时期内应用了一系列新的城市规划制度。

一系列鼓励民营、条件宽松的城市规划在德国东部实施，并有意在全国推动政府和社会资本合作（PPP）模式的城市规划，《建设法》在 1996 年修订后规定可以随时推进建设。特别重要的是城市规划合同制度，民间开发主体提出城市规划项目，与地方政府合作制定详细规划（B-plan），也就是进行民间合作型 B 级规划项目^①时，市政部门与私营企业签约，以此来确定规划内容与成本分摊。

进入 21 世纪，为应对东部居住区住房空置和市中心衰落问题，推进东部城市改造（Stadtumbau Ost），同时为适应西部经济结构转变，应对城市衰落问题，推进西部城市改造（Stadtumbau West）的城市再生项目，《建设法》同步进行修订（2004 年），增加了城市改造（Stadtumbau）指定区域的条款。另外，为了应对如适应气候变化、紧凑型城市、中心城区振兴等当代问题，城市规划追加了规定目标的条目以及规划程序的改进等内容。

1.3.4　日本

1）明治时期（1868—1912 年）

日本的现代城市规划是在明治维新后开始的。由于闭关锁国政策，导致日本落后于西方国家，在以文明开放、富国强兵、工业发展为导向，加快现代化国家建设的过程中，明治政府必须从建设城市着手，对外提高声望，对内则是国家权力的象征。

外国城市规划技术的引入，可以在横滨、神户、长崎等地的外国人居住区看到，但在中央集权国家的首都东京并没有集中实施。当时，皇宫附近为政治中心，日本桥为经济中心，筑地居留地^②为通向外国的门户，这三处为城市的核心区。为了提高日本在国际上的声望，

---

① 《建设法》规定的新开发、区域设施整治规划（Vorhaben und Erschiβungsplan），也称为民间合作型 B 级规划。

② 填海造地的地方通常以"筑地"命名，居留地相当于外国人租借区。——译注

决定对新桥、银座、筑地附近的道路进行拓宽，打造首都的中心。

（1）银座砖瓦街

1872 年，从银座到筑地之间面积约 100hm² 的城区发生了大火。随后，太政官立即颁布了住房不燃化政策，即东京全市的住房采用砖瓦建筑。以此次火灾后的重建为契机，通过了道路改造以及银座砖瓦街建设项目。但由于缺乏足够的资金和技术支持，而且居民有抵抗情绪，该项目最终彻底失败，已建成的银座砖瓦街数年间闲置房屋越来越多。由于这次失败，即使有火灾风险，对建筑物的不燃化仅仅是鼓励，不再作为城市改造和消防措施的强制要求[①]。

（2）市区改造条例

1888 年，《东京市区改造条例》[②]颁布实施。该条例的提案大约十年前就已被提出，但是由于元老院的反对，屡次没有通过。但是，出于对国际影响的考虑，政府断然决定实施。规划区域包含从皇宫周边与上野、浅草到新桥的区域以及本所、深川的一部分，正如芳川显正在《意见书》中提出的："道路、桥梁、河川是本，给水、住房、排水是末。"项目仅限于道路、桥梁、河川、铁路、公园，在财政方面，规划范围被极度缩小，仅限于皇宫周围。

当时，政府在传统的大名邸宅设置各个政府机构，1873 年，随着要在皇宫的火灾遗址上重建官殿，规划提案将以太政官为首的各政府机构集中在旧本丸内，不过因为地基的问题没有了下文。1886 年成立了临时建筑局，中央政府集中办公的规划再次登场。该规划将议院设置在日比谷，在现在的有乐町附近设置了中央车站，使滨离宫、皇宫等能够有机地联系，这是一个雄伟的巴洛克式构想。委托德国的设计事务所完成了日比谷政府办公街的规划设计图，但由于测定日比谷训练场旧址的地基不适合大型建筑物，所以该方案被放弃（图 1.46）[③]。

2）大正期间（1912—1925 年）

1914 年开始的第一次世界大战使日本的国际市场扩张，日本经济发展迅速。同时，城市的面貌开始发生巨大变化。在封建时代的木建筑城区基础上，开始建设工厂、政府机关、办公室、人力市场、百货商店、学校和兵营等砖瓦的西式建筑。这些功能以区域性进行分化，逐渐开始向复杂的城市化发展。除了作为政治、经济和文化中心的东京之外，以商业和工

---

①上野勝弘：銀座れんが街，近代日本建築発達史，P.981-935，1972.

②1918 年，除东京外的其他五大城市也遵照实施。

③伊藤ていじ：日本都市史，建築学大系第 2 巻，p.21 0，彰国社，1975.

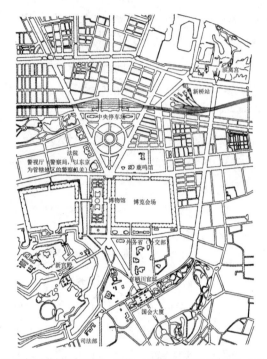

图1.46 日比谷官厅街规划（引自：伊藤，《城市史·建筑学大系·第2卷》）

业为中心的大阪和名古屋也有显著的发展。以港湾作为有利条件的横滨、神户，军事港口城市横须贺、吴市、佐世保，以及拥有国有钢铁厂的八幡市等一些具有特殊功能的城市也涌现了出来。

（1）《城市规划法》和《城市建筑法》

在这样的社会背景下，官员和学者对其他国家的城市规划法律和建筑法规进行了引介，积累了很多研究资料[1]。以此为基础，政府将城市问题作为一项国家政策来解决。于是，1918 年内务省大臣办公室设立了城市规划科，同时成立了城市规划委员会，1919 年颁布了《城市规划法》和《城市建筑法》。这是日本首次制定这方面的法律，由内田祥三、笠原敏郎、中村宽、片冈安、北村德太郎等人主导拟定。该法规定了建筑物的布置、结构标准，根据居住区、工业区、商业区、工业特殊区、甲乙两类防火区、景观区、风景区等进行区分，进行一定的建筑限制，并且实施了道路、公园、排水等城市设施，对根据《耕地整理法》

---

[1] 1907 年内务省引入了霍华德"田园城市"的介绍。从 1916 年片冈安的《现代城市的研究》开始，池田宏、关一、渡边铁藏等都出版了相关著作。日本建筑学会持续进行建筑法规相关的研究，制定法规草案后，1917 年由内务大臣开始提案。

进行土地区划整理的项目实施道路开发。1920 年，该法在六大城市颁布实施，到 1926 年六大城市以外也开始逐渐推行了。《城市建筑法》的使用范围经过多次修订后进行了细分和专项化，根据该法规定的道路红线制度，可以确保道路用地，所以能够进行小范围的区划调整。该法 1950 年已被废止。

　　大城市的人口集中逐渐变得显著，在城区内，住房和工厂的混合过度密集，或产生贫民窟的问题。政府从明治时代末期就开始关注底层市民集体居住区的卫生、安全问题，内务省社会局设在六大城市的社会科努力开展调查和生活环境改善。此外，郊区开始商品房居住区的开发，内田祥三于 1919 年曾以东京西郊为对象提出郊区居住区的方案，对居住区的团地开发经营模式是很好的启发，其中可以看到英国田园城市理论的影响（图 1.47）。

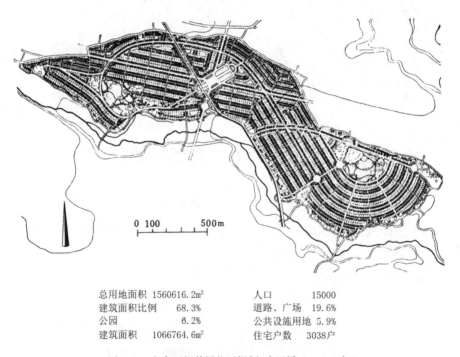

| 0 | 100 | 500m |

总用地面积　1560616.2m²	人口　　　　 15000
建筑面积比例　68.3%	道路、广场　19.6%
公园　　　　　6.2%	公共设施用地　5.9%
建筑面积　1066764.6m²	住宅户数　　3038户

图1.47　东京西郊某居住区规划（内田祥三，1919年）

（2）关东大地震与复兴规划

　　1923 年日本关东地区发生大地震，导致 1 府 6 县的 10.4 万人死亡、46.5 万户住房倒塌（图 1.48）。震后，内务大臣后藤新平提出了首都复兴议案，成立了作为咨询机构的首都复兴审议会以及作为执行机构的官方复兴院。复兴院的主席为后藤新平，规划局长为池田宏，建筑局长为佐野利器。首都复兴规划的范围包括东京市中心和下町地区，南至虎之门、市谷、饭田桥、本乡三丁目、上野、鸳谷、三之轮、浅草、锦糸町、南砂町。项目按照区域实施，进行土地区划整理，建设主要道路、河道、公园、给排水系统等。其中，最大的建设经费支出用于土地区划整理和道路建设，土地区划整理面积达 3630hm²，其规模之大为世界首例。拥有了这样的经验，土地区划整理成为日本城市规划项目的一种常用措施。

地名	时间	火灾面积（hm²）
伦敦	1666年9月2日—9月6日	170
芝加哥	1871年10月8日—10月10日	780
旧金山	1906年4月18日—4月21日	1190
东京	1923年9月1日—9月3日	3390
函馆	1934年3月21日—3月22日	430
静冈	1940年1月15日	130

图1.48　关东大地震火灾与历史上大火灾的面积比较（田边平学）

地震使许多建筑倒塌或烧毁，因此，砖瓦或石材建筑被禁止或限制建造，扩大防火区，在防火区内建造耐火建筑，并对耐火建筑给予相当于木建筑成本差额三分之一的补助。另外，为推进耐火建筑的建设，成立了复兴建筑助成股份公司，并且以 6000 万日元的复兴储蓄债券作为运营资金给予支持。

（3）同润会

为了重建住房，灾区在当年收到了来自全国的 1000 万日元救济金，设立了由内务大臣担任会长的基金会——同润会，用于灾区建造住房。同润会在 1924 年修建了 2160 间临时住房和 3420 间木制普通房屋，由于重建速度快，房屋需求放缓，1925 年至 1927 年在涩谷区代官山、千驮谷、深川区东大工町、本所区中之乡、柳岛元町等地建设了钢筋混凝土结构的公寓。这是由公益组织建造的首批不可燃住房（图 1.49）。

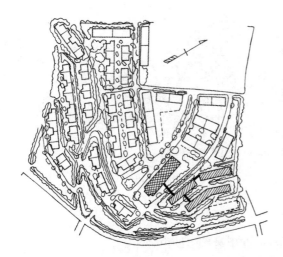

代官山公寓
地点：东京都涩谷区代官山
设计：同润会建筑部建筑科
用地面积：1.6hm²
建筑数量：
2层建筑共25栋
3层建筑共13栋
容纳户数：298户，另配有餐厅、娱乐室
建筑面积：4052.7m²
建筑总面积：10359.6m²
竣工：1927年3月
住房类型：
A~E 家庭连续住房
J 单人住房（图中斜线处）
S 餐厅和商店（图中网格处）

图1.49　同润会公寓居住区的一个案例

虽然贫民窟问题是明治时代就在解决的一个社会问题，但在第一次世界大战后这个问题进一步加剧，1925年政府投资270万日元，由同润会开始着手深川区猿江町不良居住区的改造，5年后完成。最初因没有专项法规，项目推进出现了问题，1927年颁布《不良居住区改造法》，此后，东京、大阪、名古屋、神户、横滨等6个地区的项目，共改造约4000户住房。

3）昭和初期到二战期间（1926—1945年）

（1）私营商品房的开发

从大正末期到昭和初期，在大城市的郊区开始开发私营商品房[①]。其中许多居住用地是市郊电铁公司围绕其沿线开发的商品住房以及别墅，在关西地区比较盛行。一般是购入土地再分售居住用地，部分签订合同，要求具备广场、公园和俱乐部，将电线杆改为地埋电缆，以保证高档居住区的安全和美观（图1.50、图1.51）。

---

①较大规模的铁路沿线开发有：阪急沿线（宝塚、伊丹、园田、甲东园）、大轨沿线（朝日丘、生驹山）、阪神沿线（甲子园、六甲山）、京阪沿线（香里园、花坛前）、南海沿线（初芝、大美野）、芦屋附近（六麓庄）、东横一目蒲沿线（田园调布、大冈山、洗足）、小田急沿线（北泽、成城学园、林间城市、片濑、藤泽）、东海道线沿线（大船、辻堂）、横须贺线沿线（镰仓山）、中央线沿线、东上线沿线（常盘台）。

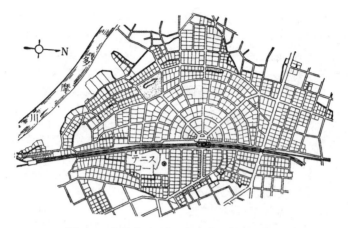

图1.50 电铁公司开发的住房案例（田园调布）

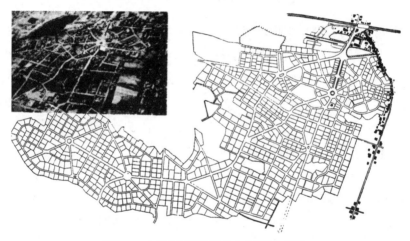

图1.51 电铁公司开发的住房案例（大美野）

（2）黑暗时代

1940 年，为加强防空体制，在城市规划的目标中加上了"防空"。内务省对村民会、邻里会进行整合，设邻组制，战争色彩变得越来越浓重。小学模仿德国称为国民学校，国土规划设定纲要颁布后，以新兴工业城市、军事重镇城市为优先，开始对光市、广畑、相模原等城市进行大规模调整。

自 1933 年以来，同润会在东京、横滨、川崎和川口 4 个城市的工业区建造了工人商品房，自 1939 年以后，还在横须贺海军工厂和日铁八幡钢铁厂建设公司住房，1941 年不再发展，被住房协会吸收。住房协会的设立旨在解决国民的住房问题，但由于建筑材料缺乏等问题不断加剧，只能限于军需工厂的工人住房建设，房屋质量也仅限于战时的极低标准。

1942 年开始日本被空袭，在连续的燃烧弹攻击下，日本的木建筑城市暴露出弱点，几乎束手无策。1944 年开始为疏散而设的城市开放空间以及邻里间进行的防空活动也都无济于事。

4）二战后（1945 年后）

（1）战后复兴

1945 年二战结束，此前主管城市规划的内务省在 1947 年被废除，于 1948 年 7 月成立建设省，接管了这一工作。全国在战争中被破坏的有 120 个城市，完全烧坏、毁坏的住房有 230 万户，损失严重。因此成立了战后复兴院，参考关东大地震后的首都复兴，以大规模的土地区划整理为核心，推动战后城市的复兴规划。最初计划在包括 50 000 hm² 烧毁区域的共 60 000 hm² 土地区划整理项目投入 145 亿日元经费，用 6 年时间完成。在 1946 年颁布了《特别城市规划法》，制定了土地区划整理的特例规定，并设立了绿地区域制度。

但是，由于战后急剧的通货膨胀导致项目经费不足，居民对建筑限制和土地减少也有很大的不满，1949 年该规划不得不重新审议，土地区划整理面积缩小了约 1/2，为 28 000 hm²，宽阔的街道和大型绿地也被取消。结果原本作为复兴目标的 100 m 宽主干道除名古屋和广岛两个城市保留外，其余都被取消。

战后复兴项目于 1959 年结束，在此期间共投入了 486 亿日元的项目经费，但最初的规划面积仅仅实现了 1/3。其中，有像名古屋这样将原规划完全实施的城市，也有像东京这样将原规划面积缩减到 1/20、只在盛场地区实施了很小一部分的城市。

另一方面，战后住房短缺情况极为严重，需求量达到 340 万户。政府规划了 30 万户可越冬住房并开始应急建设。1946 年住房协会解散，交由地方政府继续建造国家补贴型住房。这类公营住房曾经是劣质的木结构应急性建筑，1946 年末，东京都政府在芝高轮试建了 2 栋钢筋混凝土公寓楼，从此，这类中层公寓开始向全国普及。

（2）团地[①] 开发和新城

1955 年随着日本住房的开发，居住区的发展显著，首次出现了公共设施齐全、高品质

---

①团地：意为"一块地"，居住社区、工业园区等可通用。在日本，团地主要是指为了提高人们生活生产以及物流的效率，集中配备住宅与相关产业设施的区域。——译注

的居住生活环境。而由于土地价格飞涨导致征地困难，居住区普遍采用远距离与大规模并行的方式推进，由此产生了新城规划。如千里丘陵（大阪开发）、高藏寺（日本住房公司开发）、泉北（大阪府开发）、多摩（日本住房公司和东京都开发）、千叶（千叶县开发）、港北（横滨市和日本住房公司开发）等，其开发规模的规划人口超过30万，作为"职住分离"城市，其规模超过了其他国家的新城。

此外，日本住房公司进行"市区住房"的开发，购买废弃的工厂旧址，采取预留公园绿地、建造高层住房的"地上开发"措施。其案例有东京金町车站一带、大岛4丁目和6丁目、关西住吉、森之宫等。另一方面，公司在大城市圈周围的卫星城市开发了很多工业区，并开发了国土厅管辖下的筑波研究学园城市项目。后文会提到，20世纪70年代以后，新开发需求迅速下降，城市改造成为一个新的课题。因此，1981年该公司重组为住房·城市开发公司开始新的经营。

（3）区域开发

日本战败之后，为实现经济复兴，对以煤炭、电力为中心的资源开发，以及钢铁、造船等重要产业的振兴进行了投入。在战争结束的那年，内务省国土局已经制定了国土规划基本方针，次年制定了国土规划纲要，但并未产生实效。1950年，制定《国土综合开发法》，由全国综合开发规划、都道府县综合开发规划、地方综合开发规划、特定区域综合开发规划四类规划组成。不过，实际实施的只有特定区域综合开发规划。区域开发现在由国土厅主管。

朝鲜战争使日本经济快速发展，年增长率达到10%以上。1960年出台国民收入倍增计划，加强了经济发展为首的政策。重工业围绕大城市周边进行了集中布置，大城市的人口集中以史无前例的速度发展，公害、住房和交通拥挤等问题变得显著。

针对这样的情况，1962年政府制定了全国综合开发规划。这一计划有两大目标，一是防止大城市过大化，二是缩小地区差距，并采用试点的方式解决。具体来说，同年颁布《新产业城市建设促进法》，1964年颁布《工业整顿特别区整顿促进法》，全国诞生了15个产业新城以及6个工业特区（图1.52）。此外，1956年制定《首都圈整治法》，首次着眼于大城市圈规划（图1.53），同时开始了近畿圈、中部圈的整治（参见第3.5.6节）。

尽管实施了全国综合开发规划，但是以东京为首的大城市圈的人口和功能的集中化、过密与过疏等问题越来越严重，因此1969年出台了新全国综合开发规划。该规划方案拓宽全国交通通信网络，构建国土开发框架，在农林、水产、物流、旅游休闲等领域进行大

图1.52　产业新城、工业特区分布

规模开发，实施环境保护等项目。

全国综合开发使国家和地方的大规模设施建设发展迅速。沿海工业园区、东海道新干线、高速公路网、大型新城、超高层建筑群等陆续出现，与世界发达国家相比也毫不逊色。

此外，建设省将地方生活圈作为区域开发构想，全国的自治省划定广域市镇村圈，并提出了具体实现该政策的措施。

1973 年石油危机之后，日本经济增长率下降得非常严重，持续 25 年的高速增长期结束了。在经济低增长的形势下，为稳定人民的生活基础，1977 年出台第三次全国综合开发规划。该规划力求在土地资源有限的前提下，以历史和传统为基础，建设一个人与自然和谐稳定、健康与文化性的综合人居环境。在该规划中，大城市圈的人口集中速度已经放缓，其他地区也开始人口聚集，基于"地方的时代"概念，提出了定居圈构想。

20 世纪 80 年代后期，东京圈的高端城市功能的集中使人口再次集中化，导致地方圈产业低迷，就业问题加剧。为应对未来国际化、信息化和老龄化进程加快，社会经济发生重大变化，1987 年第四次全国综合开发规划出台，提出建立多极分散型国土联络网。1988年，颁布《多极分散型国土建设促进法》，设立"地方振兴核心区"和大城市圈的"产业核心城市"制度。

同时，在 20 世纪 90 年代，为了应对东京的集中化和地价上涨，在国内迁都话题的讨论非常热烈。从 20 世纪 50 年代开始，学术界、政界和政府机关已经提出了迁都、扩张、疏解、改革等多种提案。1990 年 11 月，《关于国会等迁移的决议》[①] 在众议院和参议院获得通过，1991 年 2 月，由国土厅长官主导的"首都功能转移问题恳谈会"发布中期报告，

————————
①1992 年，制定《国会等迁移的相关法》，设立国会等迁移调研会。

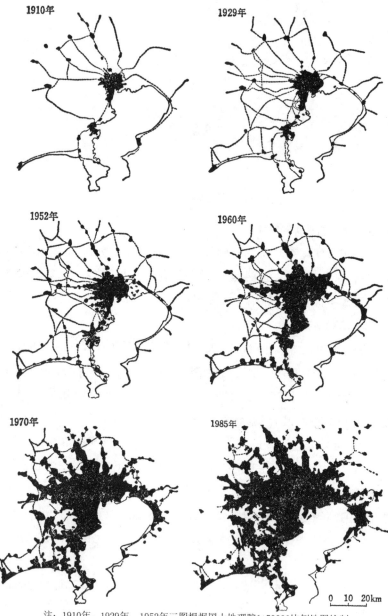

注：1910年、1929年、1952年三图根据国土地理院1:50000比例地图绘制，
　　1960年、1970年、1985年三图为人口密集区域图。

图1.53　东京圈市区发展图

其中，公布了新首都规模（限制人口为 60 万，投资约 14 万亿日元）、开发方式及日程等提案。此外，对于包括道州制的地方分权相关问题，讨论仍十分热烈。

（4）城市环境和居民

另一方面，城市的生活环境如何呢？住房数量在 1970 年左右超过了家庭数量，住房短缺问题得到了解决，但在质量方面，两极分化加快，高档、中档住房增加，以木结构的租赁公寓为代表的低档住房密集的街区广泛分布，城市的防灾性能非常低下。铁路和宽阔的公路沿线噪声、震动、尾气等造成的环境损害十分显著。另外，因土地使用规划和建筑规范的不足造成的高层建筑采光、风力、无线通信等也产生了问题。因此，由工业设施产生公害引发居民的反对运动，广泛发展到针对铁路、公路、土地区划整理、城市规划设施和高层建筑等项目。同时，由于因开发导致自然环境遭到破坏，保护自然和文化遗产等的活动十分活跃，此外，依据建筑协议进行的街区开发中，出现了通过居民的力量改善城市开发以保护区域环境的趋势，政府方面也开始认同必须要让居民参与城市规划的决策。

具体来说，从 20 世纪 60 年代后期开始，各市镇村居民要求保护良好的环境，新开发城市有责任保证一定的环境条件，并且对存在问题的现有城区进行改善，无论有无相关法律，都可以根据地方条例和行政指导由地方自主判断，逐渐在全国范围内展开了新城开发运动。这一运动催生了后文介绍的区域规划制度。

（5）可持续发展的城市 [①]

1972 年，罗马俱乐部发表《增长的极限》，全球环境问题有了新的认知，20 世纪末国际上开始针对地球的可持续发展方式进行了探讨。除联合国的活动外，新城市环境理念以市民运动的形式在国际上传播，引起了世界的关注，这就是可持续性发展（Sustainable Development），或称为可持续城市，是城市开发的新概念，并寻求全球环境的可持续发展。

（6）规划法律制度的完善

在制度方面，于 1950 年颁布了《建筑标准法》，取代原来的《城市建筑物法》，区域用地制度仍然保留，增加了新的建筑协议等相关制度。同时，自 1919 年以来，《城市规划法》应用了半个多世纪，并没有作出重大修改，但随着新《宪法》和《地方自治法》的实施，城市规划相关事务需要移交地方机关。此外，为了解决伴随经济高速增长的城市问题，也需要制定土地使用规划，因此，在 1968 年制定了新的《城市规划法》。该法首次设立了城市化区域和城市化调整区域，增加开发许可制度，此外，城市规划不再由主管大臣经内阁

---

① 海道清信：コンパクトシティ，学芸出版社，2001.

许可作出决定，变更为由各都道府县知事和市镇村政府进行决定。1970 年，《建筑标准法》进行了修订，根据建筑物的用途和形态的组合，增加新的区域用地划分。1992 年再次修订，为应对社会经济的变化，以前的 8 种功能用地修改为 12 种（参见第 7.5.2 节）。

1980 年，随着全国市镇村开展上述新的城市开发运动，建设省以原联邦德国的地区详细规划制度为模型，修订了《城市规划法》和《建筑标准法》，规定地区规划由市镇村制定。此后，为了使地方特点适应地区规划的要求，扩大了适用范围，并且地区规划的内容也显著增加，其中包括村庄区域规划、再开发区域规划、居住区高度开发规划等（参见第 7.4.2 节）。

此外，随着 1992 年《城市规划法》的修订，制定了《市镇村城市规划相关基本方针》的总体规划。

除了修订城市规划的基本法，战后多个城市规划相关法律以独立法的形式制定（参见第 6 章表 6.6）。例如：《土地区划整理法》（1954 年）《城市公园法》（1956 年）《停车场法》（1957 年）《新居住街区开发法》（1963 年）《古城历史风貌保护特别措施法》（1966 年）《流通产业街区建设相关法》（1966 年）《城市再开发法》（1969 年）《新城市基础建设法》（1972 年）《城市绿地保护法》（1973 年）《生产绿地法》（1974 年）《大城市区域促进居住用地供应特别措施法》（1975 年[①]）。

（7）土地问题和土地基本法

与此同时，日本战后的地价上涨程度是全世界空前的，全国各地投入了从土地中获取利润的投机性交易。政府看到通过当时的土地价格公示制度、公共用地优先收购等土地政策不能有效地控制地价，参考在野党的建议，于 1974 年颁布了《国土使用规划法》。这是日本对土地使用和土地交易的首次全面实行监管。除了根据该法律实施监管区域制度以外，还推进了土地税制度的修正和加强、房地产融资总量限制和其他控制地价的措施，由于经济衰退而导致需求减少，土地价格在 1987 年达到顶峰之后，以居住用地为主的很多地方开始逐渐下降。

1989 年 12 月，制定了《土地基本法》。该法确立了关于土地的基本政策，明确了中央政府、地方政府、经营者和公民的责任，建立有关土地政策的基本事项，目标是确保充足的土地使用，旨在形成正常的供求关系和适当的土地价格（第 1 条）。

[①]1990 年该法进行修订，变更了法律名称，增加住房和居住用地供应规划、居住城市的开发建设方针、居住总体规划的制度。

总则中包括以下四个基本原则：①土地使用公共利益优先；②按照适当的规划进行开发；③抑制投机交易；④开发后价值增加产生的利润需附加适当的责任（第 2 条至第 5 条）。

关于土地使用规划的制定，根据区域特征制定详细的土地使用规划，根据区域社会经济活动的广泛发展制定广域的土地使用规划（第 11 条）。由于这部法律可以说是"宣言法"，如何按照这一理念实现具体的土地使用规划，存在一些疑问。

1992 年，《城市规划法》《建筑标准法》进行了修订，但原来的制度保持不变。增加了用途区域的细化、区域规划制度的扩展和加强、引入市镇村总体规划制度等。

此外，《生产绿地法》于 1991 年进行了修订。该法针对城市化区域内的农地，将可转化为宅基地的与需保留的农地进行了区分。对可转化为宅基地的农地根据区域规划、区划整理促进居住用地的良性规划，对需保留的农地划入城市化调整区域或生产耕地，以确保农业的可持续发展。

（8）城市再生

由于 20 世纪 90 年代初的石油危机（国际原油价格上涨导致经济衰退），日本经济衰退，依靠传统工业的经济重建变得困难。日本进入了一个长期通货紧缩的萧条期，中心城区空洞化，郊区和城市边缘停滞发展。

进入 21 世纪，日本制定了城市再生政策。2001 年，内阁成立了"城市再生总部"，2002 年制定了《城市再生特别措施法》。确定了城市再生基本方针，划定"城市再生紧急建设区"，设立城市规划提案制度并放宽土地使用制度，《城市规划法》《建筑标准法》进行重大修订，设立了鼓励民营的制度，出台策划紧急建设项目的"城市再生"政策。

然而，这 20 多年一直被认为是"失去的 20 年"，由于经济停滞和中央、地方政府严重的财政困难，城市再生政策未能产生显著的效果。欧美发达国家同样自 20 世纪 70 年代以来一直存在城市空洞化和经济停滞的问题，城市政策制定了各种应对方案，但远未取得明显成效。从本质来看，这样的状况并不能通过政策实现从经济停滞到振兴的自主转化，城市文明正在从工业化社会转变为非工业社会。

从 19 世纪和 20 世纪的工业文明时代进入 21 世纪的城市，工业文明转向知识创造产业文明是十分显著的。随着人们价值观的多元化，城市的社会、经济和文化基础的性质已经改变了。

第2章 城市规划的意义

2.1 城市理论

2.1.1 城市

城市从古代延续到今天。古代的城市作为学术研究对象具有十分重要的意义。

城市是什么？已经有很多研究领域的学者进行了讨论，不过即使城市的某个方面或构造的某一部分能够阐明，其复杂的性质及全貌可能是一个永恒的奥秘。"神创造了田园，人创造了城市。"如果不能了解城市与人的关系，可能永远也不能弄明白"城市是什么"这个问题吧！

在古代，王侯贵族统治着城市，管理着农村，城市与非城市之间具有明确的划分。中世纪欧洲的很多城市，都为城墙所包围，所以其范围可以清楚地识别。即使在近代，交通通信没有今天这么发达的时期，根据人口密度、职业构成，区分城市与农村还是相对比较容易的。

然而，今天的城市化进程在全国范围内推进，随着城市圈的扩大、流动性的提高，以及大众媒体的作用，城市化在人们的生活意识中进一步发展，对城乡进行区别已经变得相当困难了。

如今，可以将城市视为人们在社会稳定生活的一个空间单位。希腊建筑师道萨迪亚斯提出了15个空间层级，城市就包含于其中（见图1.30，参见第1.2.24节）。

城市还具有明显的动态发展的性质。城市的形成及发展机制都十分复杂，并且其职能又分为经济、社会、政治、文化等各个领域，具有综合、聚集的作用。另外，城市还是一个运营管理的行政机构，也就是城镇的地方自治体。

1）设立市的必要条件

在日本，根据《地方自治法》第8条第1款规定，普通地方行政区若想划为市，必须具备下列条件：

①人口达到5万以上（1954年修订，之前为3万以上）。

②中心街区内住户数占总户数的60%以上。

③工商业或其他城市产业的从业者及其家属的人数占总人口的 60% 以上。

④具备所属都道府县条例所规定的城市设施及其他市级的必要条件。

普通地方行政区若想划为镇，则必须具备其所属都道府县条例所规定的镇级的必要条件。

2）指定城市

日本行政划分的市总数有 661 个（截至 1992 年 3 月），东京都 23 区计为 1 个市[①]。其中，行政指定城市是人口 50 万以上，由政府指定的城市（《地方自治法》第 225 条第 19 款）。

指定城市可以行使部分都道府县的权力，包含城市规划、土地区划整理等。指定城市有 12 个，分别为大阪、名古屋、京都、横滨、神户、北九州、札幌、川崎、福冈、广岛、仙台、千叶（截至 1993 年）。另外，东京都的特别区有特殊规定（《地方自治法》第 281—283 条）。

3）核心城市

核心城市指行政指定城市以外而且人口达到 30 万以上，由政府指定的城市。可以行使与指定城市相当的行政权力（1995 年实施）。

4）特别行政机关

特别行政机关指设有建筑办公室的市镇村行政区域的市镇村长，或其他普通市镇村行政区域的都道府县知事（《建筑标准法》第 2 条）。人口 25 万以上的市必须设建筑办公室（同法第 4 条）。

2.1.2　城市的区域

随着农村的工业化，生产、物流功能从城市转移，城市郊外大范围的居住区被开发，形成了所谓的大城市圈，城市区域变得不局限于市区，开始包含周边广阔的农业区域。

关于城市区域如何划定的问题，在设定城市规划区域或城市化区域时，具有重要的意义，主要有两种思维方式。

1）标准城市圈

不涉及城市的地理形态，而是将其社会、经济活动的影响范围根据一些指标进行划定，

---

①东京都是由 23 个特别区及 26 个市、5 个镇、8 个村构成的。——译注

并将其范围称之为城市圈。美国的标准化大城市统计区（S.M.S.A.[①]）和日本科学技术厅资源调查会提案的"城市区域"就是以此为依据。日本的国力调查中，1956 年设定"大城市圈"、1985 年设定"城市圈"作为统计单位。城市规划区域的设定可以参考这种方法。

2）人口集中地区（D.I.D.[②]）

这是日本在 1956 年国力调查中所采用的区域划分方法，该区域划分的过程是：①将调查划定的区域作为基本单位进行使用；②市区镇村各行政范围内，将人口密度较高的调查区（人口密度大于 40 人/hm²）相连接；③人口达到 5000 以上的区域被视为一个人口集中区。该方法因为可以界定地理的市区范围，所以被用于城市化区域的设定。

在英国，有城镇密集区（conurbation）的概念，同样如前所述，分为社会性思维与地理性思维。

2.1.3 城市分类

①根据人口规模进行分类：巨大城市（500 万人以上）、大城市（100 万人以上）、中等城市（10 万人以上）、小城市（5 万人~10 万人）。

②根据城市功能进行分类：政治城市、商业城市、工业城市、居住城市、旅游城市等。

③根据地理条件进行分类：沿海城市、内陆城市、寒冷地区城市、多雪城市、温带城市、亚热带城市等。

④根据历史条件进行分类：城下町[③]、驿站城市、贸易城市、港口城市、门前町[④] 等。

⑤从城市规划的角度看，除上述之外，按人口变化率进行分类也比较重要。人口过密或过疏的地区在规划上，城市的作用也不尽相同；人口的急剧增加、逐渐增加和减少，在城市规划的问题上具有很大差异。图 2.1 是将日本城市按照人口规模与人口变化率（1960—1965 年、1965—1970 年）进行分类的，这些被分类的城市具有相当的共同点，都与其城市目标设定相关（参见第 3.1 节）。

---

①Standard Metropolitan Statistical Area

②Densely Inhabited District.

③城下町：指在领主的居城外围形成的城市。——译注

④门前町：指以寺院、神社为核心，周边人口聚集形成的城市。——译注

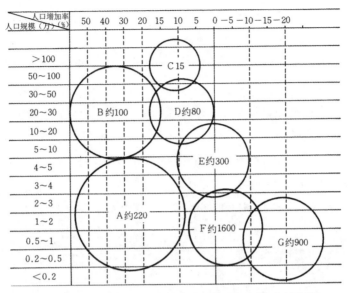

图2.1　根据人口规模、人口增减率进行的城市分类（森村道美）

注：圈内数值为城市数量。将东京都23区视为一个城市考虑。

2.1.4　城市问题

城市的人口和功能如果无规划地集中，并且缺少适当的控制，那么在城市的活动和生活方面将产生各种问题。城市问题与城市规划有着密切的关系，但并不是只靠城市规划就可以解决所有问题，城市规划有一定的作用与局限性。

住房问题、交通问题、污染问题、防灾问题、生活环境问题等都是与城市规划密切相关的城市问题。另外，土地问题、财政问题、制度问题等是涉及城市规划推进的基本性问题。

2.1.5　现代城市的目标与城市规划的理念

对于现代城市未来的总体目标（goal），并不因国家的不同、城市的不同而有很大的差异。但为了达成总体目标，不同的国家和城市当前必须解决的具体性目标（target）确实存在着不同。今天日本的城市规划要制定的目标有如下几点，这些内容同时涉及了城市规划的理念：

①优先考虑市民生活的城市：确保城市环境的安全性、健康性，教育、文化、福利持续保持一定的水准。

②自治的城市：具有城市环境管理和市民福利、教育、文化的权限以及财政权限，独立自治。

③有个性的城市：在历史条件、地方传统的基础之上，发展独立的新文化，提出创造性发展的方向。

④科学地规划建设、贯彻公平社会的城市：基于科学的信息，以市民参与进行规划，实现规划时要贯彻社会的公平原则。

⑤环境保护的城市：考虑自然环境保护与良好街区发展的平衡，并且积极地推进资源节约与环保节能。

⑥对广域城市圈发挥正面作用的城市：建设在国土规划、地方规划中起到积极作用的城市。

⑦持续稳定发展的适当规模的城市：城市规模不应过大，保证长时间稳定的发展。

2.2 城市规划

2.2.1 城市规划的定义

城市规划在美国称为 city planning，在英国称为 town planning，在德国称为 Städtebau，在法国称为 urbanisme，即是对城市进行规划的意思。城市是被规划的对象，如前所述以空间进行限定是困难的，实际通常以市镇村这种形式的行政区域作为对象，必要时也会进行联合规划。另一方面，所谓规划即是对未来某个时间的目标进行选择与设定，并将现实与目标进行对比，明确二者之间的联系，采取措施使现实逐渐向目标靠近。城市规划是一个实践的、技术性的概念，无法实现经济的、社会的规划，只限于物质上实现的规划，是物理规划（physical planning），但如果不与经济和社会的规划进行整合，就谈不上真正的城市规划。

城市规划难以一言以蔽之，如果必须做一个定义，大致是这样的：城市规划是将城市级别的区域作为对象，为了实现发展目标，安全地、舒适地、高效地进行经济与社会活动，对每个所需的空间进行平面的、立体的调整，设定土地使用规模、设施的配置，根据其各自的要求进行整合并实施的一门技术。

城市规划自古就有，但与现代城市规划有显著不同。这是因为每个时代的规划主体（人）以及目的（对象）是完全不同的。一个时期，神殿与寺院的配置被认为是城市规划的中心；

另一个时期，为了防御外来的敌人，主要在城市周围建设城墙；还有一个时期，主要的焦点是气势恢宏的道路。过去城市为美观而设计，是一种艺术，今天城市规划的中心课题并非如此。另外，提到城市规划，以前会想到街道、公园、给排水等城市设施建设，然而，城市规划并非仅仅是工程技术及建设。

以下针对更大的规划体系中城市规划的定位进行阐述。

2.2.2　城市综合规划

工业革命以来，城市规划的目标发生了很大的转变。帕特里克·格迪斯（Patrick Geddes）首先提出将城市视为人类经济活动和社会活动的场所，根据调查与解析了解复杂的城市结构，主张城市规划（物理规划）与社会、经济规划（非物理规划）相结合。

基于这一理论，城市规划属于城市综合规划的一部分。城市综合规划的内容及其关系如下如示：

$$
城市综合规划
\begin{cases}
经济规划（economic plan） & 产业、就业、劳动、工资、金融 \\
社会规划（social plan） & 人口、教育、健康、福利、文化 \\
物理规划（physical plan） & 土地使用、交通、通信等设施 \\
行政财政规划（administrative plan） & 制度、组织、资金
\end{cases}
$$

经济规划与社会规划相关，作为非物理规划（non-physical plan）与物理规划相呼应。非物理规划也就是城市功能活动（activity）的规划，物理规划指的是为城市功能活动提供的场所、设施的规划。而行政、财政规划是为了实现上述规划目标，制定出行政支持的条件。

因此，城市综合规划是从城市未来目标的设定而开始的。目标内容包括城市未来的规模、发展速度、城市特点、产业结构、居民生活方式以及居住环境设施的水平等。为了达成目标，经济规划与社会规划必须是相互平衡的[1]，应当让功能活动场所的土地分配与此相适应，而且设施安全、高效、舒适。

一、基本构想与基本规划

在日本，城市综合规划的内容并不很明确，但市镇村行政机构一般都是以基本构想、基本规划、建设性规划这样的流程进行的。其中，基本构想根据《地方自治法》第 2 条第 5 款[2]规定，需要进行议会的表决，但是在地方公权力改革后，2008 年 5 月修订的《地方

---

[1]20 世纪末，出现了"可持续发展""城市的发展管理"这样的表述。

[2]《地方自治法》第 2 条第 5 款：市镇村处理其事务时，经过议会的表决，可以制定该区域内实现综合性及规划性行政运营的基本构想，并遵照此规定。

自治法》中，该条款已被删除，因此现在由市镇村制定并决议。另外，《城市规划法》第
15条第3款^①规定市镇村所制定的城市规划必须符合基本构想。所以，这一阶段不包括所
有市镇村的规划，而只针对制定基本构想的市镇村。一般来说基本构想的内容有：

①未来描述，包括规划图、规划框架、土地使用构想、目标；

②实现目标的基本措施和基本构想的实施方案。

市镇村在基本构想之后制定基本规划，在这里与非物理规划（社会规划、经济规划、
行政财政规划）平行，作为物理规划对城市基本规划进行定位。另外，近来除了按专项进
行规划之外，还增加了很多按区进行规划的市镇村。

最后是建设性规划阶段，以城市基本规划的部分内容作为法定城市规划内容，其他部
分作为其他的专项规划内容。在这一阶段，预算、机构以及土地问题是较为重要的（图2.2）。

二、规划立项方式

基本构想、基本规划的立项方式根据城市规模而异，根据市民、地方政府、行政长官
的行政差异，不能一概而论，很多市镇村都是采用先编写草案，然后由包含居民代表、学
者在内的审议会审议。此外，也会通过问卷调查等各种手段，来掌握当地居民意向，建立
居民参与机制。今后，在规划立项的流程中，资料公开、居民参与的问题将会变得越来越
重要（图2.3）。

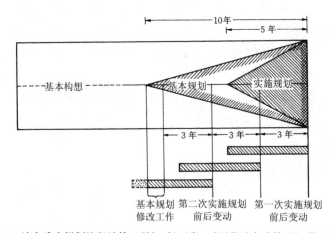

图2.2 地方政府规划流程结构（引自：松下圭一《现代城市政策Ⅲ》，第291页）

---

① 《城市规划法》第15条第3款：市镇村规定的城市规划，必须按照经议会表决所规定的该市镇村建设
相关的基本构想，并符合都道府县等上级行政机构所规定的城市规划。

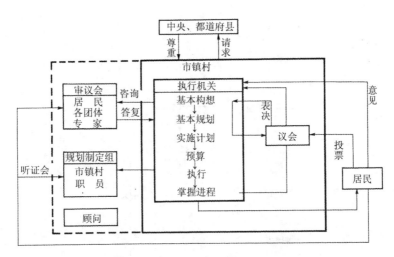

图2.3 综合规划的立项方式案例

制定与实施规划的后续工作，需要把握规划的进展状况，评价政策的效果。基本构想是市镇村各级行政长期工作的基础，所以不可随意变更，不过当社会、经济形势变化较大，规划与实际情况不符时，有必要及时修改。由于基本规划是有具体措施的规划，所以大约每五年要重新审视一次，可针对部分内容进行修订。[①]

2.2.3 分区规划

针对一定区域进行的物理规划被称之为分区规划。分区规划根据对象区域的大小以及规划的内容，有全国规划、地方规划（大城市圈规划）、城市规划、区域规划的基本区分。以相对更广大的区域作为对象的规划称之为上位规划，以相对小的区域作为对象的规划称之为下位规划。

这里有两种思维方式，一种是从上位规划分解到下位规划的分配方式，另一种是从下位规划扩大到上位规划的叠加方式，无论哪种，都需要根据不同级别的分区规划之间的反馈进行调整（图2.4）。

随着技术创新和经济发展，经济社会活动日益扩大，地方规划、城市规划和区域规划的目标区域都有扩大的倾向。

上位规划倾向于将产业规划作为重点，但无论哪个规划层级，都必须调节好产业发展

---

①地方自治协会，《基本构想的问题与展望》，1976 年。

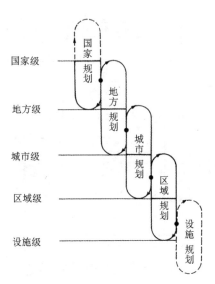

图2.4 各级分区规划

与社会生活的平衡。将各层级物理规划的内容，按照土地使用规划、线性设施规划、核心型设施规划的三类进行划分，如表 2.1 所示。

土地使用规划，是一种具有表面延展性的规划，在国土级别上，可以划分为城市区域、农业区域、森林区域、自然公园区域、自然保护区域 5 个分类（《国土使用规划法》第 9 条）。下位规划中，区域划分更加具体化，规范、指导与开发项目以期实现。

线性设施规划，如铁路（R）、公路（V）、航线（A）、航道（S），是如树干、树枝、小枝一样构成一个整体系统，形成叶脉一样的网络。

核心型设施规划，根据其功能可分为独立型、节点型、凝聚型、分散型等分布形态（参见第 4.4 节）。

2.2.4 城市基本规划与法定城市规划

城市基本规划在美国称为 master plan、general plan、 comprehensive plan[①] 等。基本规划的特点是，对长期进行预测（目标年通常 20 年为一个周期，中间年是以 10 年为一个周期），将该城市的未来面貌比较自由地描绘出来。因此，规划的逻辑较为清晰，普通人容易领会，充满创意，但是建议型规划并不具有法律的约束力。

---

①master plan 的用地包括大规模建设用地、组团等城市建设用地，是一般开发建设中的用语。general plan 指的是长期综合性开发，是地方政府所有土地开发政策的基础。comprehensive plan 是综合性内容，主要用于财务审查方面。因此，这三种用语本质上是没有差异的。

表 2.1　各级别的分区物理规划的内容

范围　　类别	国际	国家	地方		城市		区	
			一般地区	大城市区域	普通城市	大城市	郊区	市区
人口规模（万）	—	10000	400~600	1000~3000	20~100	300~2000	1~5	10~40
地域半径（km）	—	750	100~200	50~100	5~15	10~20	1~3	1~3
人口密度（人/km²）	—	250	—	—	1000~2000	10000~20000	500~4000	10000~30000
土地使用规划	·国境线 ·领海与公海领域 ·发展与中国家的开发 ·自然保护 ·极地开发 ·海洋开发	·国土开发模式 ·地方规划区域（国家产业） ·产业布局（国家产业） ·自然资源开发 ·国家防御 ·防灾和国土安全 ·首都和皇宫、偏远岛屿、乡村地的振兴 ·旅游和娱乐	·地方开发的模式 ·开发区和保护区 ·据点城市（地域） ·产业布局（地方产业） ·农林水产区 ·旅游、娱乐区域 ·自然资源开发、自然保护 ·防灾、自然保护	·大城市区域开发模式 ·开发区和保护区 ·卫星城市、新城市开发、城市再开发 ·产业布局（分散和集中） ·近郊农业区 ·旅游、娱乐区域、临海区域开发 ·防灾、自然保护 ·垃圾处理	·广域城市开发的模式、城市化区域、城市化调整区域 ·土地使用途规定 ·城市防灾 ·保护文化遗产	·大城市开发模式：市中心、副市中心的规模和布局，大规模居住区，各中心的规模和布局 ·城市化区域、城市化调整区域、城市保留区 ·土地使用途规定 ·土地使用强度规定（区域容积率） ·再开发、新开发的指定 ·城市防灾 ·保护文化遗产	·村庄的规模和整治 ·农业用地集团化 ·保护自然 ·保护文化遗产	·土地使用用途规定 ·土地使用强度规定、特别建筑街区 ·公共用地的规模和布局 ·防灾、避难点

续表 2.1

范围\类别	国际	国家	地方		城市		区	
			一般地区	大城市区域	普通城市	大城市	郊区	市区
线型设施规划	·大陆横贯高速铁路（R7） ·大陆横贯高速公路（V8） ·国际航空线（A5） ·国际航海线（S3） ·大陆海底运河 ·洲际海底电缆 ·洲际海底隧道（V7） ·洲际跨海大桥（V7） ·大陆横贯石油输油管	·国家纵贯高速铁路（R6） ·国家干线铁路（R5） ·国家纵贯高速公路（V7） ·国家干线公路（V6） ·省际海底隧道（V6） ·省际跨海桥（V6） ·国内航空线（A4） ·国内航海线（S2） ·内陆横贯运河 ·国家河流 ·微波线路	·地方干线铁路（R4） ·地方准高速公路（V6） ·地方干线公路（V5） ·地方航空线（A3） ·微波线路 ·超高压输电线 ·农业用水、工业用水管道 ·地方河流 ·精油管道 ·地方铁路（R5） ·森林道、观光路	·地方干线铁路（R4） ·通勤高速铁路（R4） ·地方准高速公路（R4） ·地方准高速公路（V6） ·地方干线道路（V5） ·地方航空线（A3） ·微波线路 ·天然气管道 ·超高压输电线路 ·广域供水管道 ·大城市河流 ·精油管道	·城市干线街道（V4） ·区域铁路（R2） ·城市轨道（R1） ·高压电线 ·电信电话线路 ·燃气管道 ·自来水管配水主管 ·广域污水管道	·城市高速公路（V5） ·城市干线街道（V4） ·城市高速铁路线（R2）（地铁、单轨铁路、郊区铁路） ·超高压地下电缆 ·电信电话线路 ·城市燃气主管 ·广域自来水管道、自来水主管 ·广域污水管道	·区干线（集散）街道（V3） ·农业灌溉渠、农地道路 ·森林道路 ·自来水配水主管 ·污水主管 ·电信电话线路	·区干线街道（V3） ·公交专用道路 ·步行道、地下通车道 ·自行车道 ·自来水配水主管 ·地下综合管线（电信电话、电力、燃气、污水） ·区域供暖主管

续表 2.1

范围 / 类别	国际	国家	地方		城市		区	
			一般地区	大城市区域	普通城市	大城市	郊区	市区
核心型设施规划	· 国际组织总部 · 通信卫星 · 宇宙空间站 · 南极基地	· 中央政府管理设施 · 议会大楼 · 最高法院 · 公共团体，公司 · 国际机场，自卫队基地 · 国际贸易港，核动力舰基地 · 太空火箭基地 · 大坝，发电厂 · 国家教育，文化，福利设施 · 大学，实验室 · 图书馆，剧院，美术馆 · 会议室，贸易展览中心 · 医院，复健中心 · 体育馆，信息中心 · 国际组织分部 · 大使馆，公使馆	· 下级国家机关 · 地方机关，警察总部 · 地方机场 · 高速铁路站 · 高速公路站 · 发电厂，大坝，水库 · 地方教育，文化，福利设施 · 信息中心 · 医疗中心 · 高尔夫球场，游乐场 · 滑雪场，溜冰场 · 动植物园，水上公园 · 地方港口	· 下级国家机关 · 大城市圈办公室，警察总部 · 地方机场 · 高速铁路站 · 高速公路站 · 发电厂，大坝，水库 · 地方教育，文化，福利设施 · 信息中心 · 医疗中心 · 高尔夫球场，游乐场 · 滑雪场，溜冰场 · 动植物园，水上公园 · 水上巡游，游艇港 · 地方港口 · 大型垃圾处理厂	· 下级国家机关，地方机关 · 市政厅 · 消防总部，警察署 · 铁路编道站 · 公交总站，停车场 · 城市港口 · 城市机场 · 地方广播，新闻社总部 · 地方农业协会总部 · 市立大学，专科学院 · 高中 · 中央批发市场，配送中心 · 百货公司 · 动植物园，水族馆 · 公墓，职业棒球场 · 各种中心	· 下级国家、地方机关 · 都道府县厅 · 城市高速铁路，客运站 · 城市高速公路站 · 城市港口，城市机场 · 中央广播电台，新闻社总部 · 城市银行总行 · 大学，专科学院 · 高中 · 中央批发市场，配送中心 · 百货商场，地下商业街 · 动植物园，水族馆 · 公墓，娱乐中心 · 各种中心 · 信息中心，医疗中心，文化中心，体育中心，福利中心	· 下级地方机关 · 村镇办事处 · 消防署，警察支部 · 中学，小学 · 社区中心，购物中心 · 超市 · 农业中心 · 综合医院，诊所 · 农业协会支部 · 渔港，水产中心 · 体育公园，绿地	· 下级地方机关 · 区办事处 · 消防总部，警察署 · 专科学院 · 高中，中学 · 小学 · 社区中心 · 购物中心 · 超市 · 医疗中心 · 城市银行分行，信贷银行 · 区中央公园，绿地 · 区域供暖中心 · 火车站，停车场

注：省略区以外的居住区等分区层次。

相对地，法定城市规划充分尊重基本规划所指示的方向，在实现这一目标的框架内，以较短的（目标年一般为 5 年或 10 年为一个周期）目标规划，根据《城市规划法》以及其他相关法律法规的程序进行制定，是具有法律约束力的一种规划。根据国家城市规划制度或地方规定的不同，存在一定的差异。在城市规划理论体系中，城市基本规划具有重要意义是不言而喻的，然而，城市规划的实际效果，对居民及相关权利人会有怎样的影响，是另一个重要的问题，即在城市目标设定—基本构想—基本规划—建设性规划这一系列流程中，基本规划所具有的意义。城市基本规划在这种情况下，根据规划实现的手段，其具体内容产生了很大的差异（图 2.5）。

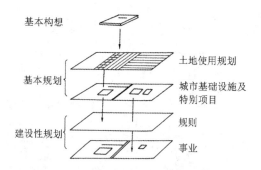

图2.5 基本构想、基本规划、建设性规划

基本规划的内容大致可以分为土地使用规划、城市基础设施规划以及特定区域规划。

关于土地使用规划的实现，像美国和日本这样民间主导型的城市规划制度下，因为采用区域、区划制或建设用地分割制等间接管理方式作为实现手段，所以将具体规划原原本本实现是很困难的。因此，城市基本规划即使具体化也只能成为接近愿景的一种设想，无法具有法律上的约束力，只能是抽象描述。

另一类，像德国、英国等较为严格的市政主导型城市规划制度下，土地使用规划可以采用具体的表达，并且基本上能保证规划得以实现。例如，德国的土地使用规划（Flächennutzungsplan）就是法定规划，城市设施的规划对市镇村以及公共规划主体具有约束力；在土地使用规划方面，并不是直接对市民具有法律约束力，而是对区域详细规划具有约束力。

从这个意义上来看，可以说土地使用规划发挥着这里所说的城市基本规划的功能。在日本，同样可以将基本规划作为市镇村城市规划的基本方针，对区域级别的规划进行制定。

对于城市基础设施以及特定区域的项目，各个国家都作为公共事业，所以与土地使用规划的情况是不同的，但因难以实现预算目标，或项目实施程序不明确，城市基本规划中的设施或项目不被实施而违背了居民的期望，可能导致对权利人不当约束。

因此，近年来，对于这类长期没有进展的城市设施及城市开发项目，需要重新进行审查。并且，近年在日本也存在市政财政紧张的情况，当项目推进时，可以适当引入民间投资来确保预算、缩短项目周期。

2.2.5　建筑与城市规划

从城市的物理构造而言，建筑是城市的主要构成元素，说城市由建筑组成也不为过。但不能忘记的是，道路、公园等广义的空间也是城市的重要组成部分，与建筑合理组合才创造了城市空间。

近代城市的形成，从封建的束缚中脱离，肯定了个人自由，土地的所有权被认可，建筑也主张自由的权力，这一观念被称为"建筑自由（Baufreiheit）"。然而，建筑作为城市的构成元素，应有一定的约束也是合理的，因此对建筑增加了的限制，这就是以分区制（zoning）为代表对建筑的一系列城市规划限制。这种限制是避免环境恶化的底线，并不意味着城市的建筑被扭曲了。古代欧洲国家的城市中心，商业区与居住区也是在限制下建造起来的，可以说，今天很多由优秀建筑师设计的建筑同样是在限制框架内进行设计的。

战后，随着经济发展，人们生活意识的转变，建筑大型化以及功能复合化、机动车的高效利用、人居环境的保护等新的需求应运而生。这样按以往的道路和分区制建设的市区，开始变得无法适应新的需求了。因此公共机构征收一定的土地，取代传统的建设用地分区概念，将建筑物、公园绿地、道路一体化规划的城市规划开始出现——郊区从居住区开发（estate development）到新城，老城区从再开发（redevelopment）到城市更新（urban renewal）。一些国家针对区域开发项目，作为鼓励措施将普通街区私有化，积极地利用地区详细规划（detail plan/Bebauungsplan）制度，也达到同样的效果。

这一系列措施，不是对"建筑自由"的部分限制，而是对这一观念的否认，即使认可城市中的土地私有化，从社会角度来看，其使用也有很大的限制。因此，其实施与国家的政策整体推进社会化的程度有很大的关系。

从建筑和城市规划的关系来看，城市规划将建筑在各个建设用地和分区中独立建造的藩篱中解脱出来，为城市设计（urban design）提供场所。与此同时，除了业主的私人要求，城市中建筑物的存在方式、建筑的社会意义必须加以讨论。换句话说，建筑在城市中失去了建筑自由，但同时以其社会化的形式被弥补回来。

如上所述，建筑与城市规划有十分紧密的关系。建筑常常是破坏城市环境的原因，相反城市规划制约着优秀建筑的设计——以这种理念进展的建筑与城市规划是一种错误的状态。建筑是城市的一部分，城市由建筑所构成，城市规划将二者结合，可以说起到重要的作用。第十次国际现代建筑会议的主张触及到了这个问题的核心：

"城市规划与建筑是一系列流程中的一部分。规划是将各种人类活动相关联的一个措施，建筑则是为进行这些活动而提供的一个容器。城市规划是在经济、社会、政治、技术、物理等各种背景的条件下，营造一个有利于建筑诞生的环境。规划建设之前都是一个抽象的概念，其结果是通过具体的地物（建筑物、道路、广场）才能体现的。规划的功能是确定目前未规划的功能与未来进行关联的最佳方式，要做到这一点，我们必须调查各种人类活动之间的关系，进行挖掘。因此，对于城市的整体生活，相比于各个部分的总合，将它们综合在一起，能够变得更加丰富繁荣。[1]"

2.3　当前城市规划的问题

2.3.1　控制大城市与发展地方城市

人口、功能向大城市集中这个问题，在其他国家也是或大或小的问题，不过在日本战后时期，无论是在程度上还是速度上，这个问题都已经十分严重，超过了其他国家。缺乏适当的控制措施，加上对土地投机和地价飙升问题放任不管，造成了城市密度过大和生活环境恶化。在一些大城市中，住房、交通、防灾、公害等城市问题日益严重，只采取单一措施已经不能解决问题了（图 2.6~图 2.9）。

---

[1]A. 史密森编，寺田秀夫翻译，第 10 届现代建筑国际会议的思想，p.119，彰国社，1970.

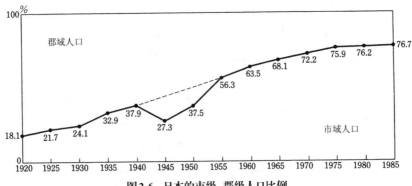

图2.6 日本的市级、郡级人口比例

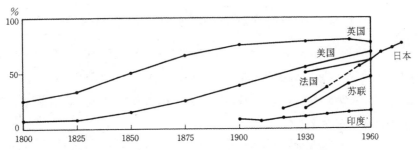

图2.7 市级、郡级人口比例国籍比较（本城和彦提供）

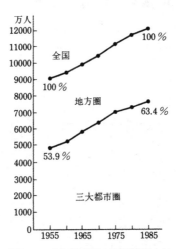

图2.8 三大城市圈、地方圈的人口

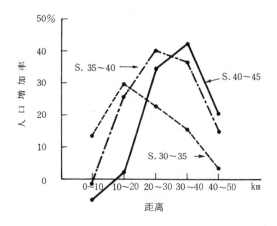

图2.9　东京 50 km 圈范围内中心向外辐射的人口增加率的变化

　　人口、功能向大城市集中的根本原因是政治、经济、文化上进行中央集权机构强化、提高效率的政策所导致的。迁都论、功能分散政策成为热门话题，但是不解决根本问题，即使采用了分散政策，也收效甚微。应该尽早将集中在大城市的权利分散到地方去，并设立由地方可进行决策的机构。

　　日本的地方中小城市拥有优美的自然环境条件、良好的用地和住房条件，然而就业机会较少，现代化城市生活的配套设施比较落后。不随意跟风大城市，灵活利用自然以及地方文化良好的条件，发展有个性、功能健全的中小城市是最为重要的。控制大城市、发展地方城市是一个即老又新的基本问题。

2.3.2　城市规划的广域化

　　随着交通、通信等的发达，城市中的各种活动场所开始变得更加广域化，城市规划的对象区域扩大，所谓的广域城市圈规划就成为了城市规划。虽然城市规划变得广域化了，但是与其上位规划——地方规划的目的与内容是相异的，城市规划的主要目的是城市中的土地使用，设施建设，重点针对居民的日常生活场所也就是居住环境进行整治。

　　城市规划广域化产生如下问题：

　　①区域开发中，城市发挥的作用很大已经得到了广泛的认同，需要进行合理的定位，与产业布局、广域圈等进行协调。

　　②城市规划区域内包含很多郊区和农村土地，有必要调整城市化发展与这些区域之间

的关系，应该更加重视土地使用规划。

③高速道路、城市道路等沿线的城市化与传统的城市形成有所不同，需要进行准确的预测，并采取相应的土地使用措施。

④市镇村之间的关联越来越紧密，对于跨行政区域的规划立项、决策、实施，有必要调整方式。

⑤城市规划广域化能够确保规划的综合性，但需要注意的是，规划对象的设施升级时，对细节的环境设施整治也是不能大意的。同时由于终端设施被综合集成，以期达到行政合理化，应注意避免产生服务缺失的区域和阶层。

⑥日本的广域圈规划不统一，各部门分别在所管辖范围内推进规划，如广域市镇村圈（自治部）、地方生活圈（建设部）、定居圈（国土厅）等。应对此进行调整，避免行政分割的弊端。

2.3.3　汽车化

因私家车的普及使上班、上学、购物、娱乐等生活行为的模式发生变化，通过欧洲发达国家的例子就很明显。汽车作为交通工具的优点有以下几点：

①只要有道路，随个人意愿可以随时出发，直接到达，驾驶技术也比较容易掌握；

②速度快（100 km/h 左右），中等距离效率很高；

③运输量很大（可达到 10 t）。

但汽车也具有以下弊端：

①通勤等情况下，与大型车辆相比运送量较小，远距离交通也比不上高铁；

②难以预防交通事故的发生；

③废气、噪声、震动、粉尘可能会危害生活环境；

④超过道路通行量时发生拥堵，交通瘫痪；

⑤由于燃料是汽油或液化石油气等，发生事故时会造成危险。

1960 年以来，日本的汽车拥有量迅速增加（图 2.10、表 2.2）。近年来，各地方乘用车普及率有所上升（图 2.11）。然而，在其他有效替代汽车的运输方法普及之前，必须改善汽车及其燃料，同时尽量控制非必要的使用。应注意以下几点重要问题：

①大城市与地方中小城市对于使用汽车的想法不一致。布坎南报告显示，针对 50 万人口的城市利兹（Leeds）进行研究得出结论，无法容纳全部的汽车潜在拥有量，有必要

对上下班使用的汽车加以限制，提倡利用大型车辆[①]。如果要满足所有汽车的需求量，恐怕城市规模也是有限的。

②限制汽车使用时，应重视公共性（紧急情况、安全保护、公交换乘）和替代性（生活物资的运送），需要决定优先级。

③在城市高密度区域内使用汽车，需要配置相应的设施。布坎南报告中提出，划分居住环境区域[②]，隔离外部的过境交通，通过这种方式使步行者与车完全分离。人车分离有各种设计方式，如雷德朋体系、抬高人行道、尽端路、环路等。

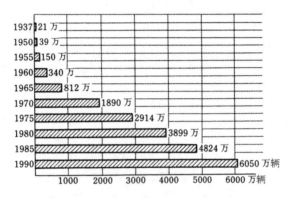

图2.10 日本历年机动车保有量（日本机动车会议所，《用数字看汽车》，1992年）

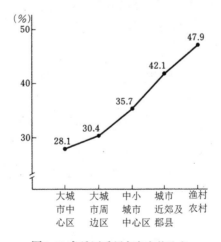

图2.11 各地区乘用车家庭普及率

---

①八十岛义之助 井上孝訳：都市の自動車交通，p.111，鹿島出版会．
②同上，p.42。

表 2.2　机动车保有量统计

国家	年份	机动车（四轮以上）总计（万辆）	乘用车（万辆）	公交车（万辆）	货车（万辆）	二轮摩托(125mL以上,单位:万辆)	每1000人拥有机动车数（辆）
美国	2010	24666.4	19382.4	85.7	5198.3	821.2	797
英国	2010	3227	2842.1	17.1	367.8	123.4	519
德国	2010	4681.1	4230.2	7.6	443.2	382.8	572
法国	2009	3743.5	3105	8.5	630	353.2	598
日本	2013	7427.9	5935.7	22.6	1469.6	353.6	583

引自：2014 年日本总务省统计局资料。

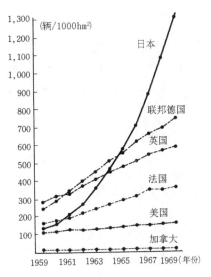

图2.12　各国单位面积机动车保有量（《环境白皮书》，1972年版）

2.3.4　城市防灾

　　日本的大城市与其他发达国家有一个显著的区别，就是木结构建筑密集的城市区域。木结构建筑城区的不燃化从战前开始一直是建筑师、城市规划师的一个愿望，然而即使到了可称为经济大国的今天，依然没能将这个问题解决。由于木结构建筑密集的街区相接、汽车大潮、危险物增多等原因，城区的防灾性比以前更加降低，假如首都东京再次发生关东大地震那种程度的地震，恐怕会造成几十万人伤亡。东京以外的大城市也具有这样的危险。

　　曾经为木结构的城市伦敦在1666年发生火灾后,当时的政府彻底决定兴建不可燃建筑。

东京不燃化的规划着实落后了 300 年。应急防灾措施目前正在逐步推进中，不过以日本现在的经济实力，如果不能追上这 300 年的落后也实在令人费解，牺牲生命安全为代价换取空前的繁荣实在是说不过去的，这个问题的解决与日本人民的生命安全相关，大地震和火灾甚至会造成类似原子弹爆炸后的惨状。因此，这并不是个人或地方政府能解决的问题，需要国家切实把握现状，基于科学分析的结果，划定危险级别，以坚决的态度采取措施。近期，针对灾害危险区域及防灾点周边地区，已经通过支付补助金的形式推进防灾的不燃化项目了，这些措施应与区域规划制度配合推进。

2.3.5　自然与文化遗产保护

2011 年统计日本的国土总面积为 377 700 km^2，其中 67.2% 为森林和原野，12.1% 为农地，道路和住房的比例仅为 8.6%（图 2.13）。自然破坏的首要原因除了农业和林业的破坏之外，工业废水污染河流和海域、旅游道路和大坝等建设造成的自然破坏比城市化造成的破坏要大得多。

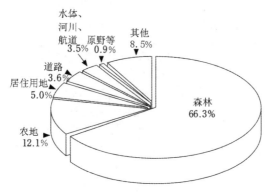

图 2.13　日本国土使用现状（2011 年，国土交通省《土地白皮书》）

然而，无秩序地随意开发也会持续破坏城市周边的优质农地以及山林，并且在城市化推进的区域中，几乎都是住宅地，城市中没有绿地的影子，历史文化遗产的保护也面临危险。

今后的城市规划应具体地指定城市化的区域，有序地推进城市化，通过限制城市扩张的形式，来保护城市近郊的优良农地和林地。规划要符合国家和地方的自然保护区域系统，与城市公园绿地系统一起构建绿色网络。对于城市化区域内的历史及文化遗产建筑，不仅要保存其本身，同时还要创造保存它们的环境，比如将其纳入公园和绿地。而且，地方城市的老房子，很多都是木结构的，在城市化的大浪潮中，很有可能会迅速被破坏，因此，对道路规划等也需要充分研究分析。

西方国家的一些城市认为，对自然及文化遗产的保护不仅是对城市景观的重视，而且也是现代城市设施不可或缺的一部分，市民和国民的保护运动取得了实质性的成果。

2.3.6　住房与生活环境的整治

日本是一个继承祖先古老文化历史的国家，如今由于经济的高速增长，国际地位不断提高，科技达到世界水平，在生活和文化方面部分超越了欧美，然而城市住房和居住环境的水平则明显落后于发达国家。特别是大城市的生活环境，尽管给排水等生活设施水平有所提高，但是住宅、公园、生活道路越来越糟糕了。

这是什么原因呢？总的来说因为日本的城市规划是以主干道、大型公园、河流、运河等设施建设为中心的，以居住生活为中心的生活环境的规划很不充分。《城市规划法》《建筑标准法》及其他城市规划相关法律法规有很多，规定需在具备道路、公园、给排水系统、学校、医院等必要生活设施的区域建设住房，但是并没有法规明确表示，在上述条件以外的其他区域禁止建设。并且住房政策往往会形成各个区域分散的公共住房项目，以及各个区域无差别的金融政策，导致与城市规划无相关性。与民间或个人投资相比，公共投资的绝对量不足，本应负责建设健全街区的地方政府权限以及资金都不充足。

城市是人生活的场所。居住生活是人的生活最基本的层面。此外城市是维持生活、提升生活、发展生产、休闲娱乐、进行教育文化活动的地方。"居住""工作""休闲""交通"是国际现代建筑协会列出的城市主要活动，城市规划的目的是实现安全、健康、便利、舒适的环境，是一门创造人的群体生活环境的综合性科学，而不仅是道路规划或建筑规划。

2.4　城市规划相关团体

2.4.1　国际团体

城市规划相关的国际机构有国际住房与规划联合会（International Federation for Housing and Planning，缩写为 IFHP），办事处设立于荷兰海牙。"田园城市"的创始人、英国的埃比尼泽·霍华德爵士于 1913 年在伦敦创立国际田园城市·城市规划协会，之后逐步发展，成为了现在的国际化组织。联合会一直作为民间组织进行城市规划并关注住房问题，目前在日本共召开了 3 次会议。其亚洲分部（Eastern Regional Organization for Planning and Housing）办事处位于马来西亚，日本分部设于日本城市规划协会。

2.4.2　日本国内团体

1）日本城市规划学会

成立于 1952 年 10 月，首任会长为内田祥三，会员主要是建筑、土木、园林三个领域的技术人员，发行会刊《城市规划》。2013 年统计会员数约 6000 人，常设委员会有总务及策划委员会、编辑委员会、学术委员会、项目委员会、信息委员会、国际委员会、表彰委员会。每年秋季举办学术研究发表会，发行学术论文集。国际研究交流方面，特别是与中国、韩国的学术交流比较多。

2）城市规划相关团体

日本城市规划学会与以下团体关系密切，很多会员是重叠的：日本建筑学会（城市规划分会）、土木学会、日本风景园林协会、日本房地产协会、城市住房协会、乡村规划协会、日本土地法协会、日本城市协会、城市规划协会、日本住房协会、日本区域开发中心、全国城市更新协会、城市更新协调协会、城市规划顾问协会、日本住房综合中心、东京市政调查会、城市开发协会、第一生命基金会、土地综合研究所、综合研究开发机构、住房城市工程研究所。

第3章　城市基本规划总论

3.1　城市基本规划框架

3.1.1　规划的必要条件

城市规划如果无法实现则缺乏实际意义，有约束力和实践性的法定城市规划才能得以执行。但法定城市规划是基于数年的预测以及资金和组织而制定的，相对而言是短期规划，而且必须在一定的框架之内。城市规划流程具有连续性，这是没有办法改变的。然而，法定城市规划定位于城市未来整体面貌，和市区开发等的定位（民间城市规划项目等不属于政府机构的开发）方向是有偏差的。因此设立长期的城市基本规划是十分有必要的。

城市基本规划基于以上目的，并综合了法定城市规划或建设性城市规划的方向，作为基本的规划，必须满足以下几个条件[①]：

①以城市范围为基础，并充分考虑到城市周围相关的其他区域的基本规划，但不具有如土地使用区域、地区制这样的法律约束力，而具有对下位规划及公共基础设施建设规划的约束力。

②充分考虑到国土规划、城市规划等的前提条件。

③充分综合经济规划、社会规划、财政规划等非物质的长期规划，作为城市综合规划的一环。

④明确城市未来的长期目标，为了实现目标而制定长期规划。目标年限通常为 20 年，中期年限为 10 年。因为规划内容的不同，目标年限也不尽相同，如自然保护的目标年限为 50 年，交通规划为 20 年。

⑤为了实现城市的目标，应通过规划城市空间内的土地使用和设施的种类、数量及配置等对城市中各种活动场所进行综合规划。

⑥虽然不一定要制定建设性规划，但要保持规划理论的一贯性，并对实施方法有一定的预见性。

---

① T.J.Kent,Jr.:The Urban General Plan,1964.

⑦不必要深化规划中的细节，保持规划的包容性及灵活性，且不超越基本的框架范围。

⑧规划整体应具备创意和构想，充分发挥地方特色。

⑨规划的语言表达要明了、简洁。规划的意图需要让普通民众也容易理解，并且要具有较强的说服力。

⑩规划要基于新的信息进行不断完善和修改。通常情况下每 5 年要重新调查规划的实施并对规划进行修正，这也表明规划要长期处于执行过程中。

⑪ 基本规划要由城市规划专家主导，并由建筑、艺术、园林等专业人员协助，而且要从经济、社会、地理、医疗健康、社会福利等多个领域的研究人员以及地方官员等人获取信息，城市基本规划就是由这样的团队合作完成的。

3.1.2 规划设计流程

开始规划设计后经过多个步骤，从而得到最终规划方案的过程叫作规划设计流程。一般情况下通过图 3.1 的步骤进行。

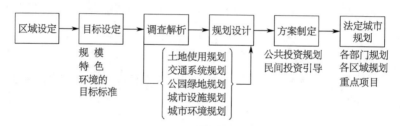

图3.1 规划设计流程

虽然在区域设定、目标设定阶段会进行调查，但城市规划调查最主要的是在规划设计阶段，以下分类进行阐述，对调查的解析及不同的规划内容会分别详细解说。

3.1.3 区域设定

规划区域以对象城市为中心，具有上班、上学、购物、娱乐等日常活动范围一体性的区域比较理想。对于这一指标，可以通过运用人口增长率、上班上学人口率、交通高峰时段图、城市化发展图、人口密度图等数据，以城市化预测为基础进行决定。

日本的法定城市规划在《城市规划法》第 5 条对城市规划区域规定，必要的时候可以将市镇村之外的区域指定为城市规划区域①。

①日本的城市规划区域共有 1243 个区域对象、1937 个市镇村对象（1990 年 3 月 31 日数据）。

规划区域同规划的主体及内容相关。在日本，城市化开发的规划以及城市基础设施规划基本都是由都道府县知事审定，市镇村的规划范围也如此。然而，在地方自治权强大的欧美各国，规划范围原则上就是市镇村的区域。在这种情况下，广域范围的规划内容可能会失去整体性，可以采取相邻市镇村规划的调整，以及联合各个规划等措施。

对于区域整体性，在包含卫星城的大城市圈（conurbation），由于区域广阔，无法进行整个区域的详细规划，所以不能像地方中小城市那样规划。因此，大城市圈既需要整体规划，又需要其中每个市镇村及特区分别的城市规划。

3.1.4　目标设定

在进行基本的城市规划过程中，划定区域之后重要的就是城市规划的目标设定方向。这需要城市规划的理念来支持城市规划方针，因此要规定城市规划的目的（objectives）。这一阶段不仅是城市规划问题，而且是市镇村整体政策问题，应结合政策导向的背景对问题进行定位和判断。因此，这里所说的目标（targets）设定需要结合上述理念和目的，确保未来城市物质建设的质量，从而达成具体的目标。

1）规划人口

在目标年份城市人口应达到的数量称为规划人口。规划人口的设定，要保证城市未来健康稳定地发展。城市职能应与每年增加的人口相适应，城市设施特别是生活环境设施应配备完善；随着城市扩张产生的住宅需求、交通需求、公共设施的需求要能够妥善地应对。也就是充分探讨城市问题的风险之后，再进行决策。

规划人口又包含人口预测的内容。人口预测即根据城市人口过去的变化趋势，运用各种方法推算出在规划目标年份达到的人口数量。

规划人口可以检验市镇村公共调控的居住用地每年的提供量是否满足需求，以及相应的城市建设配置是否得到了充足的财政预算。因此，在预测人口时应提供规划设施需求的参考值。然而规划人口的设定体现在目标年份达到的人口量，因此预测人口如果超过了规划人口，对人口的流入或城市化的控制手段也是必不可少的。在英国，超过规划人口的预测人口称为过剩人口（overspill）。

在日本，因为缺少对人口控制、城市化限制的有效手段，所以经常将预测人口视为规划人口。

规划人口的设定随着城市的规模、特点、位置等的不同而不同，不能一概而论，如以下不同情况：

①人口持续停止增长或减少的地方中小城市为了缓和财政上的困难会招揽企业。这种情况下，入驻的企业如果有大量员工，会引起当地人口的小幅度波动，企业对农业等其他产业也会有较大的影响。

②城市为单一能源、矿产的工业城市时，基础产业的发展动向会对人口的增减有显著影响。

③大城市迁入和迁出的人口流动特别剧烈，人口变动的机制也极其复杂。比如，在城市中心区扩大城市的公共设施建设，使夜间人口减少但日间人口增加。过去人口剧增的时代，在到达了人口饱和点的中间区域，随着居住用地的细分和住房高层化等会再次增加人口，也就是所谓的逆流现象。

④在大城市周边的居住型城市大多是人口快速增长的城市。在这种情况下，相比于未来的预测人口，抑制每年的人口增长及如何放缓城市化速度是更加重要的课题。

人口预测的推算有以下几种方法。

①趋势预测法：城市人口数量随着时间呈现函数变化，利用等差数列、等比数列、对数曲线、最小二乘法等，通过过去的人口数预测将来的人口。另外，还有将自然增长和人口机械增长分开推算的方法。

②比较类推法：选择与预测城市特征相似、规模稍大的先进城市，与其相对比来进行未来人口的推算。

③就业人口预测法：根据未来的产业规划来推算每项产业的就业人口，从而预测出总人口。

④土地使用规划法：根据未来的土地使用规划，将公共用地除去的居住用地，规定土地使用率、容积率、密度等，从土地的承载力角度来对人口进行推测。这种方法相对预测人口而言，更是对土地承载力的研究。

⑤定居模型法：通过对在城市何处定居、怎样出行等行为方式的模型对未来的城市人口及市区的形成进行预测也是一种可以尝试的方法。

⑥适度人口论（参见第 2.1.5 节）。

2）城市的特色

城市未来的特色是一个问题。

（1）大城市

大城市既有的功能及储存资源过多，因此大城市的特色是不成问题的。但为了缓解大城市的过大化，需要考虑将非必要的功能迁出城市，如各行业的工厂、事务所以及大学等

文化教育机构 ①。然而，事务所这类办公机构一般不愿意搬至远离市中心的地方，因此将大城市作为唯一立足点的中小企业是很难疏散的。同时，在多方考虑之下，有些产业为了布局设点，在大城市大量雇佣人员，尽量避免工厂位置的分散 ②。

（2）地方中小城市

地方中小城市指有历史的背景，经历过长足发展的城市。这种城市常常也是地区首府或区域的中心城市。这类城市在规划未来发展时应该注重发扬自身的历史文化底蕴，而不是转换到急速发展的路径。

同时，地方中小城市从战前开始工业化尤其到战后的急速发展，建成很多大规模的工厂或联合工厂，形成了一些具有单一功能的工业化城市。这样的城市多少都有环境公害问题和交通压力，使得城市的生产功能和生活功能之间存在巨大的不均衡。像这样的带有缺陷的城市，必须对未来的土地使用及设施规划进行审核，通过缓和的绿地规划对绿化进行修复，全面修复城市生活环境，调整不平衡的现状。

另外，对于过疏地区 ③ 的中心城市来说，最重要的政策就是确保就业以防止人口的减少。在这种情况下，虽然通过引入其他产业来保证就业是比较可行的方法，但也需要同时关注以农业为主的当地产业。对先进地区的发展模式要进行足够的探讨，对引入的产业会给当地环境带来怎样的影响进行事先评估，进而作出慎重的判断。

（3）卫星城市

在大城市周边的各个卫星城基本上是城市近郊的农村发展而来的。随着大城市的人口溢出，会出现团地这样急速无秩序的城市化产物，从城市的功能来看浪费了原有的产业，成为一个只提供床的居住城市。这样的城市需要一方面以应对人口剧增为规划核心，另一方面应当考虑为确立城市的独立性而引入城市功能。因为区域内主要是居住区，所以增加的设施首先应当对居住环境没有危害，符合高品位的居住风格并增添与居住相配套的多种设施，如大学、研究所等文化教育机构以及开放的娱乐设施等。

综上所述，在确定城市未来特色的时候，要充分考虑到城市的布局条件、历史发展、在城市圈中的角色、城市现状问题以及可能的解决方案等各方面因素，综合分析判断，并

①首都圈的现状市区、近畿圈的现状城市区域有限制工业等的相关法律。

②这是纽约市工业再开发的案例。

③战后日本经济高速发展形成了明显的两极分化，三大城市圈高度膨胀引发了大城市"过密问题"，如地价高涨、环境问题等，而相对的边远地区人口大量流失、经济衰退，因此产生了"过疏地区"这一概念。当今中国的发展形势下，也有部分地区呈现了类似的"过疏"状态。——译注

充分征求城市各阶层的市民对该城市未来的期望。关于城市的分类参见第 2.1 节。

3）环境的目标标准

环境的目标标准指的是规划城市的环境未来要达到的标准。根据日本《宪法》第 25 条 "生存权、国家社会性使命" 中有："全体国民都享有健康和文化的最低限度的生活权利。国家必须致力于促进人民生活各层面以及社会福利、社会保障和公共卫生的提升。"确保安全性、健康性、便利性、舒适性是环境所追求的目标。

相对于建筑标准、环境公害标准、社会保障标准等法律上的明文规定，环境标准并没有明确的法律规定，而是地方政府的标准。环境标准也称为《城市居民最低生活保障》，这其中有两个问题，一是标准设定的对象，二是标准的水平。

关于物质规划的对象标准，有以下几项：

①住宅标准：和家庭数量相应的住宅规模、结构和设备。

②地区环境标准：土地使用率、土地使用强度、各种社区公共设施。

③城市设施标准：交通通信设施，供给处理设施（给排水系统、能源供应、垃圾处理），公害防治设施，防灾设施，教育、文化、健康、福利设施，公园绿地等。

环境标准水平有以下三种：

①最低标准（minimum standard）：法律规定水平，应采取紧急措施保障。

②中间标准（medium standard）：行政指导水平，应经常性维护。

③目标标准（optimum standard）：计划目标水平，应长期性引导、奖励。

3.2 城市规划调查

3.2.1 调查的目的

在探究城市活动的均衡性时，社会和经济分析（socio-economic analysis）不可缺少，城市的设施条件等城市规划独有的调查也是至关重要的。调查的目的主要有以下几点：

①明确在地区整体中城市的职能，摆正位置。

②明确城市的发展阶段以及现有的各种功能，了解其存在的条件。同时，要分析城市各功能相关人员、物资的动态，了解其规律。

③明确现在的城市面临怎样的问题，并对该问题有正确的认识，同时要清楚其主要原

因和解决的目标 ①。

④掌握城市所具备的良好的基础以及应保护的优质条件 ②。

⑤城市中划出一些性质相同的区域，调查每个区域各自具有的功能、活动性、环境水平等，明确区域的问题，充分理解区域间相互的关系以及城市整体的结构 ③。

⑥通过对以上的调查结果的分析，对未来的城市化方向进行预测，以及预测已经形成的街区的功能及特性的变化。

⑦将已经构想的城市目标具体化。

⑧展开未来的规划理论，同时为了技术的发展系统地积累资料。

3.2.2　调查的特性

城市规划调查是必须在城市物理空间规划上发挥作用的，因此其数据的处理过程和经济调查及社会调查有不一样的地方，就是数据要尽量在地图上用图标来表示。土地使用、交通量、各种设施等数据记录在图上，由此将区域的分布、扩张的方向进行空间上的分析，从而有助于展开各自的规划。

在地图上展现数据的时候，需要尽量选定小的地区单位。如果只有以城市为单位统计的话是不全面的，有必要以街道为单位、以小学为单位统计数据。最近的国情调查数据和城市财政基础统计也已经开始利用这种小的地区单位进行收集和展现了。

调查的结果及解析结果作为规划的依据进行说明，而且会被经常使用。因此调查尽量要定量，并随着时间的变换把握住现象的动态。得出的结果要使一般人易于理解，运用记号或图标，必要的时候运用色彩将其图像化更好。

3.2.3　调查项目

调查的内容有自然条件、社会条件、设施条件等多个方面，主要有以下项目。

1）自然条件

①地形：国土地理院地形图。

---

①在后文提到的资料调查之前，会积极听取市政府各个部门的职员日常工作中的问题，有效地选择市民意见书里的问题。这样有关于该地区的客观现状可以从地图上获得，称为问题地图。

②地图上获取不到的内容可在优势图上获得。

③社区中心就是这种尝试。

②地基：城市地基调查。

③气象：温度、湿度、风速、降雨量、降雪量等。

④自然灾害：地震、台风、洪水、雪灾、大火。

⑤植被。

2）社会、经济条件

①人口：夜间人口、白天人口、人口集中地区人口、移动人口、人口动态、各年龄层人口、预测人口。

②人口密度：人口散点图、人口密度曲线。

③产业：各产业人口、各职业人口；事务所数量、从业者数量、出货额、销售额；工业适用地、农业用地等级、产业开发区。

④交通量：道路、铁路等。

3）设施的条件

①土地：城市化的变迁、面积、土地使用、土地所有、土地价格。

②团地设施：居住区、工业园区、流通园区、大公园、政府职能机构区、军事用地。

③交通设施：铁路、轨道、道路、河流、运河、机场、港湾。

④通信设施：通信、电话、收音机、电视。

⑤供给处理设施：给水道、排水道、燃气、电力。

⑥开放空间：公园、绿地、运动场、广场等。

⑦公共建筑：政府、学校、医院、福利文化设施。

⑧一般建筑：不同用途、不同结构、不同层数的建筑。

⑨特殊建筑：市场、火葬场、垃圾处理厂。

⑩生活圈（学校和学区、车站和站前区域、商业街和商圈。

4）环境条件

①安全：自然灾害、火灾、生产事故灾害、地基下沉、交通事故。

②健康：不良居住用地区、大气污染、河流水域污染、噪声震动、臭气、生产废弃物。

③便利：上班、上学、交通流通。

④舒适：绿地率、文化遗产、城市景观、生活障碍。

5）财政

收入、支出、投资经费、补助金、债券。

有关法定城市规划方案中的城市规划调查的相关内容可以参照建设省发布的《城市规划基础调查纲要》。

3.2.4 调查的方法

调查的方法有：

①通过处理统计内容得出的信息。

②通过地图和航空照片中读取的信息[①]。

③通过实地调查获取有效的信息，典型的调查示例如建筑现状调查（用途、构造、容积等）、交通起讫点调查。

④通过访问的形式获得信息，有走访、发放调查问卷等方式。例如生活环境意向调查、个人出行调查（生活圈行动调查）等例子。

⑤文献调查：通过地方志、古文书等。

1）地图

在进行规划调查以及城市规划设计时，需要选择尺度合适的地图。一般城市规划图合适的比例为 1/10000~1/25000，区域规划图合适的比例为 1/2500~1/3000。近年来又增加了彩色航拍照片和特殊地图（图 3.2）。

1/50000	地形图	1/25000	城市基本规划
1/25000	地形图	1/10000	
1/5000	国土基本图		
1/2000	国土基本图	1/3000	地区规划
1/8000	彩色航拍照片	1/2500	
（国土地理院）		（地方公共团体）	

图3.2 规划图适用比例

2）面积测量与计算方法

地图上不规则图形面积的测量方法有如下几种。

（1）通用方法

①用面积仪测量法。

②网格法：利用方格绘图纸，按照网格数计算的方法。

---

①随着航拍技术的进步，在照片测量、地质判断、农业用地以及居住用地的使用情况调查等方面得到了广范的应用。这一技术进一步发展后，即成为遥感技术（remote sensing）。

③称量法：将地图切割开，用化学天平进行测量的方法。

（2）仪器测量方法

①光点扫描：将地图切割开，放在运动中的传送带上，通过光学扫描分解为 0.1mm×0.1mm 光点，通过电子计算机统计反射部分数量，或通过扫描的时间来进行计量。

②图形解析：图形区划线数字化，电子计算机输入 XY 坐标值，通过面积公式来计算。

3）指定统计和白皮书

在统计中包含政府规定定期发布的指定统计，以及各地方政府机关的统计和白皮书。城市基本规划设计中经常用到的指定统计见表 3.1。

表 3.1　城市基本规划设计中用到的指定统计

指定编号	名称	主管机关	调查年份
1	国情调查	总务厅统计局	（自 1920 年起）每 5 年
2	事务所统计	总务厅统计局	每 3 年
6	港湾调查	运输省	（自 1947 年起）每月
10	工业统计调查	通商产业省	（自 1947 年起）每年
13	学校基本调查	文部省	（自 1948 年起）每年
14	住宅统计	总务厅统计局	（自 1948 年起）每 5 年
23	商业统计	通商产业省	（自 1949 年起）每 2 年
26	农业人口调查	农林省	（自 1960 年起）每 5 年
32	建筑开工统计	建设省	（自 1951 年起）每月
34	百货公司销售统计	保健省	（自 1953 年起）每年
67	渔业人口调查	农林省	（自 1954 年起）每 5 年
84	建设施工统计	建设省	（自 1955 年起）每季度及每年
99	汽车输送统计	运输省	（自 1960 年起）每年

3.2.5　调查结果分析

城市规划调查中得到的各种数据，主要是在规划设计中发挥作用。通过各种各样的集合、加工、处理、展现，更多的情况下，选择的指标伴随着数据的指数化，需要和规划理论进行整合。所以是：规划的理念→规划的目的→规划的目标（短期）→指标的选择→指数的选择→表现这样一连串的思考过程在穿插着。例如：对人的尊重→居住环境的改善→安全性、快捷性→人口的集中度→人口密度→点式图。

　　由这个步骤反推，就能够追溯到新规划的目标。总之，需要警惕问题意识不明确的数据操作以及统计中的误读。

　　通过城市调查获得的信息有两种，一是城市构造的真实形态，二是其变动的原则。真实的城市都有一定的城市结构，从过去、现在到未来持续变动着。相应的调查可以通过土地使用、交通等很多相关指标间接获得城市结构及其变动的原则。这里获取的结果并不一定符合实际，数据存在一定局限性，但可以利用信息进行评估：一是对于现状城市结构的评估；二是对未来城市结构的评估或预测。

　　评估主要是从市政、市民各阶层、区域居民、设计者等各种立场上，从不同层次进行的。数据要向参加规划设计的各方公开，努力达成总体意见的统一。每个环节调查所获得的客观数据相比讨论的结果更具有实际的意义。

3.2.6　调查案例

1）城市街区的形成过程

　　按照时间序列的对比图案例见图 3.3。

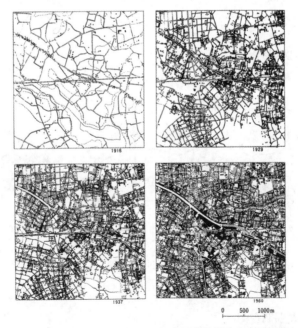

图 3.3　城市街区的形成过程（以东京都荻洼站为中心的区域）

（建设省建筑研究所衫山熙氏提供）

2）土地使用现状

不同用途的土地面积计算案例见图 3.4。

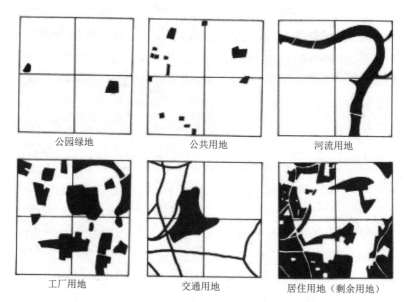

公园绿地 公共用地 河流用地

工厂用地 交通用地 居住用地（剩余用地）

图3.4 不同用途土地面积

3）上学障碍区域图

整合不同的资料获得新信息的案例见图 3.5。

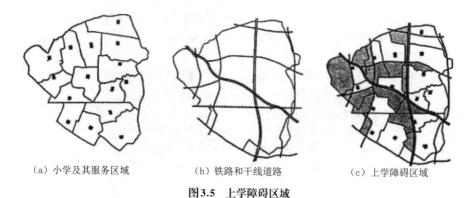

（a）小学及其服务区域 （b）铁路和干线道路 （c）上学障碍区域

图3.5 上学障碍区域

4）幼儿园规划调查图

设定标准，并应用于实际的案例见图 3.6。

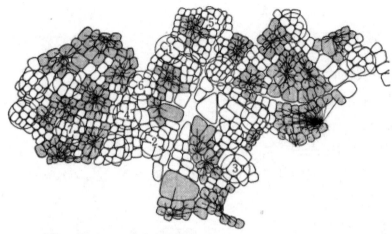

○　50 个 0~5 岁儿童居住

✚　现状（1969 年）幼儿园的分布情况，以及当幼儿人口率为
13.9% 时设定的幼儿园服务圈

○　1969 年对于幼儿园不足区域的幼儿园设置规划。数字为
1970~1973 年依次新建的幼儿园

图3.6　丰岛区幼儿园配置规划探讨（土井幸平）

此外，在规划设计中考虑利用有效的新信息、做出新的尝试更好。各类调查结果的可视化表现方式详见表 3.2。

表 3.2　调查结果的各种表现方法

序号	名称	说明
1	指数	将各种数据的组合指数化
2	指数坐标图	x 轴表示时间或距离，y 轴表示指数
3	指数构成比	已经被区分后的指数构成比
4	指数在各种情况下的表示 不同地区的表示 不同网格的表示	各市区镇村，各街道的指数 各网格的指数*
5	点式图	通过点或记号分布图提供信息
6	等高图	通过连接相同高度的地点来表示
7	理想线路图	过境交通量等地区之间的流动量来表示
8	圈域图	通过中心和圈域的关系来表示

*标准网格是由总务厅统计局结合国土形态综合地图制成的。采用网格一般是每边长约 1km 的经线和纬线围绕的方形区域。

3.3　城市基本规划设计

3.3.1　规划的内容

1）土地、设施规划

基本的规划内容可以从几个视点来进行审视。一个是着眼于塑造城市的土地和设施，通过物质的规划对象来进行。从大概念上划分为土地使用规划和设施配置规划，设施规划又可以分为线的设施和点的设施。土地使用规划是平面的规划，而基本规划则要将面、线、点分开来看（图 3.7）。

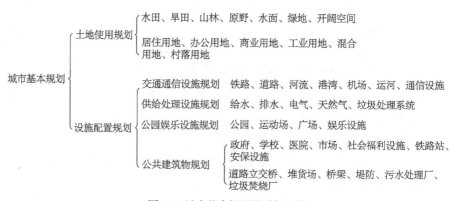

图3.7　城市基本规则按对象分类

2）环境规划

新的思考方式是以人的生活为中心的城市环境规划视点横向分析的方法。以这种视角，像以下的这些规划，也是城市环境规划的一部分，如城市防灾规划、自然保护规划、城市景观规划等（图 3.8，参见第 4.5.2 节）。

```
              安全·····················城市防灾规划，预防交通事故规划
              保健、福利···········公害防止规划，保健福利设施规划（医疗、保健、福利）
              便利·····················上班、上学交通规划
城市基本规划  舒适、文化···········自然保护规划（植被保护规划），教育、文化设施规划，
                                     文化遗产保护规划，城市景观规划
              经济·····················区域产业规划，节能规划
```

图3.8　城市基本规则按环境分类

土地、设施规划和环境规划之间并不存在矛盾，而是基于体系化的观点来看相异的两个部分。如果将城市规划比作纺织物，这两个内容就是经线和纬线。前者是由一直沿用的准则来构成的，是作为物质规划进行城市规划的技术，可以将实现手段联系在一起形成体系。在规划项目之中虽然常分不清是否包含了环境的因素，但如果太拘泥于土地和设施的规划原则，往往会忽视环境。

环境规划目前主要是伴随着城市环境的规划形成的，今后，随着时代的要求其重要性会逐渐增加。城市规划虽然最终要以土地和设施的规划形式整理而成，在规划的过程中，必须尽量符合经济和社会的目标要求，同时要和城市里人们的生活空间内在达成一体的结构。日本的城市规划目前只是注重规划客观的物质，急于追求效率和便利性，而往往轻视了安全、健康、舒适的价值观。在此反省之上，在新的城市进行规划设计时，一定要加入环境规划的视点。也就是将这二者整合，相辅相成地构成规划的内容。关于各项规划内容详见第 4 章。

3）市区调整规划

在实现规划的阶段，对于统一的区域或地区，政府机关主导或政府机关引导下的民间开发区域项目，需要进行综合开发或保护的区域调整规划。有关区域调整规划中设定的区域，以及规划的种类等必须要按照城市基本规划的原则来进行。这就是市区调整规划，也可以叫作区域规划的总设计（图 3.9）。

市区调整规划的分类
控　制……A.自然保护区域　B.限制城市化区域
保　护……C.优良城市街区保护区域　D.历史环境保护区域
新开发……E.新城市街区开发区域
再调整……F.地区修复区域　G.地区再调整区域
　　　　　H.地区再开发区域　I.村落调整区域
其　他……J.空白区域

图3.9　市区调整规划的分类

3.3.2　规划设计

规划设计的工作可以说从城市目标设定和调查分析的阶段就已经开始了。也就是说，在整个规划之前的阶段就必须要一边考虑规划的课题一边推进工作的进行。

虽然通过调查得来的资料可以预测未来的趋势，但预测只是过去趋势的延长，不能称作规划，重要的是作出预测的规划者。在规划过程中，如果是令人满意的预测结果，可以加入到规划当中，但如果是不尽如人意的预测结果，应当向所期望的方向转变。换言之，将预测值和目标值之间的差距缩小是规划的责任。

规划如果无法实现，就像画饼一样，没有任何意义；在容易实现的角度上，从趋势预测得出规划结果是最有可能的。然而在很多情况下，预测得出的结果背离规划的目标，规划也就变得没有意义。

与普通的建设性规划不同的是，城市基本规划是为了达到长期的目标，因此必须要考虑到将来规划实现的可能性。规划人的责任不仅是把握住目前潜在的发展倾向，还应该用严苛的态度评价预测结果，并积极地使其向好的方向扭转，提出创造出良好环境的新思路。这样的思路不一定源于调查结果的分析。不少规划者缺少能够洞察现在和未来面貌的能力，而这其实是作为规划者需要具备的资质。

回顾城市规划发展的历史，优秀规划者的思想都是跨时代的，随着时间发展融入各国城市规划当中，得以全部实现的例子也不在少数。然而在什么时机下能够得到实现的机会，确实有各种各样的情况，这和提案的内容以及社会的发展速度有关系，和实现提案的努力也有关。总之，为了实现目标需要作出相应的准备，在规划的各阶段作出相应的努力也是非常重要的。

如上所述，"目标—调查—规划—实现"这样的步骤，并不是一个个独立的单向的流程，而是在循环的过程中需要不断地获得相应的反馈。规划设计的一般规划技术体系也不是今天确立的，目前的调查分析阶段运用了各种方法，包括电子计算机的数据处理技术，但从调查到规划，最终还是需要规划者进行决策。同时，为了将这一规划变为法定城市规划，需要在当地居民、上级政府、有关部门、市镇村议会的同意下最终确定。

因为规划的最终确定需要规划者的判断，不可避免地会带有规划人的主观思想。因此，为了不让规划陷入主观独断的情况，尊重科学的调查分析结果是非常重要的，同时规划的事项要听取各方面的意见，尽量将规划人主观的想法客观化。在这种情况下，如果规划人的资质和个性能在规划中很好地反映，使得规划具有独创性和魅力，那是理想的状态。为了实现规划，要公开有关规划的信息，同时要普及规划的基本原理和相关知识。

3.3.3　规划的表现形式

规划设计多数有经济的、社会的要求，各种技术的提案与行政、财政相制约。根据优先级的不同，在中间阶段，不一定将规划案限制在一个，可以设定几个备选方案，称为多解规划（alternative plans）。通过对备选方案的调查评估，从中筛选出一个方案，或同相关的各方人员探讨选择恰当的方案[①]。

在审议会或居民会上，将备选方案呈献给普通人进行讨论，并不一定会得到最终规划的恰当结论。因为规划规定的说明格式以及抽象或者说专业性强的规划图很难被一般人所理解。在这种情况下，将方案中的争论焦点以及备选方案的特性明确，形式不采用规定的统一格式更好。在规划者的努力下，这一做法在实践中广泛应用，这样的规划叫作概要规划（outline plan）。特别是在选择方案的时候，将每个方案的优点和问题点整理成资料是有效的方法。然而，在确定最终方案的阶段，仍然需要依照规定格式表达，对规划进行反复的论证。

城市规划的表现形式在不同的国家有所不同。有不通过图示只用文书来表现的，也有只用概要来表现的，还有图文并用等多种形式。这是根据国家的城市规划制度不同而产生的差异，也可以说是在城市规划体系中城市基本规划所具有的作用和意义的差异[②]。在日本有关国家城市基本规划的部分虽然没有明确的规定，但根据《城市规划法》第 14 条，是需要通过总图、规划图和规划书来展示的。

3.3.4 规划设计和居民参与

规划设计受地方政府委托时，规划设计的负责人是主要的规划者。但正式规划立案时，立案的主体则是地方政府，也就是市镇村[③]。

城市的主人是居民，城市规划立案要为居民的利益考虑，因此要通过居民的参与来进行决策。对于人口数百的村镇或许规划可以由居民在专家的帮助下进行，但对于人口数十万、数百万的城市来说，由居民直接规划再进行决策是不可能的。原因在于：第一，规划立案是一个专业的过程，居民们并不是专家；第二，这会质疑议会制度的价值；第三，规划实施需要的预算以及行政制度的限定是必要的，担负这个责任的政府部门如果不能胜任，规划也不能够得到实现。另一种理由，因为是居民们通过投票选举市镇村的长官、议员，所以可以通过议会来完成地方规划，不需要让居民直接参与。

在基本自治的欧美诸多城市中，大体是按照这样的方式来制定和执行规划的，不过，

①德国《建设法典》（*Baugetzbuch*）规定的居民参与项目"要事先尽早向居民们公开城市规划的目的、地区开发的不同解决方案以及规划的预期，创造机会让公民们阐述意见并积极听取"。

②英国的城市规划制度中提到有关结构规划（structure plan）和区域规划（local plan）的内容，参见 H. M. S. O. 出版：*Development Plans, A Manual on Form and Contents*

③日本《城市规划法》第 15 条规定，法律上承认的城市规划应当由都道府县知事和市镇村制定。

近来也增加了让居民直接参与规划立案的步骤，其理由有以下几点：

①随着科学的发展进步，在城市增加便利性的同时，另一方面不同程度上给原来的生活环境带来了阻碍和损害。

②居民生活环境的意识在提升的同时，价值观也变得多种多样，普遍需求（general needs）已经开始满足不了居民。

③居民有对议会民主制的形式化不信任的思潮。

规划的立案在满足普遍需求的基础上，居民直接参与探讨地区性需求（local needs）也开始变得有必要了。

居民在参与城市基本规划的立案时，要对目标的设定、调查、规划等各阶段都有所考虑，有以下一些参与方式：

①请居民代表、当地专家、议员等参加评审会；

②按地区组织居民集会；

③听取居民意见，做问卷调查；

④来自居民的请愿、陈情书、意见书等。

在城市基本规划基础上进行地区规划时，有必要创造更多让居民直接参加的机会。

3.4 城市基本规划的实现

3.4.1 规划和方案

城市基本规划是在规划目标年份对于所规划城市应有的形态进行描绘的图纸和规划说明书（written statement）。因此，要对现状和规划当中产生变动的部分加以说明。对于新城市，一般来讲，因为是在非城市用地的基础上进行开发和规划的，所以规划里所展示的内容基本上都是新的规划。然而，以现有城市作为对象进行的城市规划一般包含很多现存的城市街道，特别是大城市的现状城市街道很多，即便是有改变很大的内容也只是规划当中的一小部分。单看基本规划图并不能判断哪个部分被保留了，哪个部分被改造了，哪个部分发生了很大的变化。因此，对于现状城市街道里基本没发生变化的部分以及发生很大变化的部分需要用图示区分。

另外，关于规划目标年份的说明，像 20 年这样长期的目标，规划内容中哪个部分发生了怎样的变化，是否能够实现是不确定的。因此，规划的内容必须展现出规划能够实现的时间，这就是阶段性方案①，方案大多是以每 5 年作为时间节点。因为一般的方案都是 3 年或 5 年的规划，预算的期限大部分是以 5 年为限度的。例如，英国是以 0~5 年、6~20 年、20 年以上这样三个等级来区分项目的。因此，实施规划要每 3~5 年进行新的立案，这叫作滚动系统。

在制定方案的时候应该考虑到以下几点：

①需要依据对城市化的预测和规划，结合土地使用对设施进行调整；

②遵守城市街道整治的顺序，防止出现返工的情况；

③注意城市街道整治的紧急度，如灾害修复、消除危险区域等；

④保证上位规划中的要求及其相关的工作；

⑤和市镇村的财政规划相结合。

项目图里需要展示的内容有以下几点：

①城市化开发区，这是指通过新开发或再开发使区域整体环境发生巨大变化的开发区。比如英国的综合开发区（comprehensive development area）和活动区（action area）。

②单一项目，这是指像道路、铁路、给排水管网、公园绿地、政府、学校、医院等大规模建筑物和设施的专项项目。

③地区调整规划区域，包含了城市防灾，预防交通事故，健康、福利、教育、文化等生活环境设施整治的示范区。

3.4.2 规划的实现（与法定城市规划的关系）

城市基本规划只有引导的功能，如果想实现规划就必须转为法定规划。

①城市基本规划一般通过宣传普及，在引导和尊重的基础上可以实现双赢，可以说是起到了作用。在美国这一点获得非常高的评价。

②和城市基本规划基本相同的方式立案，通过市议会的议决，上级政府的批准，成为法定规划。虽然各国都在实行，但是有下面几点不同之处。

在英国，结构规划（structure plan）是要上级政府承认的，地方规划（local plan）则是通过市镇村的议会决议，并不需要上级政府的承认，但需要在法定城市规划下，根据开发许可制度来实现。

---

①有的不展示整体方案而是以"重点项目"形式呈现。

在德国，土地使用规划（Flächennutzungsplan）基本上和城市基本规划是一样的内容，但也属于法定城市规划，公共设施的规划会限定管辖的政府机关。土地使用规划只有地区详细规划的指导，并不会直接约束一般居民的建筑行为和开发行为。

在瑞典，虽然会制定城市基本规划，但并不一定需要上级政府的承认。另外法定城市规划也没有法律的约束力。

在美国，虽然城市基本规划是法定规划，但没有法律约束力。

在日本的《城市规划法》中，没有要求制定城市基本规划。取而代之的是，在《城市规划法》第 7 条第 4 款，有关城市化区域以及城市化调整区域，将它们的划分以及各区域的"调整、开发及保护方针"定义为城市规划。另外，在此基础之上增加绿化、提升交通系统、调整城市街道、城市再开发、住宅升级等，进行了具体的制定。

关于地区规划，规定了各地区域的调整、开发以及保护方针。1992 年修订《城市规划法》，通过对市镇村建设的相关构想以及对法律条文中第 7 条第 4 款的调整，结合开发及保护方针，规定了与市镇村城市规划基本方针。市镇村制定的城市规划必须符合这一基本方针。

另外，市镇村自主制定的有关建设的各种规划方案不具备法律约束力。

因此，为了实现城市基本规划，必须要规定其部分内容为《城市规划法》规定的城市化区域、城市化调整区域、区域用地、城市设施、城市街道开发等。而且，《城市规划法》并不能应对所有城市环境，还需要若干市镇村的条例、纲要等，以确保规划内容的实现。

3.5　大城市圈规划

3.5.1　概要

在比较各国的大城市圈规划时，选取伦敦、纽约、巴黎、华盛顿、东京五个城市圈作为例子[1]。图 3.10 是以 50km 半径和 100km 半径为范围做城市圈人口变迁的比较图，可以发现东京首都圈的人口集中压力是非常之大的。特别是伦敦大城市圈的人口已经横向保持稳定了，但东京 50km 圈的人口还在持续增加。

---

[1]东京大学城市工学科日笠研究室：大城市圈的比较研究，1972.

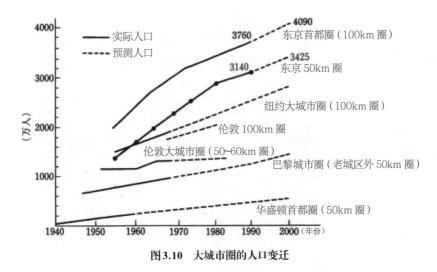

图3.10　大城市圈的人口变迁

图3.11是在同一比例尺下城区面积的比较,可以发现东京大城市圈的城区相比于纽约、伦敦的人口密度更大。另外随着汽车大众化的趋势的影响美国的城市和欧洲城市的数据差异是显著的。

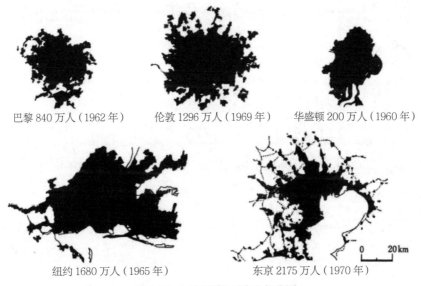

图3.11　大城市圈的城市化扩张图

在东京城市白皮书中,选取和东京23区面积类似的纽约、伦敦、巴黎3个城市的人口及人口密度进行比较（图3.12、图3.13）发现，东京23区的夜间人口比其他3个城市都大，东京的日间就业人口更多得显著。从这一点看来，东京是人口密度最高的城市。然而，这四个城市的人口密度如果从市中心、内部、外部分别来看，昼夜人口相差很大。

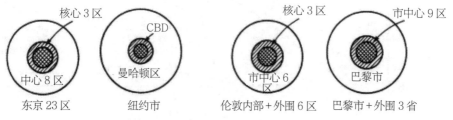

图3.12　四大城市的区域比较（《东京城市白皮书》，1991年）

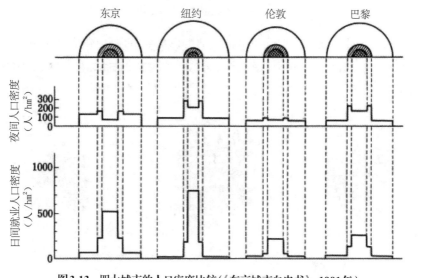

图3.13　四大城市的人口密度比较（《东京城市白皮书》，1991年）

3.5.2　伦敦

伦敦的大城市圈是从中心区到50~60km半径内的范围，是英国东南部地带的中心位置（图3.14）。

图3.14 伦敦市及周边地区

1944 年大伦敦规划的由艾伯克龙比教授设计（参见第 1.3.1 节）。在规划中由中心向外围延伸，分为内部城区、近郊区、绿带、远郊区这四个区域。

将伦敦集中的人口及功能从中心区向外围分散，以城市化区域再编作为目标。为分散人口提出新城的开发和周边现状城市扩张两个方案，以下是人口配置提案：

①战后住宅规划，准卫星城市容纳 12.5 万人；

②周边现存城市扩张容纳 26.1 万人；

③规划区域外的现存城市扩张容纳 16.4 万人；

④八个新城容纳 38.3 万人；

⑤向首都圈外分散 10.0 万人。

总计：103.3 万人。

此后，政府通过新城规划开发了八个新城市，实施了多个城市扩张政策。

　　1951 年和 1960 年分别发布伦敦郡规划。1963 年，伦敦行政机构改革，取消伦敦郡，代之以大伦敦政府，并依照《城乡规划法》规定的结构规划要求进行调查，于 1968 年发布调查报告。之后由于社会经济状况巨大变动，这一规划于 1976 年终于获得环境部长官的承认，作为"大伦敦开发规划"生效。规划将 1981 年作为目标年份，设定目标年份人口达到 634~654 万（1961 年为 800 万，1971 年为 745 万）。

　　这个规划人口是基于 1964 年的英格兰东南部调查报告（South East Study）和 1971 年的英格兰东南部战略规划（Strategic Plan）为基础制定的。图 3.15 是以伦敦为中心约 100km 范围为对象的构想图。

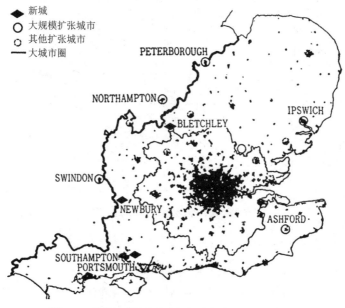

图3.15　依据《英格兰东南部调查报告》的开发提案

　　在新城及大规模城市扩张规划（1982 年规划人口达到 20 万以上）中，对能与伦敦吸引力相抗衡的强力据点城市开发进行了提案（参见第 8.3.3 节）。

　　进入 20 世纪 70 年代，前面提到英国的城市政策发生了 180 度大转弯（参见第 1.3.1 节）。在伦敦，新城市政策及办公区分散政策已完全消失，为搞活区域经济推出了一系列措施。例如 1982 年设立的城市开发公司进行的伦敦港开发，是总面积 2064hm² 的大规模再开发项目，是为了促进伦敦市中心经济再生的代表性项目。此外布罗德盖特（Broadgate）、查令十字街（Charing Cross）等利用英国国家铁路的站点以及码头的空间，为集中建设办公场所而进行再开发项目。

1986 年的地方行政组织改革，取消了负责广域行政工作的大伦敦议会（Greater London Council），同时更改了结构规划和地方规划的二级规划制度，规定特别区的单一开发规划（unitary development plan），调整广域规划，听取在 1985 年伦敦 33 特别区设立的伦敦规划咨询委员会（London Planning Advisory Committee）的意见，遵循环境部（Development of the Environment）制定的规划指南（Planning Policy Guidance）。

另外，相当于日本首都圈基本规划的英国东南地区规划，是在 1962 年设立的，伦敦特别区以及周边的地方政府作为伦敦和东南地方规划会议（London and South East Regional Planning Conference）的成员，通过听取环境部的意见，制定了《东南地方规划指南》（Regional Guidance for the South East）。

3.5.3　巴黎

1965 年巴黎圈建设总部发布基本规划，区域包括塞纳省、皮卡第省①、塞纳 – 圣丹尼省，规划的目标年份是 2000 年，规划巴黎圈的人口为 1400 万，占法国人口总数的 24%，并且对适合这样的城市圈结构的功能进行了提案（图 3.16、图 3.17、表 3.3、表 3.4）。

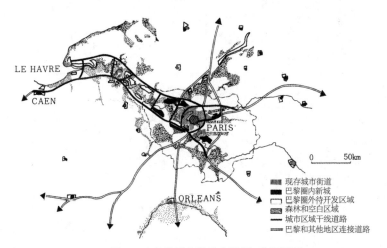

图3.16　巴黎圈建设基本规划、广域规划

①现已调整为皮卡第大区。——译注

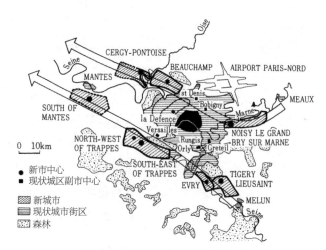

图3.17 巴黎圈建设基本规划构想

表3.3 法国的城市人口和巴黎圈人口集中度

年份	总人口（百万）	城市人口		巴黎圈以外		巴黎圈	
		人口（百万）	占比（%）	人口（百万）	占比（%）	人口（百万）	占比（%）
1946	40.1	22.2	54	15.6	70	6.6	30
1962	46.2	29.5	64	21.1	71	8.4	29
1985	60	44.0	73	32.4	74	11.6	26
2000	75	58.0	77	44.0	76	14.0	24

表 3.4 巴黎圈新城的规划人口

名称	1962 年	1985 年	2000 年（预计）
Noisy-Grand	40 000	90 000	700 000~1 000 000
Beauchamp	12 000	60 000	300 000~500 000
Cergy-Pontoise	40 000	130 000	700 000~1 000 000
Tigery-Lieusanit	5 000	35 000	400 000~600 000
Evry-Courcouronnes	7 000	100 000	300 000~500 000
South-east of Trappes	3 000	100 000	400 000~600 000
North-west of Trappes	2 000	100 000	300 000~400 000
South of Mantes	1 000	5 000	300 000~400 000
合计	110 000	620 000	约 4 500 000

规则的主要内容有以下几点：

①将放射状的一点集中式城市圈构造解体，同现状城市街道相结合，设定 2 个城市开发的主轴，组成梯子状的干线道路网络。

②基于城市开发主轴建设九个新城，调整各个新城市中心。新城预计 1985 年容纳人口约 62 万，2000 年容纳约 450 万，要沿着各新城的主轴发展至 30~100 万。

③现状城市街区的再开发是建设以拉德芳斯（La Defense）为首的 6 个大规模城市副中心，分散产业设施，连接城市中心、副城市中心、新城市中心的地下铁。

④抑制开发轴以外部分的城市化，在森林和空白区域用地上建设机场，充分保护现状城区和新城之间的绿地。

1989 年，为迎接法国革命 200 周年，开始实施 1982 年时密特朗总统发布的称为"大型工程"（Grands Projects）的巴黎市内九大项目：拉维莱特科学产业城、奥尔赛博物馆、阿拉伯世界研究所、拉德芳斯大拱门、卢浮宫美术馆改造、贝尔西新财政部大楼、巴士底新歌剧院、拉维莱特公园、拉维莱特音乐中心，增加了日后艺术之都巴黎的各种代表性的新文化设施。

3.5.4 纽约

纽约的大城市圈以曼哈顿为中心，大致相当于半径 100km，是西侧延伸至 70km、东北和北部延伸至 150km 的不规则区域。1929 年，民间团体区域规划协会（Regional Plan Association）编写发表了《纽约及周边区域的地方调查》这一内容宏大的调查报告。1968 年发布了第二次地方规划书。规划以城市社区为单位，以城市中心的规划为主要内容，和其他大城市圈的规划在性质上有很大不同，是以美国的规划体制为基础的。

规划的目标年限为 2000 年，预测人口为 2780 万。从 1965 年至 2000 年预测增加 1100 万人，如果像当时的不规则开发那样使土地浪费，目前居住 1900 万人的市区需要更大的面积。为了满足 24 个大城市社区单位的自主运转，各社区内建设城市设施（核心区、办公区、大学、医院、公寓、剧场等），对于积极推进住宅供应、自然保护、公共交通设施整治、旧城区重建等提出了很多方案。

3.5.5 华盛顿

美国华盛顿首都圈发表了目标年份2000年的构想①。规划2000年人口增加到500万。城市中心区人口基本不增加，主要增加近郊区人口。目前在首都圈的就业者基本上从事行政工作，未来的就业要向轻工业和服务业延伸。

基于以上的构想，对新独立城市型、单一城市型、规划分散型、分散城市型、外围居住型、环状城市型、放射带状型这七个备选方案进行比较之后，最终认为放射带状型是最合适的。以这种开发模式对高速铁路的设置呈现放射状，每个站周边配置人口10万左右成串排列的居住区，并且在各处保留楔形的绿地。同时通过将高速公路设置成放射状、环状便于郊外的居住者对铁路和公路的选择使用（图3.18）。

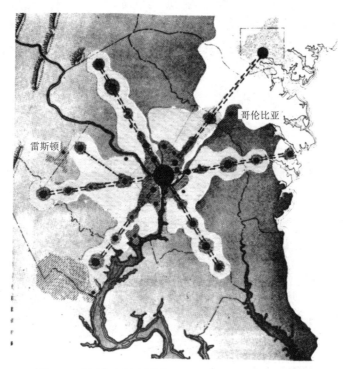

图3.18　美国华盛顿首都圈2000年规划（放射带状型规划）

然而，这一规划只停留在了构想阶段，现实并没有完全按照这个规划进展。由民间开

①A Policies Plan for the Year 2000, The Nation's Capital, 1961.

发建设了雷斯顿及哥伦比亚两个新城，分别位于西北和东北方向的郊外。

3.5.6　东京

1）第一次基本规划

1956 年日本设立了首都圈规划委员会，经过 2 年的准备，于 1958 年 7 月基于《首都圈规划法》制定了基本规划。这份规划针对东京及其周边的人口，为了应对产业集中，对现存的城市街道进行一定的控制，在对其调整的同时培育周边的卫星城市，为了防止首都和其周边的卫星城市连接到一起，保留其间的农业用地、山林以及其他的绿地，即设定绿化带。

首都圈指的是以东京为中心半径约 100km 的范围，包含首都和 7 个省，分为现状城市街道、近郊区和城市开发区。

现状城市除了东京的城区之外还有横滨市、川崎市等相当城市化的区域，除了对其进行城市街道的调整和再开发之外，还要限制导致人口增加的大规模工厂和大学的增设。近郊区是指围绕现状城区 10km 的区域，构想作为绿地，类似伦敦的绿带。城市开发区域是指在近郊区外侧，以现有的中小城市为核心，接收现状城市分散的人口和产业，原则上作为工业城市进行发展。

在 1958 年的基本规划中预计 1975 年首都圈的人口为 2660 万，现状城市的人口控制在 1160 万，规划城市开发区容纳 270 万人。城市开发区指定为 50km 圈和 100km 圈的 18 个区域 [1]，由日本住宅公团或省、市的部分事务合作组织来推进工业园区的开发。然而构想为绿地的近郊区遭到了当地的市镇村长官的反对，因此没有达到要求。因此这个首都圈的第一次构想走向了失败（图 3.19 左图）。

2）第二次基本规划

1965 年基本规划进行了修正，将规划区域划分为现状城市街道、近郊规划区、城市开发区这 3 种类型，现状城市街道和原来规划的性质相同，近郊规划区则有计划地对城市街区进行调整，同时将绿地作为保护区域，对绿地区构想作出转变，指定为现状城市周边 50~60km 范围内的区域。因此，旧城区开发区域中有 7 个区域包含在其中。而且，城市开

---

[1] 50km 圈：平塚—茅崎—藤泽、町田—相模原、八王子、青梅、川越—狭山、大宫、千叶，共 7 个。100km 圈：前桥—高崎、佐野—足利、太田—大泉、熊谷—深谷、小山、古河—总和、宇都宫、真冈、土浦—阿见、石冈、水户—胜田，共 11 个。

发区域不仅限于过去的居住城市和工业城市，而是包括了具有其他功能的城市，如主要为研究和教育机构的筑波研究学园城市。而且在1966年制定了《近郊绿地保护法》，由此设定了近郊绿地保护区和特别保护区，包含了首都圈的东京都和其周边七个县的行政区域（图3.19右图）。

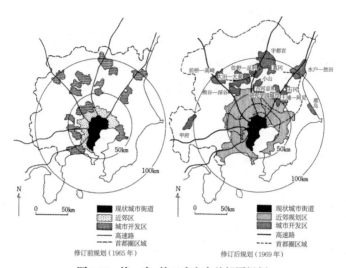

图3.19　第一次、第二次东京首都圈规划

3）第三次基本规划

虽然一直以来的基调是抑制首都及其近郊人口和产业集中，但首都圈的人口在1975年还是达到了3362万。石油危机之后，由于从地方向大城市的人口移动过于剧烈，预测人口将由社会增长转变为自然增长，因此1976年制定了第三次基本规划。

规划中，将1985年的人口目标定为3800万，在东京大城市区域（现状城市街道和城市近郊区），极力抑制人口和产业的集中，避免东京市中心一极化的现象，培育多核城市[1]，提倡多极构造的城市复合体。另外强化和再编周边的城市开发区域[2]，通过工业和其他城市功能的合理配置使人口适度增加。1985年，国土厅以多核型联合城市圈结构为目标，颁布了将50km圈作为规划区域的首都改造规划（图3.20）。在此基础之上，1986年发布

[1]核心城市的候选有：横滨—川崎、立川—八王子、浦和—大宫、千叶、土浦—筑波。

[2]截至1980年2月，指定地区有：熊谷—深谷、秩父、水户—日立、鹿岛、石冈、土浦—阿见、古河—总和、筑波、下馆—结城、宇都宫、佐野—足利、栃木、小山、大田原、前桥—高崎、太田—馆林、桐生、甲府，共18个。

了第四次基本规划。

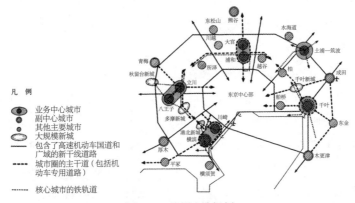

图3.20 首都改造规划

4）第四次基本规划

在第三次首都圈基本规划中，定下了对首都圈人口和各种功能的集中进行抑制和分散的基调。虽然总人口增势缓和，但首都圈依然增势强劲，人口过密问题、环境问题及其他大城市问题并没有完全被解决，在面对21世纪预测发生的变化同时，首都圈也有必要积极履行承诺，于是在1986年制定了第四次基本规划（图3.21）。

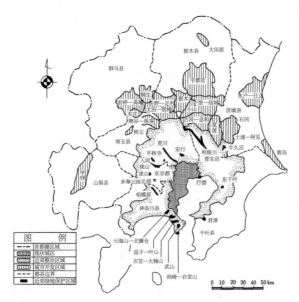

图3.21 首都圈基本规划（1986年，国土厅）

规划 2000 年的目标人口为 4090 万，将现状城区、近郊的规划区，城市开发区等的进行整合，将东京大城市圈 [东京都（不含岛屿部分）、埼玉县、千叶县、神奈川县和茨城县南部] 以及周边地区（茨城县北部、栃木县、群马县和山梨县以及东京都管辖岛屿）进行区分，明确了广域圈的调整方向。

特别是在东京的大城市圈内，为了构筑能够代替从前一极结构的多核多圈域性区域结构的联合城市圈，东京中心部为国际金融功能，配置高层的公司总部等，期待能够引领日本经济发展。其他功能分布在"业务中心城市"（八王子市—立川市、浦和市—大宫市、千叶市、横滨市—川崎市以及土浦市—筑波研究学园城市），规划引导"副中心城市"（青梅市、熊谷市、成田市、木更津市、厚木市等）。并且以环线连接业务中心城市和副中心城市，与广域交通设施的建设相结合，沿线开发多种功能的"轴状新城区"。

在周边区域，将水户—日立、宇都宫、前桥—高崎、甲府各城市开发区作为中心区升级构成"中心城市圈"，在北关东地区，南部的鹿岛、小山、太田—馆林的各城市开发区域，北部的高萩市—北茨城市、大田原市—黑矶市、沼田市分别作为据点城市建设开发。

首都圈规划之后，对近畿圈、中部圈的大城市圈也进行了规划。近畿圈包括大阪府、京都府、福井、滋贺、兵库、奈良、和歌山各县，中部圈包括爱知、三重、滋贺、富山、石川、福井、长野、岐阜、静冈各县，与首都圈规划有很多不同。特别是中部圈规划包含以名古屋为中心的大城市规划在内的地方规划。

第4章 城市基本规划分论

4.1 土地使用规划

土地使用规划是指关于规定范围内的土地怎样使用的规划。土地的定义包括图 4.1 中所示的填海地、开荒地等规划使用的土地。然而，使用的概念延伸的广度会影响其内容，例如铁路、公路、给排水管网等的土地使用如果不加以区别，则会变成最广义的土地使用规划，使土地使用规划和城市基本规划成为大致相同的概念[①]。因此，在这里将交通规划、城市设施规划等和土地使用作为同级别的规划分别论述。

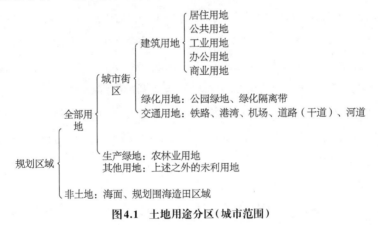

图4.1 土地用途分区（城市范围）

4.1.1 历史背景

土地使用是个人或者团体(包括企业和公共机构)拥有土地使用权后,通过开发行为(土地的开发、改造或建筑、构筑物的设置和改建），使得未被利用的土地得以利用。因此个人和团体的最终意志是土地使用的决定因素，而个人和团体意志的决定往往是在社会组织中形成的，有下面几个重要影响因素：

①自然因素：地形、地基、土壤质量、水、绿化、景观；

②经济因素：自由竞争、资本实力；

①在德国，Flächennutzungsplan 即土地使用规划是包含公共设施规划的，和城市基本规划内容相近。

③社会共同体因素：近邻协议、习惯、道德；

④权力因素：法律、条例、行政指导；

⑤上述之外的个别因素：个人及集体的意志（显在、潜在）。

这些虽然是每个居住用地的土地使用的决定因素，但其集合的结果就是一片区域土地使用的实现，乃至城市整体土地使用的实现。

从历史上看，人类从构建城市开始到今天，有关土地的使用是谁、以什么目的决定的，其变迁过程是一个非常有意思的问题。一言蔽之，这是有关于土地的所有权和使用权的问题。土地没有私有权和承认土地私有权是完全不同的。从控制土地使用的角度来看，现代城市是十分复杂的，需要排除困难去理解。

以下是在欧洲城市的发展过程中有关土地使用的历史。

1）史前时代

在史前时代土地并不不归个人所有。从农耕和放牧的时代开始，人类逐渐熟知了哪块土地适合种植作物，哪块土地适合放牧，哪块土地是不毛之地等，通过代代相传，形成了最初的土地使用规划。也就是说，是通过自然的因素决定了土地的利用。

随着文明的发展，开始建设城市，人口增多，土地开始有了除农耕和放牧之外的价值。从古代到中世纪，土地并没有像今天这样通过法律保护起来。因此是王侯、贵族、领主等支配者对土地的利用进行规定，也同时承认了土地的使用。这是除自然因素之外通过权力来支配城市土地使用。

2）中世 ①

中世也就是封建时代，由领主支配农民、市民和商人。因为领主之间的争端，城市需要进行防备，采取了城墙和护城河等确保城市安全的手段。这样一来，保障安全的中世城市从商业资本获得实力，可以在领主、教会、商会之间形成一种力量的平衡。

一般领主的权力并不是特别强大，教会具有教育和福利的权力，商业资本终于在这个阶段得到了发展，通过这样力量的平衡使得市民获得了自治权。随着海外贸易的发展，商业资本特别在海港的自由城市大力发展，在 12 至 13 世纪结成同盟并逐渐形成了经济城市。像这样通过市民自身的实力获得自治权，也就是说通过社会共同体因素来决定土地使用的情况，是城市历史发展以来首次出现的情况。

---

① "中世"及后文"近世""近代"为日本学者的历史划分方式。——译注

3）近世

近世是专制君主的时代，是结合商业资本和政治权力为一体的社会，这种形态在中世的时候是没有的。君主专制制度依靠军队和官僚机构，首都在巴洛克式的城市规划下建设了宏伟的街道和广场。在近代国家成立的同时也确立了土地的私有制，但此时土地使用是由权力进行支配的。

4）近代

近代开始了工业革命。资本主义和宗教分裂，从专制统治时代转向开始出现健康自由的活动，对个人利益的追求会最终成为公共利益的实现。资本主义本质上打破了地方的自治和自给自足，相对于安全更追求投机，相对于传统价值更追求创造利润。因此最大限度地承认土地的私有权，通过自由竞争，使买卖土地的资本尽快变现进行投机。商品经济因素独立且急速进行，使过密、失控以及乱开发的现象蔓延。

工业革命使手工业向大规模工厂转变，在人口集中的工业城市和大城市，出现了从来没有经历过的恶劣环境。针对这种现象的修正措施是政府机关对卫生法规的调整，以及住宅政策等一系列的政策的出台，城市规划、区域规划于是便登场了。工业资本逐渐发生巨大的变化，与政府相结合，构建起垄断资本主义体制。

与此相对的是随着历史的潮流，社会主义登上了历史舞台。社会主义运动促进劳动者团结的同时，通过革命诞生了社会主义国家，其土地所有权归属于国家，土地的使用是计划经济中的一部分，主要是通过权力因素决定的，同时也应该是和社会共同体因素一致的。在这种体制之下，地价上涨和从土地投机中获取不正当利润是不被允许的。因此，在进行土地使用规划的时候，避免了官僚的利己主义，从社会全体利益和平衡企业及个人利益的角度出发，将维持社会公平作为重要的课题。

另一些保持资本主义体制的国家，将土地和部分生产手段公有化，强化劳动雇佣政策和福利政策等，缓和资本主义的矛盾，致力于推进向民主的福利国家目标迈进。由于各国的历史背景、国土面积以及资源的情况不同，土地规划的方式也不尽相同。

当今，为了建设铁路、轨道、学校、医院等公共设施而取得土地，以及设施的建设、管理、运营等相关的制度在各个国家差异不大，但有关私有权土地的使用却千差万别。如美国和欧洲的差异很大，在思考方式上有着基本的差别，欧洲各国之间也有很大差异。

但在土地使用的决策上，商品经济因素、社会共同体因素、权力因素等无论哪个作为先决条件进行规划都会产生不同的问题。例如，权力因素较强的国家，对土地使用管控较严格，开发获得的利益归还社会，会进一步推进土地公有化进程；在另一些国家，土地使用的规范较缓和，土地的市场更加自由，企业和个人对土地投机的控制能力变得比较困难，需要作出更大的努力保证社会整体对土地的合理使用以及每个城市居民实现安全的居住环境。

4.1.2　土地使用的决定因素

在进行土地使用规划立案的时候，规划者通过价值判断对各因素进行评估，在此基础之上进行规划设计。规划主体（planning authority）要通过各个关系主体的参加，进行最终决议，然后将土地使用规划作为法定城市规划进行制定。制定的规划内容具有法律的约束力，可以对个人以及团体的开发行为进行约束，同时，可以积极促进规划目标实现。

基于这样的规划步骤，F. 斯图尔特·蔡平（F. Stuart Chapin Jr.）列举了土地使用的决定因素：经济因素、社会因素、公共利益因素[1]。下面对此进行简单说明。

1）经济因素

在资本主义社会，土地使用决定因素中经济因素是最强的，经常能够限制其他因素决定土地的使用。如在市中心、副中心的办公、商业区、工厂用地的形成等，土地市场（land market）能够决定居住用地的供求关系。商业用地的价值和投资所产生的利润同比增长。有关居住用地的地价，从居住用地的需求和乡村地权人售地开始，向外无限扩张，使得居住用地的地价也随之高涨。这样的情况并不是自由的个别土地买卖，而是道路、铁路的设施建设提高了城市的便利性，抬高了土地的经济价值，也促进了城市化的进一步发展。

协调这些关系的是土地经济学，在自由竞争的基础之上可以对企业布局进行预测以及构建地价模型。

2）社会因素

并不是所有的土地使用都由经济因素决定，另一个重要因素就是社会因素。但与经济因素相比，社会因素还没有得到充分地研究，并且很容易和经济因素混同。进来，社会学家通过研究，明确了社会价值观决定城市的土地使用的功能。

城市社会学的研究中，尤其是和土地使用关系密切的研究中，都经过了城市生态学

---

[1] F. S. Chapin Jr. : *Urban Land Use Planning.*

（urban ecology）和社会组织论（social organization）的过程。

城市生态学对城市外观变化过程的说明，是社会学者从生物学中引入的。运用集中和分散、向心和离心、支配和倾斜、侵入和迁移等概念，从时间、地点对城市的变化和发展进行说明。然而，人类社会和动植物并不相同，社会因素和发挥巨大作用的经济因素也不相同。例如美国的城市中，人种在一定程度上可以说明问题，但在日本却不一定有效。

社会组织论是构成城市社会的团体和个人所具有的价值观、行动和相互作用。团体可以认为是家族、居民组织、宗教团体、行政机关、企业等。人类的行动是以"必要的欲求—目标的设定—规划—决定—行动"这样一系列的循环呈现的，这样的行动也会影响到其他个人和团体。价值观不一定通过行动来展现，而是潜在存在的。在决定土地的使用时，如某个区域的更新，会出现很多不同的价值观，作为第三者的策划者、行政当局、企业家，以及该区域的常住居民等意见不同是正常的。如果在一个集体中大部分的居民和团体能够具备共同的价值观，这叫作集体价值，或者也有在集体里具有影响力的人作为一个团体进行工作的情况。

费雷（Firey）的波士顿调查发现，现实中影响土地使用的价值观有"维持""复原""抵抗"三类，对土地使用会产生根本性的效果。

有关土地使用的居民运动并不是经济因素，而是社会因素，经常包含了团体和集体的价值观。因此，在进行土地使用规划的时候，需要充分考虑到作为社会要求和居民精神健康的重要价值观和行动准则，需要为此做大量的调查研究[①]。

3）公共的利益

上述经济因素和社会因素在土地使用的决策上相辅相成，构成了复杂的关系。然而，城市规划的部门为了实现土地使用规划，需要从环境的目标，也就是以公共利益为目标进行探讨。在 1989 年制定的日本《土地基本法》中，有关土地的基本理念是：①土地使用以公共福利优先；②应依据适当的规划；③抑制投机交易，在获利的同时也要负担相应的责任。国家及地方政府赋予了居民及相关人员对土地规划反映意见的权利。

公共利益的要素有安全性（safety）、健康性（health）、便利性（convenience）、怡

---

①社会学中的态度调查（attitude studies）是获取个人和团体价值观的方法。

人性（amenity），以及与公共机构和公共费用相关的经济性（economy）[①]。

安全性是与人生命相关的最基本要求，要确保对自然灾害、火灾、事故等的预防和预备。健康性是人维持肉体上、精神上的健康状态，包含预防疾病和疲劳恢复、保护不受公害影响、保证适当的日照和通风。安全性和健康性的组合被视为一个目标。

便利性是在进行土地配置时衍生出的功能区域之间的相互关系，将居住区—办公区、办公区—办公区、居住区—中心区、居住区—休闲设施等人和物移动的时间和难度缩减。为了提高便利性不能损失安全性、健康性和舒适性。

怡人性（amenity）也是英国形容环境良好的用词。提高居住、工作、娱乐等环境的怡人性，除了创造视觉上良好的景观，还包括公园绿地、历史建筑和文化遗产所带来的文化氛围所产生的满足感。怡人的概念中有美的因素，也有地方性的因素，会产生价值的判断。但在环境建设目标中最高层次的文化性，要尊重居民们对怡人性的选择并给予高度评价。

经济性不是针对以土地市场为基础的开发商，而是指对社会整体公共经济的不浪费。经济性的概念和便利性联系在一起，便利性的对象是时间以及能耗，而经济性的对象则是城市及市民负担的时间和能耗的费用。经济性并不等同于为了实现规划所做的财政定额目标。

虽然以上的五个目标任何一个都不应该被忽视，但安全性和健康性是需要特别重视的必要条件，其他条件作为充分条件来考虑。然而在日本，常常是便利性先行，损害了安全性、健康性、怡人性，而经济性经常成为实现目标的制约因素。

4.1.3 竞争和调整

如上所述，在现代的城市社会能决定土地使用的有多个主体，因为各自不同的意志，经常会出现各主体间利益关系相违背和对立的情况[②]。对此，将国家、县、市镇村、居民、产业各方的利益关系大体通过表 4.1 展示。从表中可以看出，不仅是在不同的主体之间存在着矛盾，在同一主体之间也会有矛盾。不同的城市和地区分别有不同的问题。

---

① 此外还有福利性（welfare）、道德性（morals）、舒适性（comfort）、繁荣性（prosperity）、文化性（culture）、能效性（efficiency）。

② 川上秀光：都市計画における総合と都市基本計画，UR2 号　東大都市工高山研究室，1967.

表 4.1　有关土地使用规划主体间利益关系的对立和问题点的展示

规划主体	国家、县	市镇村	居民	产业
国家、县	政府与政府 产业部门与环境部门 城市机关与农林部门 住房部门与公园部门	—	—	—
市镇村	上位规划与下位规划 住房政策与城市机关 产业政策与城市机关	城市机关与城市机关 合并问题 给排水问题 处理厂问题 市镇村联合	—	—
居民	国家设施与地区环境 新干线、高速公路、国际机场	全市设施与区域环境 城市规划道路、天桥、垃圾处理厂 居民参与	区域环境与区域环境 新居民与旧居民 相邻关系 建筑协定、绿化协定	—
产业	土地开发与保护 工业开发与绿化带 旅游开发与自然保护	外部经济与城市环境 联合工厂公害 工业垃圾 防止公害协定	外部经济与区域环境 产业公害、居住区公害、交通公害、办公区公害	外部经济与外部经济 工业与农林水产业 百货店与个体店铺 住宅建筑业与农业

　　土地使用控制（land use control）立足于土地使用规划，在这里扮演着调和对立矛盾的角色，但日本在这部分是非常薄弱的。

　　规划中没有涵盖实现措施就无异于画饼充饥。在日本的城市规划制度里关于设施建设的内容，虽然有项目预算的制约，作为制度对规划的实现具有一定的保证性，但土地使用规划却非常不充分。也就是说，在日本的城市规划中土地使用规划的制度十分不明确，只停留在了通过城市化区域、城市化调整区域以及区域用地的规范，间接地实现土地使用规范。另一方面，像下面所展示的那样，近年来为了制定土地使用规划而进行研究调查，合理地确立了规划立案方式，基于缜密的调查制定规划方案，却不少因为缺乏实现的措施而没有得到执行，这是因为法定规划无法落实土地使用规划提出的各地区具体环境条件。

　　为了减少这样的矛盾，充分整合双方利益，首先应该明确在法定城市规划中土地使用规划的地位，明确具体区域的未来目标。其次，在每个区域进行环境诊断，明确问题点，在阐明地区规划中调整、开发、保护方针的同时，一定要强化实现区域规划的措施。

4.1.4　城市蔓延（urban sprawl）

城市蔓延是指城市街道无规划地散落式扩张（uncontrolled expansion of built-up areas）。有人用来形容一般的城市扩张发展，这是错误的。没有完善城市生活必需的公共设施，一点点吞噬农耕地，形成极其疏散的城市街区，才是这个词所表达的意思。概念相似的词语有带状发展（ribbon development），这是指沿着道路等无规划地形成带状的城市街区，主要用在英国。

城市蔓延是因为缺少土地使用规划及其实现的制度。在日本，相比于中小城市，大城市在郊外更容易不规则地扩张，以东京为中心的不规则蔓延已经达到了 50km 半径。在美国主要是高速公路沿线地区的城市蔓延，日本的大城市主要依赖于铁路，所以是从市中心放射状延伸的高速铁路沿线进行的城市蔓延。

如果放任这种不规则的蔓延也许会造成社会上、经济上的损失。从农业角度来看，居住用地对农业用地的蚕食不仅给农业用地整体利用造成了困难，而且附近残存的农业用地质量降低会对农业生产造成十分负面的影响。从居民的角度来看，如果职住距离太远，大大花费了时间和精力，道路、排水、公园、学校等公共设施长期不完善，使生活上的不便无法忍受。从城市规划的角度来看，在该区域完善公共设施，延长每家每户的道路和排水管道是十分不经济的，一般在城市化到达一定程度之前，先搁置完善设施的规划，以后再向土地规划整理和设施完善投入费用。

为了防止城市蔓延，日本《城市规划法》中设置了城市规划区域、城市化调整区域的制度，允许城市化范围内的城市扩张，同时对各市镇村的居住用地开发指导纲要上的零散建筑进行限制，但目前这一防治对策基本上还没有达到效果（参见图 3.1）。

4.1.5　土地使用的范畴

过去经常将土地分为农业、居住、商业、工业用地这四大类，在此之上从土地使用强度和用途专一性的角度对土地进行进一步细化，叫作下级分类（step down）。工业又可以大致分为重工业和轻工业，商业可以分为专有商业和中小商业，居住可以分为公寓和独户住宅。另外，商业也可以区分为邻近居住区以零售为主的商业和区域中心包含娱乐设施的商业。这是以区域制（zoning）为前提进行的分类，美国经常使用，大城市有 15 类，小城市有 9 类。图 4.2 是以东京市区为对象，以 500m 为单位计算 6 种不同用途的土地使用率。

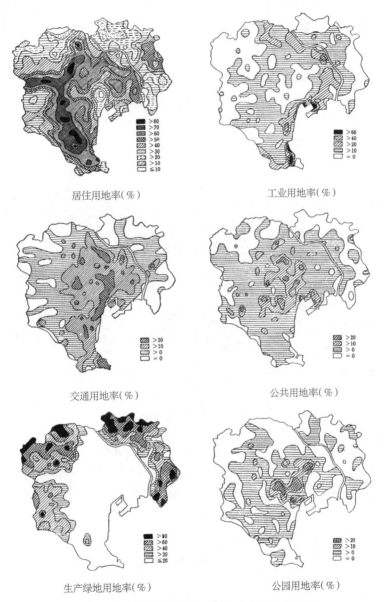

居住用地率(％)

工业用地率(％)

交通用地率(％)

公共用地率(％)

生产绿地用地率(％)

公园用地率(％)

图 4.2　东京都区部不同用途的土地面积率(1950 年)

　　然而，不以区域制为前提，对土地使用广义地理解时，其范畴对应城市中人的经济和社会活动的功能，自然地导出了衣、食、住、行这四个功能。

另外，对于城市设施不是机械地分类，而应该通过设施达到的效果进行分类。比如同样是道路，干线道路和居住区道路的功能完全不同；同样是商业，市中心的商业设施和住宅附近的商业设施也有一些不同功能。以这样的方法思考，干线道路作为交通用地，城市中心的商业设施作为办公用地，同时居住用地中将小街道、附近商店、小公园等在一定范围内必要的设施划为同一个土地使用分类（表 4.2）。

表 4.2　城市的功能和土地使用范畴

功能	区域	分类
（1）职	工作区域	农林区域（包含村落） 制造业区域（大规模、中小规模重工业、轻工业） 物流业区域 办公区域（市中心、副市中心，包含公共服务设施）
（2）住	居住区域	居住区域（专用、混合低、中、高密度） （包含小公园、小店铺、小学等其他公共设施）
（3）休闲创意	绿化区域	大规模公园、绿地、其他绿化区域
	文教区域	教育设施、福利设施、其他的文化设施用地
	中心区域	专用商业区域
（4）交通、其他	交通用地	大量运输机关、干线道路、其他交通用地
	保留用地	河川、蓄洪池、填海地等其他未利用地

在德国，土地使用划分为建筑用地、非建筑用地、其他，并有更详细的划分（表4.3）。

表 4.3　德国的土地使用分类

（1）建筑土地使用

建筑区域 （Baufläche） 一般分类	建筑区 （Baugebiet） 特殊分类
居住区域（W）	菜园居住区（WS） 居住专用区（WR） 一般居住区（WA） 特别居住区（WB）
混合区域（M）	村落区（ND） 混合区（MI） 中心区（KM）
产业区域（G）	准工业区（GE） 工业区（MK）
特别区域（S）	特别区（SO）

（2）非建筑的土地使用
- 交通用地（干线道路、公交车站等）
- 绿地（公园、小菜园、运动场、露营地、墓地）
- 供给处理设施用地（给水管网、排水管网等）
- 水面、未利用地
- 农业用地、林业用地

（3）其他的土地使用
- 对环境污染的预防措施，限制用地
- 防灾用地（洪水危险区域、废矿等）
- 再开发地区
- 其他法律规定和土地使用规范规定的用地（景观保护区、水面保护区、铁路、机场等）

4.1.6　空间要求（space requirement）

土地使用规划是对城市活动所必需的设施及空间进行事先的计算，按照适当的条件进行合理配置。在这种情况下，有的功能所需要的设施会对空间有要求。例如，某个产业要在城市中设置工厂，工厂需要多大的占地面积，工厂员工在城市里生活需要的居住用地，以及需要公园、学校等设施的占地面积，须要提前作出预测。

对于空间的要求一般从农业、制造业、物流业、小商业、办公、居住、娱乐等在城市中占有较大面积的功能用地计算。此外的教育设施、政府机关、给排水系统等配置时并不会占据很大的空间，因此作为其他用地统一计算。

空间需求的数据可以从很多城市规划的调查研究中获得，收集过去的研究数据，并进行新的调查。这是从现有的城市土地使用情况调查中利用宏观推算方法和构成各功能因素相关的数据整理方法。

例如，零售业从宏观上的如城市的人口数、商店数、销售额、商业面积等的统计，通过累计的方式，可以推定因白天购物流入的人口，并且由其消费额和商场的面积，算出这部分人口的居住面积、停车面积、道路等商业用地的面积（参见第 5.3.4 节）。

工厂可以通过宏观上各行业的出货量，累积计算出不同行业的占地面积。在工作方面可以算出就业人口、员工每人的机床面积，以及建筑物的容积率。

居住用地可以从未来人口中算出家庭数，通过减去现状的家庭数，算出新需求的住宅数，并且将其在不同的地区进行分配，利用不同住宅形式的土地使用率、户数密度等算出面积。幼儿设施和老人设施等可以通过各年龄段的人口基数计算。

这样的计算方法运用的数值如果反推就表示在一定的土地基础上会有怎样的功能，这叫作土地使用强度（land use intensity）。人口密度、户数密度、每户的占地面积等是在土地使用强度中最常用的指数，这个概念之中也包括单位面积的销售额或生产额这样的土地生产性。

4.1.7　选址要求（location requirement）

在土地使用规划之后，重要的是将在空间要求的基础上算出的各种功能用地进行合理的配置。这时需要充分考虑各功能的特质，为了避免竞争要尊重选地要求，配置到恰当的地方。农业、制造业、物流业、零售业、办公、居住、娱乐等功能如果随意放置，会由于经济的、社会的因素支配而导致一定程度的功能分化，一些不同的功能在特定区域集中可能会产生混合区域。特别是在居住用地混入工厂和娱乐设施等会导致环境明显地恶化，独户住宅和集体住宅的混合如果不在区域规划中进行调整的话，会引起日照、通风、个人隐私等的损害。

此外重要的一点就是根据不同功能，按照一定的分布法则，在城市里会形成一定的模式。这种模式的形成可能是由于土地使用规划落实不理想，而且这种模式还会影响到其他功能的配置。例如在大城市的郊外居住用地，像上文所述，如果以郊外铁路站为中心不规则分布，很可能会在铁路沿线形成串团子状的街区，对于干线道路及绿地带来了影响。

办公功能在城市中心区交通便利、地价最高的区域集中，形成了城市中心，逐渐地向外扩张。零售业也是形成城市中心的功能，同时也形成供应中心（副城市中心），形成居住用地中的区域中心，逐渐构成与市民消费倾向相匹配的结构。办公功能和商业功能的选址有根本上的差异，办公功能是主体性的选址，而商业功能是从属性的选址，因此，在副城市中心和办公中心城市的规划当中，不应将这一点混淆。

工业功能除特殊情况外一般选在地价便宜的未开发区域，但需要具备道路交通条件，还要特别注意和居住功能的距离和风向等。

居住用地和以上功能不同，既要考虑到交通条件，又要满足居住性进行选址。随着地价上涨逐渐向城市外延急速发展，如上述不断蚕食周边农业用地，形成不规则扩张的城市蔓延趋势。

虽然选址要求在不同的功能之间有一些不同，但都和交通有密切的关系。因此，可以通过道路和铁路来带动城市化、促进各功能选址是毋庸置疑的。但如今随着家用汽车的普及、道路的建设发展，依托铁路的设施和依托公路的设施逐渐开始混合。这种混合区域一般是在离市中心比较近的城市内部街区，形成了居住、商业、工业的混合区域。在大城市的远郊出现工厂、居住、农地的混合区域，作为高速公路沿线设施引入了商业。

在土地使用规划中重要的是充分考虑各功能的选址条件，除有效地发挥各功能的作用之外，还必须以保证公共利益也就是健全的城市环境目标（安全性、健康性、便利性、怡人性、经济性）来对土地进行分配。一般来说最弱势的是居住功能，随着城市的发展，在市区中办公功能和商业功能急速发展，使得其周边的个别住宅和中小企业被不合理地驱赶，因此为了防止社区和公共设施被损害，有必要对市中心的居住功能制定保护政策。另外需要充分考虑到工业功能和高速公路、高速铁路等产生的噪声、震动、废气等为居住用地带来的负面影响。

4.1.8　土地使用规划的制定程序

土地使用规划的制定程序见表 4.4。首先，根据基本规划中城市的目标，明确规划构想，同时对土地使用状况进行调查，把握不同地区存在的问题点，对未来的动向进行推定，对规划课题进行整理。

然后进入规划设计，通过各种指标，计算出未来土地的需求量，并据此分配土地。将居住区域划分出社区，标示出区域规划必需的重点数据。在区域之中，需要明确新开发和再开发地区，以及需要特别保护的区域。

最后是实施土地规划，在这一阶段要转移到法定规划中土地使用规范和各种城市规划项目当中。

表 4.4　土地使用规划的制定步骤

阶段	内容	程序
基本规划的城市目标	·人口规模、特征，环境水平	依据基本规则
土地使用调查分析	·资料收集，现状调查 ·把握不同地区的问题点	听取相关机构、居民、专家的意见
	·预测未来变化动向 ·整理规划专题	发布调查结果
土地使用规划立案	·算定各种用途土地需求面积（空间需求）	公示规划案
	·各种用途土地面积的区域分配（选址要求）	召开听证会
	·划分区域和明确规划目标	处理反对意见
	·标示区域开发项目范围	听取审议会意见
土地使用规划的实施	·法定规划的土地使用规定 ·法定规划的项目	项目规划实施

在以上的步骤中需要注意以下几点：

①在步骤里有目标设定、调查分析、规划立案、规划实施 4 个阶段，但并不是一以贯之的单向作业，而是需要相互间的反馈。在规划立案过程中需要有调查和解析，也有必要经常对规划的可能性进行核查。

②在土地使用规划中，规划立案的步骤中会选出 A 案、B 案、C 案这样的中间备选案。通过对这些备选案的调查和解析详细探讨，作出评价并比较衡量，选择其中的一个。

③土地使用规划和交通规划的立案有着非常密切的关系。蔡平说："以不是线性而是循环的顺序，将土地开发模型和运输模型结合运用对规划进行评价才是有效的（图 4.3）。"

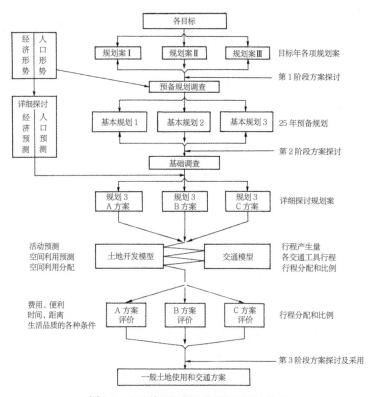

图4.3 土地使用规划的推进规划法（蔡平）

④图 4.4 展示了富山市的土地使用规划制定的步骤，由上到下为各个功能的用地需求的测算，从左到右是根据土地条件决定用地的分配，综合后成为了决定土地使用规划的系统。这个表虽然主要展示城市的部分，但用地规划的其他部分，比如农地、山林、原野等非城市的土地使用也包含在里面。

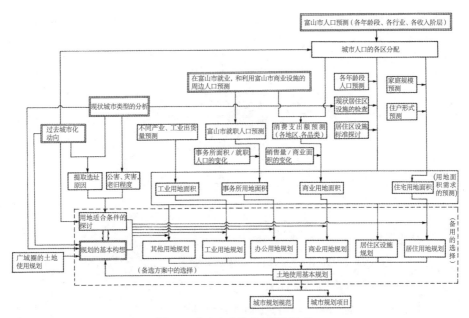

图4.4　富山市土地使用规划流程

4.1.9　土地使用规划的案例研究

土地使用规划的案例如神奈川县大井町城市基本规划中的土地使用规划图，详见彩页图 4.5。大井町虽然位于酒匂川左岸的农村区域，但在这里开通了东名高速公路，某人寿保险公司的总部从东京搬移了一部分到这里，使这里城市化的氛围变得浓厚，因此在 1969 年制定了基本规划。

1）规划的目标

预计 1985 年人口达到约 2 万。

城市的特征为以优美的自然环境为背景的田园办公城市。道路、排水管网、公园绿地等城市设施完备，期望在高标准的环境中建设成为充满友善的社会共同体。

2）土地使用规划

东部的丘陵地作为农村区域继续保留，未来作为居住用地进行开发。

西部的平地主要用于低密度居住区，在国道沿线设置设施带，在中央设置中心商业、办公用地等。用林荫道将在居住区的三个小学校区南北向连接起来（图 4.6）。在丘陵地和平地之间的台地设置办公设施，周围用绿地围护。

保护酒匂川沿岸的水田带，在北部设置工业和隔离设施。

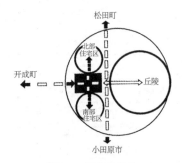

图4.6　城市的结构

3）交通规划

在东名高速公路设置高速公路入口，国道 255 号经由西侧的开成町，向南足柄町、小田原市方向连接大井町城市规划路 II-1-1。

道路分为 V_1~V_5 的 5 段，功能分离，通过绿带、步行专用道实现人车分离（图 4.7、图 4.8）。对 JR 御殿场线进行复线化。中心区规划案例详见图 4.9。

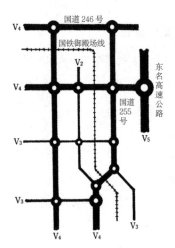

图4.7　道路分段构成

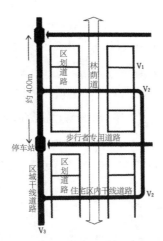

图4.8 居住区内道路形态

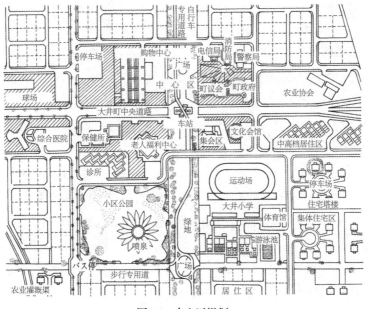

图4.9 中心区规划

4.2 城市交通规划

交通指从某地点转移到另一个地点的人或物的移动。像散步、登山、兜风等活动,交通本身就是目的；而交通一般指的是上下班、上下学、公务、访问等为了特定目的的移动，也可以是以人的意志对物体和信息进行移动。现在通过电视、广播、电话这样的信息传播方式属于通信的范畴，但在过去都是以过境交通方式传达的；现在也会通过邮寄这种交通手段来进行情报和物资的输送，可以说交通和通信有着非常紧密的联系。

在当代社会，生产、流通、消费等，都要通过机械的交通才能够完成，城市的发展因为交通的支撑才能够得以前进。然而，城市的巨大化超过了一定程度，会使得土地使用规划和交通规划不能适应，路上的交通堵塞、远距离通勤、过密运输、交通沿线的公害等社会问题逐渐增多。

城市交通规划是在城市基本规划之上，在一定的规划时间点对不同位置的人和物的交通需求进行预测，以不同的交通方式划分（modal split），并且以道路、铁路、公交路线等交通路线进行划分，以构成城市综合交通体系为第一要务，并引入未来的交通设施规划，设计街道、交通广场、铁路、机场、港湾等设施，致力于项目化、可实现化。

4.2.1 交通需求

交通需求可以从很多角度来考虑。从与规划对象城市关系的角度来看，可以分为过境交通、城市间交通、城市内交通三类。

过境交通指该城市既不是起点也不是终点，只是通过该城市内的公路或铁路的交通。国内远距离交通、各地间往返货运、新干线的途经都属于这类交通。

在《城市规划》（今野博编，1972 年）中提道："川崎、尼崎、静冈等东海道地区，位于大城市之间，属于全国中枢管理功能相对少的城市，过境交通率维持在 20%~30% 的较高水平上。"过境交通对城市完全没有益处，而对市内的环境和交通有不良影响，所以在规划应尽量避开市区。

城市间交通是指起点或终点至少一个在该城市内部的交通，对于该城市来说是必要的交通。因为这类交通有一定的方向性，所以可以通过将城市内的交通体系和城市间或地区级的交通体系有机结合在一起来解决问题。

城市内交通除了上下班、上下学、公务、购物、休闲、访问等活动，还有物资运送等多种目的的交通。既有上下班、上下学这种有明确的起、终点的交通，又有像业务交通这样的，普遍集中在城市中心或周边，起、终点并不规则，呈现布朗运动式的移动。这种目的的交通在选择交通方式时有一定的倾向，要充分考虑其需求特性，成为交通规划最复杂的处理对象。

交通需求会受到交通设施的制约，同时也会受到产业政策，交通规则，费用、税金等经济条件的制约。

4.2.2　交通方式的特点

交通方式是多种多样的，除了步行之外，会利用一些交通工具、交通设施，从空间上可以划分为水上、陆地、空中三种。水上主要是船舶，空中主要是飞机，陆地交通主要利用自行车、汽车、公交车、路面电车、专用轨道等，铁路、单轨列车等新型交通设施也正在普及。除此之外还有缆车、管道、传送带等特殊的交通工具。

交通需求会根据特性选择相适应的交通工具，但各种交通工具其自身的特性会产生不能满足交通需求的情况。表 4.5 对大运量交通设施、机动车和步行这三种方式进行了比较。

表 4.5　交通方式和交通需求对照

分类	交通方式的要求	大运量交通设施	机动车	步行
大运量交通设施的优点	输送量（特别是高峰时）	○	×	○
	占用城市空间	○	×	○
	速度（市区内）	○	△	×
	事故发生率	○	△	○
	排放尾气	○	△	○
	堵塞	○	△	○
	准点性（耗时的稳定性）	○	△	○
	负担成本	○	△	○
	灾害时的危险（城市防灾）	○	△	○
机动车的优点	即时性（随时发送）	×	○	○
	机动性（目的地变更）	△换乘	○	○
	上门运送	×	○	○
	隐私性	×	○	×
	物质运输（短距离，少量）	△	○	×
	休闲	△	○	○
	社会地位的象征	×	○	×
	运动性	×	○	○
其他	速度（一般）	○	○	×
	物质运输（长距离、大量）	○	○	×
	噪声、震动	△	△	○

注：○表示有利的，×表示不利的，△表示中间。

大运量交通设施在高峰期输送力度大，并且费用负担较少，所以适合上下班、上下学这类缺乏灵活性和方向弹性的交通，却并不适合小规模的物资运送以及上门运送。

机动车可以满足上门运送的机动性，适合城市中心的公务交通以及消防、急救、小规模的物资输送等。缺点是运力较小，造成尾气、堵塞、交通事故较多，有防灾性的问题，而且成本较高（图 4.10）。

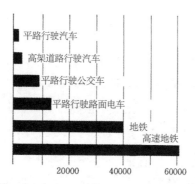

平路行驶汽车

高架道路行驶汽车

平路行驶公交车

平路行驶路面电车

地铁
高速地铁

20000　　40000　　60000

图4.10　交通工具的容量（同一时段运送人数）

综上所述，各种交通工具有各自的特点，可以有效地利用来相互弥补。大运量交通设施也有一定需要改良的问题，而对于机动车，其本身的改良固然重要，调整城市环境条件以充分发挥其特质，也是非常重要的。问题在于，实现这一点是非常困难的。在 40 多万人的大城市中，将包括上下班的所有交通工具都换成汽车，基本上是不可能的，这是布坎南报告中提到的重要结论之一。[①] 如果要满足汽车的需要，市中心几乎 70% 将作为交通用地去建设道路和停车场，这样荒唐的土地使用只会重复洛杉矶的失败（图 4.11、图 4.12）。因此，要对汽车的使用有一定的抑制，发展其他交通工具时，考虑公共性和替代性这两点尤为重要。

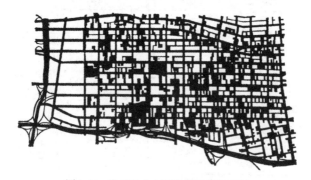

图4.11　洛杉矶中心区的交通用地平面

①ブキャナン，八十島義之助 井上孝訳：都市の自動車交通，鹿島出版会，1965.

图4.12　洛杉矶中心区的交通用地鸟瞰

步行除了在速度和物资运送这两点上不够条件，其他方面都没有什么问题，这使得步行的交通方式得到当代社会的尊重，而且逐渐有引导以步行为主的规划动向。近年来，在新的规划当中，设定过境交通不能进入的环境保护区（environmental area）时会进行交通规划的提案，如设置步行专用道、步行廊道、适宜步行的路面建设等。在城市中倡导对人性的回归，也是与交通相关的重要课题。

4.2.3　交通规划的立案步骤

交通规划可以大致分为交通系统规划和交通设施规划。

交通系统规划在立案的时候需要先调查现状交通需求，对现状进行把握和解析，最后得出未来（5~20 年）规划路线的交通需求。需要对以下各个阶段进行调查：①交通产生，②交通的分布，③交通方式划分（modal split），④交通量的路线分配。

1）交通产生（traffic generation）

对于交通设施进行起讫点调查（origin-destination survey，简称为 O.D. 调查），如铁路、机动车与人等，对产生交通的时刻、产生地点、车种类、乘车人员、交通目的、运载货物的品类、重量等进行调查。

个人出行调查（person trip survey）是着眼于交通中人的行动调查。从总体中随机选择对象发放调查问卷，除了个人的属性（职业、行业、年龄、职位）之外，对调查日期（要考虑季节、天气、星期几等）24 小时内的外出进行调查。调查内容：①出发的时刻，②出发的地点，③外出的目的，④交通手段，⑤到达时间，⑥到达地点，⑦消费金额。

外出的目的分为：①办公，②上学，③回家，④公务，⑤购物，⑥休闲娱乐，⑦其他。为了一定目的的交通，达到了目的地就算完成了行程。

从这些调查中获得的产生交通量[1]，要通过与土地使用（如林地、住宅、公园、绿地、文教医疗设施、工业、办公、交通运输、商业、其他）、汽车保有量、人口等的相关分析对未来进行预测。

2）交通量分布（traffic distribution）

为分析交通分布需要进行区域划分，各个区域里的交通量叫作交通分布。区域是指规划的交通设施网络范围，在考虑土地一体使用的条件基础上尽量分割最小单位。最小单位在分析阶段需要分组，可以分为大区域、中区域和小区域，或以土地使用划分为行政区域、市中心区域、工业区域等。

通过交通分布的状况明确现状的交通特性，通过土地使用与其他高度相关的因素相结合对未来的交通分布作出预测。可使用的模型有当前模式法（present pattern method）、重力法（gravity method）、机会法（opportunity method）等。

3）交通方式划分（modal split）

通过人和物单独分别计算，之后再进行合计。一般在调查不同目的交通的交通方式划分的资料基础上，普遍运用不同交通方式划分模型计算。

4）交通分配（traffic assignment）

指各个交通路线的交通量分配。截面的交通量可以由现状调查得出，需要将它们综合到一起形成模型。

分配方法有不考虑设施容量情况下的需求分配法和考虑容量限制的实际分配法。前者应用最小量（时间、距离成本等的最小值）获得期望路线图；后者应用 CAST、韦恩（Wyne）、BPR 等算法。

5）规划的评价

①与土地使用规划整合性的探讨；

②所需投资、项目难易度的探讨；

③交通设施网的探讨。

---

①产生交通量即交通起点和终点的数量，有时会分为交通产生（traffic generation）和交通吸引（traffic attraction）。

评估应按照以上的步骤进行，并对备选方案进行反馈。规划图按照 1/10000~1/50000 比例尺的综合城市交通体系规划来完成。

6）城市交通设施规划

上述交通体系规划中的各个路线，需要运用 1/2500 比例尺的规划图，再结合实地调查对规划进行实施（图 4.13）。

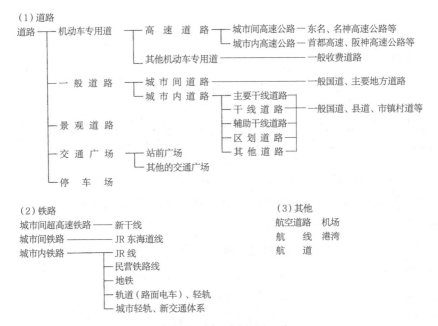

图4.13　城市交通设施种类

4.2.4　交通规划的各种问题

城市的交通规划的问题在大城市和地方中小城市是完全不一样的，因此，对于这两者分别对待。

1）大城市

大城市特别是人口数百万以上的巨大城市，道路的调整是有限度的，因此必须要在制约之下进行城市规划。当然，其原因在于人口、功能的过度集中，具体有以下两点。第一，大城市未来车辆的潜在需求是巨大的，从现有的经验判断，道路建设会增加车辆的需求，显然，这样永远不会消减交通拥堵，而且伴随着车辆的增加会增加大气污染和噪声等公害。

第二，城市街区的地价高，建筑物不燃化，居住区道路也在拓宽，整治的反对声音很多，所以目前的既定规划需要数十年才能实现，在此基础之上，再新建道路基本上是不可能的了，因此交通规划不会有太大的变化，具体有以下内容：

①既定规划的再探讨。将经济性和公益性的平衡作为最底线的基础道路建设规划。确保包括已建铁路地下化的道路用地，道路的整治和沿路环境区域的规划，缓冲地带的设定。

②增强铁路运力和导入新的交通工具。完善地下铁和 JR 线、郊外电铁的相互换乘，将现有的市区的铁路立体化，引入轻轨等其他的新交通工具。

③改良现有道路。改良交叉点，消除岔口，确保步行专用道路，设置步行路面，通过再开发确保站前广场，设置防灾避难路。

④对行车进行强制规定。单向通行、禁止右转、限制卡车、公共汽车优先，以及针对不同车辆的交通规范。

⑤引入地下物流系统。构建地下物流专用路网，探讨将大城市 50% 货车的物流同地上交通分离。地下专用车道为电力驱动，可以通过电脑控制和两用卡车的方式运送。

人口在 50 万以上的中等核心城市近年来人口显著增加，交通问题被严重忽视。就像布坎南所证实的，城市人口接近 50 万时，如果所有城市交通都用私家车解决，怎样建设道路和停车场都不可能满足。因此，需要改善包括地下铁在内的铁路建设（铁路运输量详见表 4.6）。很多战后城市通过重建规划对中心区的道路进行修缮，但城市的外围没有得到修复，对外部来的车辆造成阻碍，亟待改善。

表 4.6　1989 年铁路运输量的各国比较

国名	乘客（万人）	货物（万吨）
美国	939.6	148202.4
英国	3414	1509.6
联邦德国	5737.2	5698.8
法国	6328.8	5326.8
日本	36964.8	2476.8

注：引自总务厅统计局《国际统计要览》，1992 年。

2）地方中小城市

地方中小城市和大城市不同，需要依据城市规模和性质来制定规划。人口 50 万以下的中小城市，除了战后重建的城市外，一般城市街区的整治速度缓慢，而且城市中心区人车不分的窄路很多，汽车、自行车、行人等混杂在一起，十分危险。另外，包括周边很多农村地区在内，未来的汽车保有率还有很大的增长空间，为此提出下面的整治措施：

①为了将过境交通从城市内部消除，完善避开城市交通拥挤地区的道路设计；

②尽早完成主干道路网；

③对现状城市街区的中心商业部分进行再开发，完善道路和站前广场，其周边在区域修复的同时对现状道路更新并再编。

④在中心商业区设置外来者停车场，内部设置步行优先区域，但作业车可以在规定时间内进入。

⑤对于人口在 20 万以上的地方中心城市，应考虑对现状铁路的整治和轨道交通系统的更新；对于 20 万人以下规模的地方城市应对现状铁路和公共交通进行整治[1]。

4.2.5　道路规划

1）干线道路网的构成

干线道路网的基本类型有：放射环状型、格子型、格子及环状型、斜线型（图 4.14）。

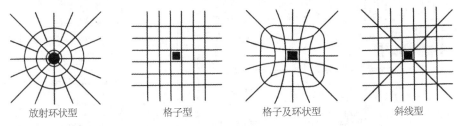

| 放射环状型 | 格子型 | 格子及环状型 | 斜线型 |

图 4.14　干线道路网的基本类型

2）干线道路的设置间距

干线道路的设置间距应根据城市的土地使用，开发密度、汽车的普及状况等有所不同。日本的道路网间距规划标准详见表 4.7。

---

①运输政策审议会《有关综合交通政策的报告》，1981 年。

表 4.7　道路网间距标准

区域分类	路网间距（m）	人口密度（hm²）	运行车辆（辆/hm²）
高密度居住区	500~700	300~400	400
中密度居住区	700~900	200~300	200
低密度居住区	1000~1300	200~100	100
市中心办公区	400~700	（1000~3000）	800
住商工混合区	500~1000	300~400	400

注：带括号为日间办公人口。

3）道路的断面构成

　　城市中各种道路的断面是以未来交通量预测为基准制定的，标准断面根据《道路构造规定》而制定。主要干线道路和干线道路按 4 类 1 级，辅助干线道路按 4 类 2 级，区划道路按 5 类为标准，其他作为特殊道路，还有步行专用道、自行车专用道等。表 4.8 为各种道路的标准断面。

表 4.8　各种道路的标准断面

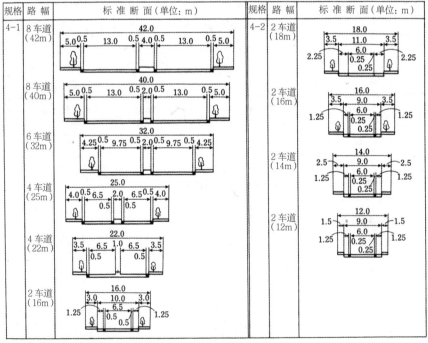

　　日本的一般城市街区，道路建设水平低下的区域较多，图 4.15 是东京都衫并区不同路宽的道路分布，图的左上部是土地区划整理区域以外的，道路建设水平非常低的

区域。

路幅 8m 以上道路分布　　　路幅 6m 以上道路分布　　　路幅 4m 以上道路分布

图4.15　东京都衫并区不同路宽的道路分布

4.2.6　道路及其环境

道路上随着汽车的行驶，除了噪声、尾气等给居住环境造成负面影响之外，还有交通事故的危险。因此使用汽车时在便利性的同时，还要尽量将这些危害降到最低，需要在规划中注意下面几点。

1）分级规划道路

道路随着其功能和性质分为干线集散道路、区域集散道路、局部集散道路等，如图4.16、表 4.9 所示分级构成，类似于树木的树干、大枝、小枝。这样可以使汽车在干线道路上没有阻碍地行使，同时可以保护居民的日常生活。这一思考方式源自于传统的 7V 原则[①]，各国均进行了标准化应用。

2）居住环境区域

居住环境区域（environmental area）是布坎南报告中提出的概念。即城市的住房应位于没有汽车交通危险，人们可以安心居住、步行上学和购物的区域中（图 4.17），社区是城市的房间。这一区域里并不是完全没有汽车交通，而是在不影响生活环境的允许范围之内，日常生活圈的步行者完全优先，外侧围合道路和居住环境区域建立像细胞组织一样的结构。

---

①V1 是城市间道路；V2 是乘用车和货车大量高速交通的公路，保持约 400~800m 的距离；V3 是市内划分街区的机动车专用道路；V4 是街区内道路，连接日常生活必需的商业、办公设施；V5 和 V6 是连接住户的道路，V5 连接 V4，V6 连接到住户门口；V7 连接 V4 和 V6，是学校、俱乐部、体育场等文化设施中提供服务的道路。

注：道路旁的数字表示路幅，单位为 m。

图4.16 道路的分级构成

（引自建设省区划整理课资料）

表4.9 道路网密度及道路面积率

分类	名称	路幅（m）	道路长度（km）	道路网密度（km/km²）	道路面积率（%）
干线道路等	干线道路	25	2.000	2.00	5.0
	辅助干线道路	16	1.950	1.95	3.1
	小计		3.950	3.95	8.1
	主要区划道路	9、12	8.100	8.10	8.0
	统计		12.050	12.05	16.1

续表4.9

分类	名称	路幅（m）	道路长度（km）	道路网密度（km/km²）	道路面积率（%）
区划道路等	区划道路	6	9.227	9.23	5.5
	步行专用道	4	4.304	4.30	1.7
	小计		13.531	13.53	7.2
合计			25.581	25.58	23.3

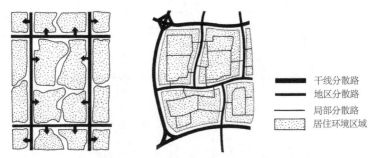

干线分散路
地区分散路
局部分散路
居住环境区域

图4.17　居住区道路的分级构成和居住环境区域

居住区尽量和小学校区保持一致，也就是近邻居住区，相比办公和商业等车辆交通密度高的区域，可以保持车辆低密度。

3）机动车与行人分离

交通事故的一个重要原因就是汽车和行人在同一个通行空间，因此，人车分离是减少交通事故的有效手段。

虽然在大城市和中小城市、新城市和现状城区、居住区和商业区等有很多因素导致实际情况的不同，但人车分离的方式大致可以分为平面分离和立体分离。

平面分离是最普遍的方法。虽然只是沿着车行道设立步行道，但其中分隔带的设置还是有许多技巧的。适合居住区最著名的是雷德朋体系（参见第1.2节），这是1928年在位于纽约郊外的雷德朋规划设计中，亨利·赖特和克拉伦斯·斯坦所采用的方式。在主干道路围成的街区内，设置尽端路（cul-de-sac）和迂回路，专门供汽车的出入；在住宅的后方设置步行专用道，经过区域内的绿地，步行到达小学、幼儿园等生活设施。另外，在现状城市街区中，通过对现状路网的整理再编，尽量排除过境交通，达到同样的效果（图4.18）。

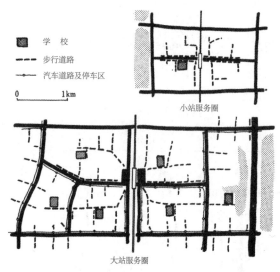

图4.18 以大城市的通勤站为中心的居住区交通体系

立体的分离指的是设置步行天桥（pedestrian deck）等设施，在立体空间上对行人和车辆进行分离，在城市中心和副中心经常使用。

在进行人车分离规划的时候，要注意到汽车和行人的特性。如在坡地上的开发，车辆增加一点绕行距离也不会产生太大影响，但对步行者来说，需要用尽量短的距离到达目的地。而且，一般人可以使用台阶，但老人、幼儿、残障人士并不希望用台阶，需要考虑设置电梯。

4）社区中心

连通步行专用道、公园绿地、步行天桥、公交通道等步行者空间，将居住区和学校、幼儿园、公共浴场、公交车站等生活设施相连接，同时结合中心区的商店、广场等，成为具安全性和便利性的设施规划，称为社区中心。

新城规划引入了这种设计理念，在保持汽车道路、步行天桥、绿地系统等各自系统独立性的同时，组合成复杂的复合空间。步行天桥连接中高层住宅，同时设置商店、事务所等；汽车通过另一个系统运行，末端通向停车场。高藏寺新城就是用这样的方式进行设计的（参见第 8.3 节）。

在现状的城市街区，涉及再开发时运用到这样的案例较多。鹿特丹的中心区莱恩班街是平面人车分离，而斯德哥尔摩的中心区和伦敦的沃里克街则是设置步行者天桥。明尼阿波利斯的尼科莱购物中心到城市中心的道路乘用车禁行，作为公交专用道，同时拓宽步行道，用行道树和装饰来营造欢快的商业街气氛。在日本类似的有旭川市的购物公园。

5）绿地安全道路（woonerf）

尽管为实现人车分离设计了很多种方案，但车毕竟是人驾驶的，事实证明如果在居住区尽端路等车辆交通少的地方，车和人共存反而会产生令人满意的效果（图4.19）。

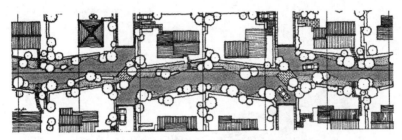

图4.19　有绿地安全道路的规划案例（港北新城）

绿地安全道路不仅是作为居住区末端道路的交通设施，而且是作为市民生活场所功能的一部分重点考虑的。人车共存的绿地安全道路始于荷兰德伦特，据说荷兰政府为此修改了交通法规。近年来在日本的居住区规划中也采用了这种方式。

人车共存道路原则上要取消车行道和人行道的区分，为了降低车速会在路面设计凸起的减速带（hump），车行路平面上运用曲线形式，为避免直线行驶还可以适当设置隔离。

4.3　公园绿地规划

4.3.1　城市和自然

有句古话说："神造的田园，人造的城市。"人本来就是生物，离不开自然的恩泽，同时人类的历史也是与严酷的自然斗争的历史。人类凭借智慧挑战自然，由人工建造成了现代化的城市，却不能切断人类与自然的关系。光、温度、空气、水、土地等虽然通过科技手段也可以被制造出来，但也只能小范围地在城市适用。越是在人工的环境中，人的心灵越是倾向于原始的自然生态。因此，在城市中自然环境的存在非常重要，创造让人感受不到钢筋、水泥、玻璃的绿色开放空间是城市规划中重要的课题之一。

城市的周边基本上已经没有原生的自然环境，而是经过人工化的自然。通过规划对这样的自然环境进行保护的同时，尽量创造更加自然的环境条件，对当今的城市是非常有必要的，也是为后世留下遗产。

广义的开放空间（open space）是排除大规模的交通用地和水面等以外的非建筑用地。

另外开放空间的用途、土地所有权以及管理状态是多样的，为城市居民也会发挥不同的功能，最低限度具有非建筑用地的功能，对城市空间结构体系产生影响。城市规划中的公园绿地系统作为开放空间的核心系统，尤其重要。"在城市区域之中，独立或组团的林地、草地、旱田、水田、水岸等土地"属于绿地，绿地所占面积与比率称为绿地覆盖率。[①]大城市每年都会呈现城市化的推进和绿地的后退，城市街区残存的绿地也在大气污染的损伤下质量变低。图4.20为东京都内绿地的分布，图4.21为不同地区的绿地。

图4.20　1969年东京都的绿地分布

（田畑贞寿提供）

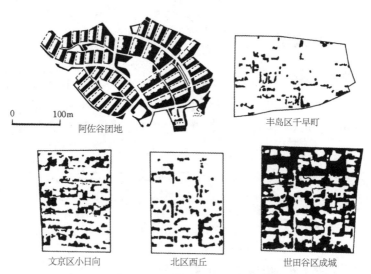

0　　100m

阿佐谷团地

丰岛区千早町

文京区小日向

北区西丘

世田谷区成城

图4.21　不同地区的绿地比较

［引自：宫本克己《居住用地中绿地环境的评价相关研究》《绿地空间的密度分析》《城市规划》No.76，1971年）］

①田畑贞寿：绿地（岩波讲座　现代都市政策VIII）p.243-271.

4.3.2　开放空间

开放空间在城市生活中扮演着很多重要的角色，有以下几个方面：

①防止城市街区扩张。这虽然不是开放空间本身的功能，但可以作为阻止城市化的措施，设置绿化带。

②保护功能。具有保护自然及文化遗产、保证日照及通风、减少噪声等公害、防止火灾蔓延、削弱爆炸事故、维护个人隐私等功能，成为灾害发生时临时的避难地。然而，对于组合型的大范围公害以及大规模火灾、飞火等，小的开放空间并不能起到良好的作用。

③生产功能。森林生产木材等林产品，农地生产农产品，从这个意义上，森林和农地称为生产绿地。

④娱乐功能。以公园、运动场为代表的娱乐休闲场所的功能。

⑤衬托景观功能。自然公园这样的开放空间本身就具备景观因素，庭院、园林和建筑物相配合创造出浑然一体的景观。

①、②主要是由于开放空间存在而获得的功能，称之为存在绿地；在什么地点、以怎样的形式来保护成为规划的重点。③、④是通过使用开放空间而获得的功能，称之为使用绿地；对于各种不同的使用目的，规划重点在于量化的确定和配置（图4.22）。

图4.22　开放空间的分类

4.3.3 户外休闲娱乐

户外休闲娱乐在不同人的定义会有一些不同,在这里指的是在闲暇的时间里休养、保养、娱乐、散心等活动的总称,包含了运动、文化等各种类型,并不是专业性的,而是为了维持人身心平衡而进行。

休闲娱乐根据年龄和性别等个体条件的不同,划分为如表4.10所示多样的种类。其中涉及城市规划的是在个人的居住区之外、以城市为范围内的活动。这些活动无论是在室内还是室外都需要空间和设施,称为休闲娱乐设施。

表4.10 休闲娱乐活动的类型

分类		示例
一般的创作活动		小说、诗、俳句、摄影、木工
女性化的创作活动		编织、刺绣、西式剪裁、日式剪裁
学习活动		读书、研究、调查
观赏		观看体育比赛、音乐会、电影、话剧、美术馆
游戏		围棋、象棋 麻将、扑克、弹弓
赌博		赛马、赛船、赛车、赛艇
旅行		一日游旅行（赶海、游园、露营） 国内过夜旅行（观光）、野营 海外旅行
运动	社交型	高尔夫、骑马、网球、保龄球
	趣味型	体操、骑行、滑冰
	个人竞技型	柔道、拳击、田径
	团体竞技型	棒球、足球、橄榄球
	山岳型	狩猎、野营、登山、滑雪
	海洋型	海水浴、浮潜、快艇
	空中型	滑翔机、跳伞、飞机
动植物的饲养		金鱼、小鸟、家畜、园艺、盆栽
社交		家庭聚会、聚餐、谈话
家中		电视、收音机、唱片、睡觉
散心外出		散步、吃饭、购物
收集		邮票、古钱币等

　　人们对于休闲娱乐设施的需求随着闲暇时间的增加,近年来不断增大,种类多种多样,行动范围也在扩大。因此,可以通过这些动向对未来进行预测,不断完善空间和设施,促进休闲娱乐的发展。

　　休闲娱乐设施虽然是由私营企业建成的,但需要政府主导的也不在少数,由非营利团体等赞助和促成也是合适的。

4.3.4　公园绿地系统

　　虽然城市公园是按照自身体系设置的,但如果将图 4.22 所示的各种绿地组合形成系统,可以提升规划的效果。这样将城市的土地规划整合到一起,从城市全域到居住区末端,通过一贯的理念设置的开放空间系统叫作公园绿地系统(park system)。公园绿地系统是19 世纪末美国奥姆斯特德(F.l. Olmstead)等公园运动的热情推动者发起的,波士顿、堪萨斯城的绿地系统最为著名。

　　公园绿地系统是公园系统的核心,可以规划适应该城市固有的自然和历史条件的绿地,也可以规划适应产业活动和社会环境的绿地,还可以对民间绿地上的诸多设施以及公园道路等系统进行构建和规划。

　　目前公园绿地的形式有环状公园绿地系统、放射状或楔形公园绿地系统,这二者可以组合成第三类复合式公园绿地系统,这是比较理想的,基本可以作为大城市解决问题的手法。在霍华德的田园城市提案中,随着卫星城市理论发展,在卫星城市和母城市之间产生了环状绿化带,卫星城市相互之间产生楔形绿地等一定的形状,连接在一起形成了城市内部公园绿地系统中放射状和环状的组合(图 4.23)。

　　随着郊外铁路的发展,充分整合日本大城市中土地使用的实际状态和分布,这种方式在今天也没有失去意义和价值。但这并不适合所有的城市,应考虑以下各种条件,对应不同类型的城市建立公园绿地系统:

　　①对地形、地基、植被等自然条件进行详细的调查并绘制调查图,限制河流沿岸泛滥平原、积水地和坡地等不适合用地的城市化,可以主要用于农林地和休闲娱乐区域(图4.24、表 4.11)。

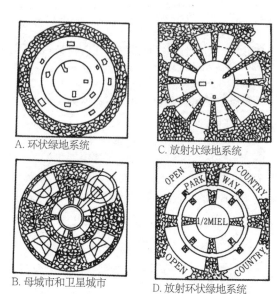

A. 环状绿地系统

C. 放射状绿地系统

B. 母城市和卫星城市

D. 放射环状绿地系统

图4.23 公园绿地系统的形式（G.L.贝普拉）

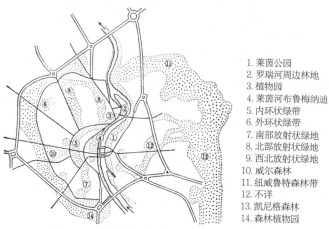

1. 莱茵公园
2. 罗瑞河周边林地
3. 植物园
4. 莱茵河布鲁梅纳迪
5. 内环状绿带
6. 外环状绿带
7. 南部放射状绿地
8. 北部放射状绿地
9. 西北放射状绿地
10. 威尔森林
11. 纽威鲁特森林带
12. 不详
13. 凯尼格森林
14. 森林植物园

图4.24 利用森林和水岸地带的凯尼格绿地系统

表 4.11 自然区域不适宜城市化的土地
（I. L. McHarg: Design with Nature）

类别	说明	
地表水（srface water）	—	休闲娱乐 农林业
河漫滩（flood plains）	港湾设施，来自水工业	
沼泽（marsh）	—	
供水区（aquifer recharge area）	防止水的渗透，不污染的地下水	
含水层（aquifers）		
陡坡（steep slopes）	建设每户占地 1.2hm² 以上的住宅	
森林地（forest and woodlands）	建设每户占地 0.4hm² 以上的住宅	

②对于现状优质森林要极力保护，特别是对因大规模开发而崩溃的平地林要进行战略上的保护。

③保护历史文化遗产、遗迹等，防止城区无秩序地扩张（图 4.25）。

④将产业区域和城市街区分离，或者在铁路和干线道路旁设置缓冲绿地。

⑤根据土地使用规划将城区的公园系统进行整合。

图 4.25 利物浦、曼彻斯特地区的绿地方案

4.3.5 公园规划标准

城市公园如表 4.12 所示具备各种功能，对应其功能，研究适合的规模和恰当的服务半径，通过日本建设省制定的规划进行指导。

表 4.12 公园的城市规划标准（建设省城市局局长批准）

种类	使用目的	标准规模(hm²)	最低规模(hm²)	服务半径(m)	服务人数(人)	人均使用面积(m²/人)
（1）居住区基础公园	—	—	—	—	—	4
幼儿公园	幼儿使用为主	0.05	—	100	500	—
儿童公园	儿童使用为主	0.25	0.1	250	2500	1
邻近公园	附近居民使用为主	2.0	1.0	500	10000	2
区域公园	区域（多个近邻住区）内居民使用为主	5.0	4.0	1000	50000	1
（2）城市基础公园	—	—	—	—	—	2.5
综合公园	供城市全域居民的休息、观赏、散步、游戏等综合功能	10.0	10.0	1 小时内到达	100000	1
运动公园	供城市全域居民运动功能	15.0	10.0	1 小时内到达	100000	1.5
风景公园	享受风景为主	—	—	—	—	*1
特殊公园	动物园、植物园、历史公园和其他用途公园	—	—	—	—	*1.5
广域公园	供城市全域居民周末休闲娱乐使用	—	50.0	2 小时内到达	500000	*4

* 居住区和城市并不一定作为规划单位。

　　城市公园大致分为居住区基础公园和城市基础公园。居住区基础公园的服务对象是该区域的居民，特别是儿童和老人不可缺少的设施。在城市规划中是区域规划中的内容，这里的区域指居住区和公园区。居住区包括临近的居住区及其组团。公园区是在因无序城市化导致的区域划分困难的情况下，作为划分区域的规划单位，以现有的邻近公园为中心，由干线道路围绕形成不少于 1 km² 的用地。

　　城市基础公园是以城市为单位设置的公园，但同时，风景公园、特殊公园等必要时也会设立，广域公园则是以服务人口约 50 万为标准进行设立的。

　　关于公园的建设标准，日本《城市公园法》实施令第 1 条为："一个市镇村区域内城市公园的居民人均面积标准不低于 10 m²，市镇村城区的城市公园的居民人均面积标准不低于 5 m²。"1985 年的建设目标是城市公园人均面积达到 10 m²。在城市规划中央审议会公园绿地部会 1992 年发表的报告中提出，城市公园人均面积以 20 m² 为长期目标。

美国的市民人均城市绿地的面积约 40 m²，其中城市公园占 30 m²。在英国，虽然人均公共绿地面积标准是 20 m²，但在近年建设的新城中很多变成了 40 m²。在德国，原来以 20 m² 作为标准，最近也升到 30~40 m²。都和日本拉开了很大差距。

日本的公园建设十分落后，全国城市规划区域人均面积为 5.4 m²，东京都 23 区为 2.5 m²，大阪市 2.9 m²，横滨市 2.8 m²。

4.4　城市设施规划

4.4.1　城市设施的种类

城市设施规划是与各种城市设施相关的规划，属于城市基本规划中专项规划的一种（参见第 8.1 节）。城市设施是具备公益性和公共性的设施，广义上城市规划的对象包含了所有的设施，如表 4.13 所示。

表 4.13　城市设施的分类

中分类	小分类	示例
1　行政设施	1.1　国家行政设施	中央政府、驻外机构、法院
	1.2　地方行政设施	地方政府、驻外机构
	1.3　城市自治设施	市政府、警察署、消防局
2　文教设施	2.1　教育设施	大学、高中、初中、小学
	2.2　研究设施	研究所、实验室、测量所
	2.3　文化设施	图书馆、美术馆、博物馆、公会堂
	2.4　宗教设施	神社、寺院、教会、火葬场
	2.5　纪念设施	文化遗产、遗迹
3　福利设施	3.1　保健设施	医院、诊所、保健所
	3.2　休闲设施	公园、绿地、广场、运动场、体育馆、游泳池
	3.3　娱乐设施	剧场、电影院、兴业场

续表4.13

中分类	小分类	示例
4 运营设施	4.1 运输设施	道路、铁路、电车停车场、停车场、机场、港湾
	4.2 通信设施	邮局、电信电话局、电视台
	4.3 供给设施	给水管网、批发市场、变电所、燃气供给设施
	4.4 处理设施	排水管网、垃圾处理厂、畜牧场、火葬场
	4.5 防灾设施	堤防、避难路、避难地、防火水槽
5 生活设施	5.1 住宿设施	酒店、旅馆
	5.2 卫生设施	公共浴场、公共厕所
	5.3 福利设施	托儿所、亲子设施、保健设施

①面的设施：公园、绿地这样的具有一定面积的设施。

②线的设施：道路、铁路、电信和电话、上排水道、燃气、电力等。

③点的设施：学校、医院、市场等。

面的设施和点的设施作为中心，具备周边服务半径，这个的范围叫作吸引圈，从同周边人口的关系来看，有三类：

①设施为周边人口提供服务（警察局、消防署等）；

②设施是因为周边人口的使用而产生的（中小学校、医院等）；

③设施和周边人口没有直接的关系（大学、研究所等）。

设施的分布形态有单独型、联结型、凝聚型、分散型等①（图4.26、图4.27）。

单独型
研究所、监狱、神社和
寺院、火葬场

联结型
警察署和派出所、变电所、
行政厅和办事处

凝聚型
娱乐设施、店铺

分散型
小学、诊所、公共浴场

图4.26 设施的分布形态

①日笠端：都市施設分布論（建築学会論文梗概集，No.15,1950).

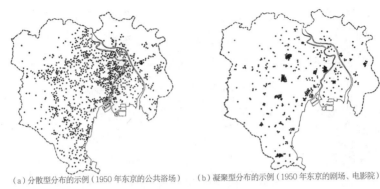

（a）分散型分布的示例（1950 年东京的公共浴场）　　（b）凝聚型分布的示例（1950 年东京的剧场、电影院）

图4.27　城市设施分布的示例

城市规划通过考虑土地使用、交通等现状以及对未来的预测，应对区域居民的要求按照恰当的规模，在必要的位置进行设置。公共设施有各自的管理方式，很多制定了设置标准。私营的设施还必须要考虑到经营的成立条件。

日本的《城市规划法》第 11 条列出了城市设施的种类，其中必要的设施种类、名称、位置以及区域、面积、构造等需要在城市规划中制定（参见第 6.2.5 节③）。法律中公共设施的概念包括道路、公园、排水道、绿地、广场、江河、运河、水渠、消防储水设施。

城市设施中有产生噪声、震动、尾气、恶臭等危害周边城区生活环境的设施，需要对选址进行慎重考虑，而且有必要采取减轻对周围影响的措施。《建筑标准法》第 51 条规定，城市规划中需要考虑选址的有批发市场、火葬场、畜牧场、污染处理厂、垃圾焚烧场及处理厂、工业废弃物处理设施、废油处理设施。

4.4.2　供给、处理设施规划

供给设施中，城市活动和生活必要的给水系统、电力和燃气等能源系统、信息和通信系统是不可或缺的。处理设施有处理雨水、家庭和办公污水的排水系统，垃圾处理设施等特别重要。近年来，完善这些设施的科技和系统构建的进步是有目共睹的，相关内容可参照各种专业书籍，下面对于给水和排水系统进行概述。

1）给水

给水系统规划中最重要的是水源的确保。特别是在大城市，在近郊获得水源是十分困难的。水源的种类有江河表流水、伏流水、湖沼水、地下水以及泉水等。给水设施分为取水、储存水、净水、送水以及分配水。水量、水质、水压被称作给水道的三大因素。

给水量是由给水区域内的人口和覆盖率计算制定的，根据城市性质的不同，每人每天的最大给水量也不同。给水人口为1~50万，每天的给水量为100~350L/人，可以预想，随着生活水平的提高给水量也在增加。另外，在大城市和工业城市，营业用水、工业用水的需求较大，如纽约市为700L/人的标准。日本的家用给水管网覆盖率超过了90%，达到先进国家的正常水平，给水管网是由建设省管辖，水质是由保健省管辖。

2）排水

城市生活、工作活动产生的不可再生污水和雨水等是通过排水道处理的。日本和欧美先进国家相比，排水设施十分落后。地方政府将城区污水和雨水排出、处理的设施称为"公共排水道"，只紧急排出雨水的设施称为"城市排水渠"（表4.14）。

表4.14 不同都道府县排水处理人口覆盖率（2012年末）

都道府县	覆盖率	名次	都道府县	覆盖率	名次	政令城市	覆盖率
北海道	89.8%	6	福井县	74.4%	15	札幌市	99.7%
青森县	56.1%	33	滋贺县	87.3%	7	仙台市	98.0%
岩手县	54.4%	35	京都府	92.3%	4	琦玉市	90.0%
宫城县	78.4%	11	大阪府	92.3%	4	千叶市	97.2%
秋田县	60.8%	29	兵库县	91.9%	5	东京23区	99.9%
山形县	73.9%	17	奈良县	76.1%	14	横滨市	99.8%
福岛县	—	—	和歌山县	22.7%	45	川崎县	99.4%
茨城县	58.4%	32	鸟取县	66.1%	23	相模原市	95.9%
栃木县	62.1%	27	鸟根县	43.6%	41	新潟市	80.9%
群马县	50.5%	37	冈山县	62.9%	25	静冈市	81.0%
埼玉县	77.9%	13	广岛县	70.5%	20	滨松县	79.4%
千叶县	70.7%	19	山口县	61.7%	28	名古屋市	99.1%
东京都	99.4%	1	德岛县	16.3	46	京城市	99.4%
神奈川县	96.1%	2	香川县	43.1%	42	大阪市	*100.0%
山梨县	62.5%	26	爱媛县	49.9%	38	堺市	97.3%
长野县	80.9%	9	高知县	34.9%	44	神户市	98.7%
新潟县	70.3%	21	福冈县	78.2%	12	冈山市	63.7%

续表 4.14

都道府县	覆盖率	名次	都道府县	覆盖率	名次	政令城市	覆盖率
富山县	81.5%	8	佐贺县	54.1%	36	广岛市 北九州市	93.6% 99.9%
石川县	80.8%	10	长崎县	59.2%	31	福冈市	99.6%
岐阜县	72.2%	18	熊本县	64.2%	24	熊本市	86.4%
静冈县	60.3%	30	大分县	47.1%	40	政令城市	96.7%
爱知县	74.0%	16	宫崎县	55.0%	34		
三重县	40.8%	39	鹿儿岛县	40.3%	43		
冲绳县	67.5%	22	全　　国 （参考值）	76.3%	—		

注：1　都道府县的排水处理人口覆盖率中包含政令指定城市。
　　2　排水处理人口覆盖率小数点后第 2 位四舍五入。
　　3　2012 年末，福岛县受东日本大地震的影响，不能进行市镇村的调查，因此全国的统计是排除福岛县的参考值。

　　排水的排放方式根据污水、雨水等不同分为分流式和利用同一管道的合流式。虽然各有其优点，但近年来使用分流式的较多。向江河排放的水处理有水质标准规范，如果在上游排水，下游江河表流水的使用不能达到要求。如果沿岸城市联结在一起，都道府县梳理流域排水道的干线配水管和处理厂，成为相关城市的排水联结系统。这种方式称为"流域排水道"。

　　污水的处理方式根据处理水水质的不同分为一次、二次和三次处理。一次处理主要运用沉淀法，将污水中的浮游物分离，在沉淀池沉降固形物，进行消毒。二次处理是将一次处理的污水用活性污泥法、散水床法等生物处理技术进行。三次处理是从处理水的再利用和公共水域的水质保护两方面出发，以各种标准对污水进行处理。近来，工业排水的水质在发生变化，需要处理方式的改变。排水道的行政管理是由建设省和保健省来负责的。

4.5 城市环境规划

4.5.1 生活环境论[①]

1）环境的定义

生活环境是围绕生活的有形、无形的外部条件，大的分类可以分为自然条件和人为条件。自然条件有光、热、空气、土地、水、动植物等，人为的条件有道路、公园、给排水道等物质条件，地价、物价等经济条件和权力、人际关系、居民组织等社会条件等等。

城市物质的生活环境主要可分为居住生活环境、工作环境、其他环境三部分。其他环境指的是交通工具等的移动空间、繁华街区、旅行地的休闲场所等。在这三者中，居住生活环境不仅在城市占有 70% 以上的面积，最重要的是居民共通的部分，在这个角度上也说明城市首先是"住的地方"。

2）城市环境的各种因素

生活环境影响涉及的各种物质条件，如图 4.28 所示，有以下的意义：

①环境除了注重空间的范围，还要着眼于随时间变化的时间轴。空间上是住宅、近邻、城市、地方、国土等无限广阔的空间，在时间轴上，从过去到现在再到未来，在无限持续的环境之中变动着。

②环境条件分为自然条件和人为条件，进一步可以通过对生活的影响进行判断，可以分为积极的和消极的。

③自然的积极一面是人类与生物生存所需最基本的条件，自然的消极一面是不适宜的自然条件和自然灾害等，必须利用科学技术克服。

④人为的积极一面以生活环境设施等为代表。为了我们城市生活的健康和文化，有必要施加适当的人为影响。人为活动消极的一面则是以公害和事故为首的环境公敌。

⑤自然条件和人为条件一般是相互作用的。例如积极的条件有城市绿地等，消极的条件有雾霾、地基下沉、火灾蔓延等。

⑥相对于自然条件，人为条件起到积极还是消极的影响是微妙的，因此对环境条件评价需要保证严谨。

⑦重要的一点是，图中的住宅自身也是环境因素，对于其外部具有积极和消极的影响。环境的本质，就是需要解决"全"和"个"之间关系的命题[②]。

---

①日笠端：都市と環境，日本放送出版協会，1966.
②大谷幸夫：都市のとらえ方，「都市住宅」1972，12，p.52.

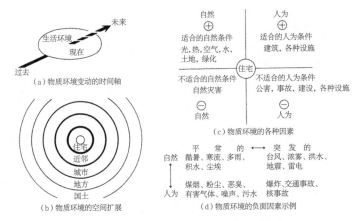

图4.28 物质环境的构造

3)环境的规划

为了改善环境,在不影响外界的限度内,尽可能地利用积极的条件,尽量消除消极条件,无法消除的要考虑应对方案,并保证不对外界造成干扰。下面为针对某社区的规划,为提供更好的环境,考虑到以下各种因素,如图 4.29 所示。

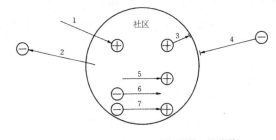

1 导入	⊕ 引入积极因素	如社区设施、公园绿地
2 排除	⊖ 排除消极因素	如下水、垃圾处理
		(注:不影响近邻,进行最终处理。)
3 保护	⊕ 保护因素	如文化遗产、绿化保护
4 阻止	阻止外来的负面因素	如排除过境交通、设置支路
5 增大	⊕ 创造因素并扩大	如专用设施的公开(运动场、游泳池)
6 减轻	⊖ 减轻负面因素	如交通事故对策、公害防止
7 转换	⊖ 将消极因素转换为积极因素	如工厂搬迁地的绿化

图4.29 社区环境规划思路

4)环境的目标

人性化的环境目标是怎样的呢? 在 1962 年世界卫生组织(WHO)的居住卫生委员会第一次报告书"健康居住环境的基础"中,列出了 4 项健康水平,可参考作为以下环境的目标:

①安全性（safety）：避免灾害，保护生命、财产的安全；

②保健性（health）：保持身体、精神上的健康；

③便利性（convenience）：确保生活的便利性和经济性；

④宜人性（amenity）：确保美观和休闲娱乐活动，其概念中包含了教育、福利等文化性的内容。

此外还有福利性（welfare）、道德性（morals）、舒适性（comfort）、繁荣性（prosperity）、经济性（economy）。

5）环境调查

为了达成以上的环境目标需要制定环境规划，为此需要通过调查来把握环境的实际状况。

①在环境调查中，有国际比较、城市间比较、城市内不同地区比较等，可以运用多种生活环境指数来进行物质环境条件量化比较。

②环境统计数据会有一定制约性，但近年来统计数据资源十分充裕，获得大量数据，灵活运用这些数据，可以为快速地进行环境调查提供便利。

③通过各种指数的整合，形成综合指数等方法叫作评估法 [1]（appraisal method），这种方法是将指数乘以权重，但加分或减分的方式是根据特定目的设置的，在实际应用中理论上会有矛盾。为了弥补这个问题，可以按照环境目标选择指数，可以尝试不使用加减法而是通过筛选的方式 [2]。

④对于物质环境，可以尝试进行居民意识调查。

⑤作为环境调查组织规划的一部分，期待市镇村或区域居民采取行动，通过最近城市中实践的情况来看，也经常称为社区或区域修复活动。

基于这样的调查进行环境改善的规划，为了实现，不能只停留在物质规划上。例如一个防止交通事故的措施，至少需要以下技术、行政等工作，承担起城市规划的一部分。未来的城市规划中，将以下环境规划的视点也纳入其中是十分重要的，这将作为城市环境规划在后文叙述（表 4.15，参见第 3.3.1 节）。

---

①如美国公共保健协会（American Public Health Association）的减分评价法等。

②日笠端：城市和环境，日本放送出版协会，1966.

表 4.15　环境改善措施

类别	领域		内容
物质措施	工程	机械工程 人体工程学 交通工程	车辆的改造 车辆及道路的改造 道路构造，交通安全设施
	城市规划		土地使用规划，交通规划（立体交叉、人车分离、有绿地的安全道路）
非物质措施	运输管理 警察管理 一般管理 教育管理		驾驶证 交通停运、违章处罚、功绩表彰 交通安全指导、通学路的指定 交通安全教育（车和人）

4.5.2　城市环境规划

近年来随着科学技术的显著发展，日常生活的便利性、效率性显著提高的同时，人类开始意识到大气污染带来的臭氧层破坏、地球温室效应、热带雨林的减少等地球规模的环境变化是为人类生存带来威胁的重大问题。城市无秩序地开发，自然环境逐渐变差，在热岛效应发生的同时，灾害的危险性增大，舒适健康的生活空间在持续减少，城市里产生有关安全、健康、快捷性等很多问题。

对城市环境进行管理，抑制损害环境因素的同时，保护城市生活不可缺少的要素，具有积极创造的目标的规划称为城市环境规划。城市环境规划通过软性的政策和组织居民活动等措施力图实现的同时，也不能缺少城市规划和建筑政策等硬性的措施。

城市基本规划的内容着眼于构建城市的用地和设施，物质规划对象的分类，是以人类的生活为中心进行的城市环境规划出发，按照环境目标进行分类的，可参照以下分类：

①安全：城市防灾规划、事故防止规划、犯罪防止规划。

②保健：公害防止规划、健康管理规划、休闲娱乐规划、环境卫生规划。

③快捷：自然保护规划，历史风土保护规划，教育、文化、福利规划，城市景观规划。

土地、设施规划和环境规划在源头上并没有矛盾，只是视角的不同，可以视为类似于织物的纵纱和横纱结合而成为城市基本规划。但物质规划经常会漏掉以环境为目标的规划视角，所以它与非物质规划的关系也很重要，从非物质的视角来对规划进行必要的补充。

1）城市防灾规划

除了地震、台风、洪水、暴雪、泥石流等自然发生的环境破坏以外，还有人为引起的火灾蔓延，需要进行保护生命和财产安全的城市防灾规划。城市防灾规划和土地使用及设施的规划有着非常重要的关系（图 4.30、图 4.31）。

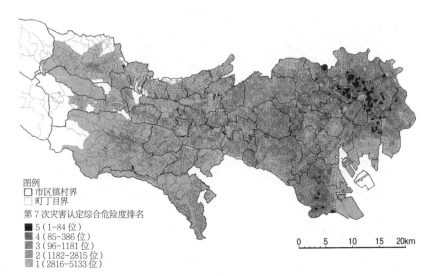

图4.30 地震危险区域分布

（东京都城市规划局，2013年）

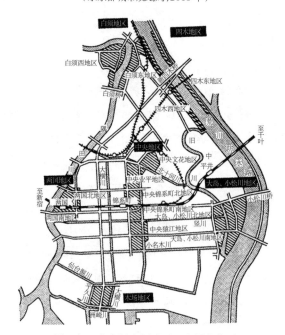

图4.31 东京江东区地区防灾据点位置

防灾规划的规定有：

①灾害危险区域的指定和建筑规范；

②以住宅为代表的各种建筑的构造规范、密度规范；

③防灾据点、防灾街区等的指定和工作促进，防灾街区完善地区规划；

④避难路、避难地、情报中心等避难规划；

⑤防灾、救灾活动规划；

⑥防灾居民组织；

⑦灾害修复、复兴项目。

2）事故防止规划

交通事故虽然没有像危险物爆炸这样的事故造成的死伤严重，但也需要进行保护生命的事故防止规划。相关规定和措施有：

①防止建筑物构件和广告物等落下的规范；

②处理危险品的工厂建筑规范、建筑工地现场的规范；

③道路评级和系统规划、平面和立体的人车分离、平面道口高差的消除；

④道路的构造、人行和车道划分、分隔带、自行车专用道、行人通道、高架公路；

⑤交通信号、交通标示、通学路的指定、弯道反光镜、护栏、人行天桥等；

⑥道路交通规则、驾驶者和步行者的教育、交通禁止。

3）公害防止规划

大气污染、水污染、土壤污染、噪声、震动、地基沉降、恶臭等公害造成的居住环境损害防止规划。相关的措施有：

①通过区域规划将发生源和受害区域分隔；

②设置两区域间的缓冲地带；

③发生源措施：操作停止或限制、发生源的转移、设施的改善等；

④设置公害检测机构，发布警报、污染度；

⑤对受害者的措施：地区转移、补偿；

⑥环境影响评估（对坏境进行的事先评估）[1]。

---

[1] 依据 1982 年 11 月 22 日建设省城市局长通告《制定城市规划评估环境影响的暂行办法》，将下面这些
工作列为对象：

　a. 高速公路的设置和改造；

　b. 4 车道以上机动车专用道的设置和改造；

　c. 4 车道长度 10km 以上的一般国道的设置和改造；

　d. 300hm² 以上的土地区划整理和新居住区开发项目；

　e. 100hm² 以上的工业园区建设项目。

4）健康管理规划

①医疗设施规划；

②保健设施规划。

5）休闲娱乐规划

公园绿地、休闲娱乐设施规划（旅游度假开发规划）。

6）环境卫生规划

①给水规划；

②排水规划；

③废物的减量、分类收集、处理、循环利用规划。

7）自然保护规划

①保护农地、森林区域，保护生物栖息地、自然生态观察公园；

②海洋、海岸、江河水系、湖沼等的自然保护；

③绿化保护方案、绿地公园的完善、树木的保护规划。

8）历史风俗保护规划

①历史风俗区保护规划（图4.32、表4.16）。

②街道的保护规划。

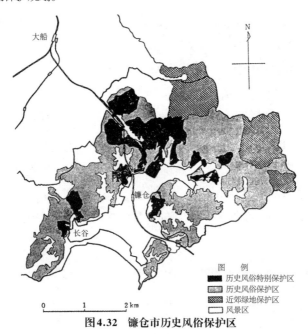

图例
■ 历史风俗特别保护区
▨ 历史风俗保护区
▧ 近郊绿地保护区
□ 风景区

0 1 2 km

图4.32　镰仓市历史风俗保护区

表 4.16　历史风俗保护区的指定状况（1990 年）

都道府县名	城市名	名称	地区数	面积（hm²）
神奈川县	镰仓市	镰仓市的历史风俗保护区	5	956
京都府	京城市	京城市内历史风俗保护区	8	5995
奈良县	奈良市	奈良市内历史风俗保护区	3	2776
	斑鸠町	斑鸠町内历史风俗保护区	1	536
	天理市	天理市、橿原市、樱井市历史风俗保护区	1	1060
	樱井市		2	1226
	橿原市		1	426
全国合计			21	12975

引自：《城市规划手册》，1991 年。

9）教育、文化、福利规划

①教育设施规划；

②文化设施规划；

③福利设施规划、福利型街道建设（建设轮椅行驶街道）；

④区域居民活动规划；

⑤社区设施规划。

10）城市景观规划

①景观区、风景区、环境保护区、历史景观保护和复原（图 4.33）；

②广告物规范、建筑物规范、电线入地；

③城市美化运动的推进、表彰制度；

④建筑协定、绿化协定的推进；

⑤江河的美化、高规格堤坝（超级堤坝）、亲水公园。

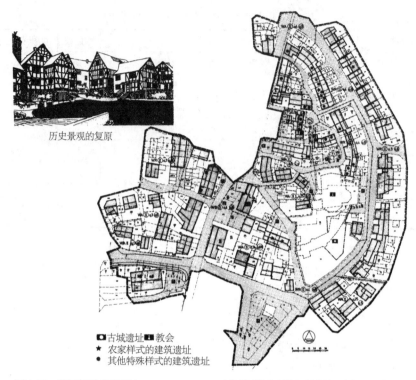

历史景观的复原

■●古城遗址■教会
★ 农家样式的建筑遗址
❋ 其他特殊样式的建筑遗址

图4.33 德国门格斯基兴（Mengerskirchen）的村落区域详细规划和历史景观复原

第5章　区域规划

5.1　区域规划的框架

5.1.1　规划的条件

区域规划指以城区或街区作为对象，对区域的物质环境进行调整的规划。城市基本规划是城市为规模的规划，区域规划是其中一部分。区域规划既是城市规划的重要组成部分，又是单个建筑物与设施在城市规划中的结合，发挥着重要的作用。区域规划的内容必须与城市基本规划方针一致，同时在此框架内，充分考虑区域社会的要求。区域规划需要以确保法定城市规划实现作为前提，需综合下面各条件进行研究，在此基础上制定。区域规划图纸比例为 1:1000~1:500，是人的视觉能感知到的空间规划的综合，应采用各种手法，最终形成城市设计方案。

①区域的物质条件：在城市内该区域的位置、大小及其物质环境（自然条件和现有的物理条件）。

②区域的社会状况：区域的各功能中，涉及的各种社会问题（local needs），如人口、就业、社会关系、居民活动、教育和社会福利等。

③城市基本规划所要求的条件。

④实现区域规划时，法定城市规划所要求的条件。

⑤民间投资和经营条件。

5.1.2　区域规划的立项

①明确区域规划的目标（主要功能及需求量、环境水平）。

②了解区域实际情况（调查分析）。

③规划基础资料的确定。

④区域设计（城市设计）：规划草案→规划资料的应用→根据模型进行空间设计调整→经营条件的调整→设计确定。

这一过程包含当地居民的参与。

5.1.3　区域规划的种类

区域规划根据其目的，具有以下种类：

1）以新城市开发为目的

①居住用地：居住需求是最大的需求，获得土地后也是比较容易实现的，公共开发、民间开发的例子都很多。各种规模的居住区、商品房小区属于这一类。

②商业用地：包括大规模的新城开发中的市中心开发，研究学园城市的中心区规划是案例之一。在美国，围绕私家车的使用而开发的购物中心得到了推行。

③工业用地：例如工业园区开发。20世纪50年代，日本进行了大城市郊区及卫星城市的开发，近来，地方城市的郊区也开始开发了，如中小企业基础整备机构的核心工业园区。在美国，工业园区（industrial park）的案例很多。在英国，工商业区（trading estate）是一类专项开发，构成了新城开发的就业区域。

④其他用地有流通业务用地、休闲娱乐用地等。流通业务用地接纳从现有市区搬出的批发商、仓库、批发市场等，并发挥物流运输、中转的作用。

休闲娱乐用地由酒店、游乐场、海滨浴场、体育设施、游艇码头等组成。如法国地中海沿岸的朗格多克—鲁西永就十分出名。

2）以现有城区的再开发为目的

①居住区：现有城区中，面积占比最大的就是居住区，由于老化、居住区的细分，居住环境恶化的不在少数。如果希望再开发转换成新的健全的城区，实现起来是十分困难的。日本的这种规划项目基本都没能实施，是由于权利关系的复杂性，以及项目无利可图等原因造成的。建筑物老化，特别是环境不好的地区被称之为不良住房区域（slum），对其再开发称之为不良住房区改造项目（slum clearance）。在英国和美国，这类改造十分盛行，不乏大规模的项目。在日本也有同样的案例，如战前同润会进行的改造项目，战后一些地方公共市政部门也在继续推进，只不过数量特别少了。

②商业用地：在日本，商业用地的再开发因为利润较可观，所以相对来说案例很多，多数是铁路车站附近的商业用地。再开发的契机，一般是土地的使用率提高、灾区重建、站前广场等公共设施改良等。

③中心区：包含办公设施、商业设施的城市中心区的再开发。在美国，1893年以芝加哥博览会为契机开展了城市美化运动，开始了各城市政府机关街区整顿的历史（参见第1.3.2节）。日本也提出以中央政府机关区为首，对政府设施进行规划。

战后，欧美针对综合功能的中心区进行再开发的例子也相当多。例如，鹿特丹车站的
Liinbaan、斯德哥尔摩市中心的 Lower Norrmalm、费城的宾中心区（Penn Center）、巴
尔的摩的查尔斯中心区（Charles Center）、伦敦的巴比肯（Barbican）、巴黎的拉德芳斯（La
Defense）等都是这种类型。在日本，案例有新宿副市中心的改造规划。

④工业用地：在日本，大城市大规模工厂搬出的案例不少，在其搬离后的用地上进行
再开发，转换成办公区、居住区的例子也很多，然而在这些区域的工业重建规划却很少。
以防止公共危害为主要目的，将橡胶工场集中在一起，类似的案例在东京都及神户市比较
常见。在纽约，以内部城区中促进非熟练工人的就业为目的，挽留欲搬迁的工厂，并给予
补贴，进行工业园区的再开发，也就是政府鼓励中小型工厂安置型的工业用地再开发
（industrial redevelopment）。

3）以区域保护为目的

①文化遗产保护：不是只对单体建筑物进行保护，而是将整个街道建筑物群作为一个
区域进行保护；或者以文化建筑为中心，将周边区域一起进行保护，以文化遗产保护为目
的进行再开发。前者的案例有日本奈良县今井镇、长野县妻笼等；后者的案例有伦敦圣保
罗大教堂区域再开发。

②自然保护：以维持自然原貌的形式进行保护，除了指定自然保护区等制度外，还可
以在保留自然的同时，以休闲为目的适当进行开发。例如武藏丘陵森林公园。

③优质城区的保护：主要是对环境良好的居住区进行保护。在日本的区域规划制度案
例当中，这一类型最普遍，例如大田区的田园调布。

5.2 居住区的规划

5.2.1 居住区规划的意义

住宅是构成城市最基本的要素，居住区规划并不是逐个建设住宅，而是集中建设，是
对现状城区的居住区进行保护、修复、再开发的区域规划。居住区规划是区域规划中最重
要的内容，即使用地条件、社会条件、经营条件等限制很多，也必须将确保居民生活的安全、
便利、舒适作为规划的基本内容。

大部分的城市区域由居民区占据，而且是无规则自然形成的街区。这样蔓延形成的街区，
会造成土地使用混乱，妨碍城市设施维护，造成城市整体环境质量低下。所以，居住区规
划作为城市规划的一环，扮演着十分重要的角色。日本的住宅政策始终追不上住宅的供应

数量，并且公共住宅的建设也总是容易与城市规划偏离。如今住宅在供应数量上基本已解决，必须开始将住宅品质以及居住环境改善作为重点。

居住区规划不仅是对住宅的集中整治、管理，而且是包含道路、公园、学校、会场等社区设施的综合区域规划。从这个意义上讲，今后，作为住宅政策与城市规划结合的联系点，居住区规划的作用将会越来越大。

5.2.2 用地选址标准

在用地选址时，必须考虑的条件有以下几方面：

（1）城区的土地使用规划

①根据城市全域的功能划分，考虑居住区的适合用地；②考虑职住的位置关系；③建筑类型和立地条件的适应性。

（2）土地条件

①规模，②形状，③坡面方向与坡度，④地基是否良好，⑤是否存在洪水、潮汐、山体滑坡等一些危险，⑥地下水位的高低，⑦土地价格，⑧地权关系和土地征用条件。

（3）社区的形成

①居住区的集中性，②小学校的安全、近距离上下学，③生活必需品、日用品购买的便利，④诊所、幼儿园的便利，⑤交通的便利。

（4）环境

①灾害危险度，②是否存在噪声、震动、有害气体、恶臭等污染，③自然景观。

（5）现有服务

①道路，②给排水系统，③电力，④城市燃气。

5.2.3 居住区构建规划

1）规划立项的方针

规划立项的前提条件，也就是决定住宅的形式与户数、其他设施的需要量、土地用途分配时，存在着的立地条件、预期住户的条件、开发商的经营条件等多种制约。但从城市规划的观点来看，为了确保一定的环境水准，需要采用一定的技术措施，相关的标准有很多，其中土地使用强度（一般用户数密度表示）与土地使用率被认为是最重要的指标。从这个角度，总结构建居住区的指标，如图 5.1 所示。

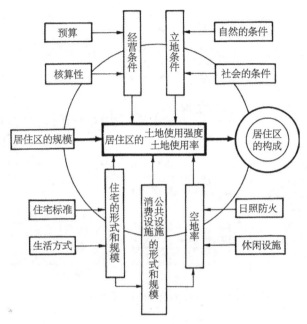

图5.1 居住区构成指标

2）住宅类型

城市的住宅具有各种居住形式。从住宅与土地之间的关系进行来看，分为独栋住宅、双拼住宅、连续住宅、共同住宅等。从外部通风的角度，独栋住宅为四面对外，双拼住宅为三面对外，连续住宅与共同住宅除两头的住户外，是两面对外。两列背靠背的连续建筑被称为"隔断长屋[①]"（back-to-back house），中间各户用墙将三面围起来，采光、通风不良，所以并不好。共同住宅可以说也存在同样的问题（图 5.2）。

独栋住宅四面开放　双拼住宅三面开放　连续住宅两面开放　隔断长屋一面开放
图5.2 住宅形式与住户的开放性

共同住宅根据通道形式来分类，可分为楼梯间式、单走廊式、跃层式、中走廊式、集中式，如果从层叠形式来看，分为平面与复式，如图 5.3 所示。

---

① 原文为"栋割长屋"，和英国的 back-to-back house 构成形式相同。——译注

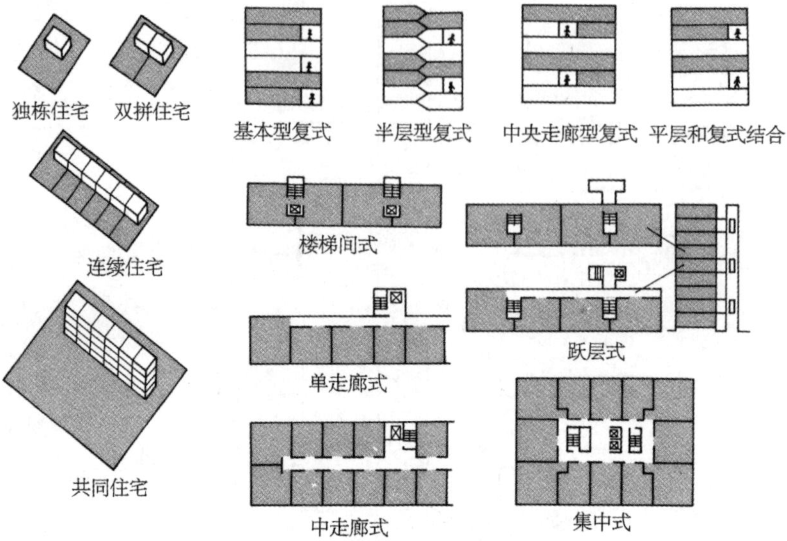

独栋住宅　双拼住宅

基本型复式　半层型复式　中央走廊型复式　平层和复式结合

连续住宅

楼梯间式

跃层式

共同住宅

单走廊式

中走廊式

集中式

图5.3　住宅的类型（铃木成文提供）

3）土地使用强度（密度）

土地使用强度指一定的土地使用时的物理量或活动量的概念。人口密度、户数密度，以单位土地面积所对应的人口数、户数表示，一般采用的单位是 hm^2。也有的采用每人或每户的土地面积表示密度的倒数，人口密度与住户密度可以根据每户家庭人数进行换算。

土地使用强度是由土地面积的分配所决定。因此，首先明确其定义，再对其数值进行处理是相当重要的。例如，全市的密度与某区域的密度具有很大的差异，区域密度根据近邻住区、近邻分区、街区等规模的不同，而具有很大不同。区域密度又具有总密度（gross density）、中密度（semi-gross density）、纯密度（net density）的区别（图 5.4）。

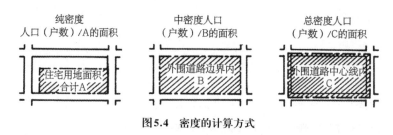

纯密度
人口（户数）/A的面积

中密度人口
（户数）/B的面积

总密度人口
（户数）/C的面积

住宅用地面积
合计A

外围道路边界内
B

外围道路中心线内
C

图5.4　密度的计算方式

建筑占地面积和土地面积组合的指标，有建筑面积率和建筑容积率。建筑面积率（ground coverage）为建筑占土地面积的比例（%），体现了建筑的密度。没有建筑的空地面积率（空地率）与建筑面积率应有如下关系：

$$建筑面积率 + 空地面积率 = 100\%$$

建筑容积率（floor space index）又叫作建筑面积毛密度，是建筑总面积对土地面积的比例（%），表示土地高度集约使用的程度，与建筑面积率具有如下关系：

$$建筑容积率 = 建筑面积率 \times 平均层数$$

居住区规划中，土地使用强度具有各种指标。以这些基准进行计算时，首先针对住宅的日照、采光、防火，以及通风、隐私、景色等条件，确定住宅的楼间距配置标准，然后采用土地使用率，算出街区、近邻分区、近邻住区的土地使用强度（表 5.1~ 表 5.3）。

表 5.1　各种建筑形式的总建筑面积率（入泽恒提供）

建筑形式			街区（100户）建筑面积率（%）	近邻分区（500户）建筑面积率（%）	近邻住区（2000户）建筑面积率（%）
集合形式	层数	单独住宅户数			
独立住宅	1 1	1 2	10~17 15~21	9~16 13~19	8~15 12~18
连续住宅	2	—	17~24	13~20	11~17
共同住宅	2 3 4 6 8 10 12	—	22~31 16~24 13~20 10~15 8~12 6~10 5~9	17~25 13~20 10~16 7~12 6~9 5~8 4~7	14~21 10~16 8~13 5~9 4~7 3~6 3~5

表 5.2　各种建筑形式的总建筑容积率（入泽恒提供）

建筑形式			街区（100户）建筑容积率（%）	近邻分区（500户）建筑容积率（%）	近邻住区（2000户）建筑容积率（%）
集合形式	层数	单独住宅户数			
独立住宅	1 1	1 2	10~17 15~21	9~16 13~19	8~15 12~18
连续住宅	2	—	34~48	26~40	22~34
共同住宅	2 3 4 6 8 10 12	—	44~62 48~72 52~78 57~88 61~96 64~101 67~107	34~50 37~59 39~63 42~69 44~73 46~77 47~80	28~42 30~48 31~51 32~55 33~58 34~60 35~62

表 5.3 各种建筑形式的住户密度（入泽恒提供）

建筑形式			街区（100 户）住户密度（户 /hm²）	近邻分区（500 户）住户密度（户 /hm²）	近邻住区（2000 户）住户密度（户 /hm²）
集合形式	层数	单独住宅户数			
独立住宅	1 1	1 2	16~31 26~37	15~28 24~38	14~25 22~30
连续住宅	2	—	60~83	50~65	43~54
共同住宅	2 3 4 6 8 10 12	— 	76~108 90~122 98~130 110~143 119~152 127~159 133~167	64~85 74~93 79~98 86~105 92~110 96~114 100~118	54~68 60~73 64~76 69~80 72~83 75~85 77~87

4）土地使用率

按构成居住区的土地用途来划分，大概可以分为住宅用地、一般建筑用地、交通用地、绿化用地（表 5.4）。

土地使用率是显示用地构成比例（％）的数据。

表 5.4 居住区的用地与功能

类别	功能
住宅用地	各种形式的住宅
一般建筑用地	公共设施：义务教育设施、诊所、会场、幼儿园、保育院、供给处理设施、管理办公室等 商业设施：日用品商店、服务业
交通用地	交通设施：周边道路、内部道路、广场、停车场
绿化用地	公园及一般绿地：儿童游乐场、公园、运动场、树林、草坪、菜园等

其中，用地的大部分面积是住宅用地，如果住户数量是一定的，居住形式发生变化或密度发生变化，那么面积也会发生很大的变化，而其他类型的用地则不会发生很大的变化。因此，即使提高住宅用地的密度，城市或区域的用地总面积占比并不会缩小。这一点在考虑城市用地的高密度使用时，具有重要的意义（图 5.5）。

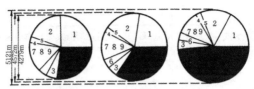

城市直径与住宅用地密度之间的关系

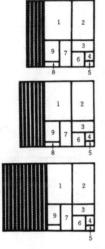

城市总面积1457hm²

居住人口净密度247人/hm²
住宅用地405hm²

城市总面积1630hm²
居住人口净密度173人/hm²
住宅用地578hm²

城市总面积2064hm²
居住人口净密度99人/hm²
住宅用地1012hm²

1. 工业　　　　　　　364hm²
2. 开放空间　　　　　295hm²
3. 主要道路　　　　　81hm²
4. 公用事业　　　　　20hm²
5. 医院　　　　　　　10hm²
6. 中心区域　　　　　65hm²
7. 中学
8. 高中以上的教育机构 } 217hm²
9. 小学

规划人口10万的新城规划中，因住宅用地密度可影响城市的总面积，针对这一影响进行了研究。当其他用地面积固定、住宅用地密度为99~247人/hm²，城市总面积变得相当不同，但换算为城市直径时，并没有显著的变化。

图 5.5　住宅用地密度与土地使用率

　　土地使用率随着开发的居住区规模的大小而变化。开发规模越大，越需要更高级别的设施，所以住宅用地以外的用地比例将会增加。以街区（100户）、近邻分区（500户）、近邻住区（2000户）这样3个级别划分，每户占地面积、土地使用率如表5.5、图5.6所示。

表 5.5　不同建筑形式土地使用率（入泽恒提供）

区域规模	建筑形式	住宅用地(%)	一般建筑用地(%)	绿化用地(%)	交通用地(%)
街区	独立住宅 1~2 层	75~85	—	2~4	15~20
	连续住宅 2 层	70~75		6~8	20~22
	共同住宅 3~4 层	68~75		9~13	17~20
	6~8 层	65~70		11~15	19~21
	10~12 层	60~65		13~17	21~23
近邻分区	独立住宅 1~2 层	70~80	2~5	3~7	16~21
	连续住宅 2 层	55~60	7~10	10~13	21~23
	共同住宅 3~4 层	50~60	7~10	11~13	21~24
	6~8 层	45~55	9~11	13~17	24~26
	10~12 层	40~50	10~12	15~18	26~28

续表 5.5

区域规模	建筑形式	住宅用地(%)	一般建筑用地(%)	绿化用地(%)	交通用地(%)
近邻住区	独立住宅 1~2 层	60~75	4~7	4~10	17~22
	连续住宅 2 层	45~55	11~14	13~16	23~25
	共同住宅 3~4 层	40~50	12~15	15~19	24~27
	6~8 层	35~45	14~16	17~21	26~28
	10~12 层	30~40	15~17	19~22	28~30

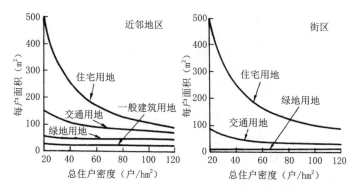

图5.6 总住户密度与每户所需用地面积关系（入泽恒提供）

5）日照条件

如图 5.7 所示，将建筑间隔设定为 L，将前方建筑物的有效高度设定为 H，具有以下关系：

$$L=\varepsilon H-d$$

式中　d——从前方建筑物最高位置到后墙之间的距离；

　　　ε——比例系数，一般称为南北相邻建筑系数。

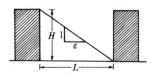 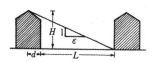

图5.7 日照条件

当阳光可照射到前方建筑物的北侧屋檐时，d 为 0。ε 根据纬度、所需日照时间的不同而不同，建筑正南向时，可由以下公式计算：

$$\varepsilon=\frac{\cos A}{\tan h}$$

式中　A——日照临界时刻的太阳方位角；

　　h——日照临界时刻的太阳高度。

　　根据建筑物的方位、地基的坡度，ε 可从以下公式计算：

$$\varepsilon = \frac{\cos(\theta - A)}{\tan h} \tag{1}$$

$$\varepsilon = \frac{\cos A}{\tan h + \tan \gamma \cos A} \tag{2}$$

　　当建筑朝向为正南向东或西夹角 θ 时，为公式（1）；建筑为正南向，地基在南北向 γ 角度倾斜时，为公式（2）。

　　A 以及 h 可根据以下公式计算：

$$\sin A = \frac{\cos \delta \sin t}{\cos h}$$

$$\sin h = \sin \varphi \sin \delta + \cos \varphi \cos \delta \cos t$$

式中　φ——纬度；

　　　　δ——赤纬（冬至北半球为 $-23°\ 27'$）；

　　　　t——日照临界时刻角度。

　　将日照时间设定为 T，建筑正南向时，$t=15° \times T/2$。例如以正午为中间，满足 2 个小时的日照，得出 $t=15°$。

　　日本不同地区的日照楼间距要求如表 5.6 所示。建筑的日影曲线变化如图 5.8 所示。

表 5.6　满足日照条件的南北相邻楼间距

城市	北纬	不同层数的楼间距（m）							
		1	2	3	4	5	6	8	10
札幌	43° 04′	11	22	24	33	41	49	65	82
青森	40° 49′	10	19	22	29	36	43	58	72
新潟市	37° 55′	8	16	19	25	31	37	50	62
仙台	38° 16′	8	16	19	25	32	38	51	64
东京	35° 40′	7	14	17	23	28	34	46	57
大阪	34° 39′	7	14	16	22	27	32	43	54
福冈	33° 35′	7	13	16	21	26	31	42	52
鹿儿岛	31° 34′	6	12	14	19	24	29	39	48

注：①按照平均层高 3m，平屋顶。
　　②满足 1、2 层冬至 6h 日照、3 层以上冬至 4h 日照。
　　③冬季日照率较低的地方可适当放宽。

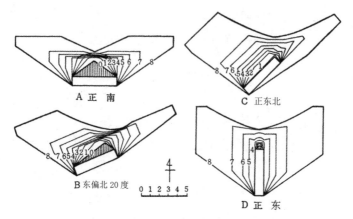

图5.8　东京冬至的日影曲线（北纬35°40′，高1.2m）

注：图为东京附近冬至时，各种朝向建筑的日影曲线图示。
　　图中的数字为日照时长，斜线部分为终日阴影区域，正南向最大。

6）防火条件

住宅如果是耐火结构，防火条件较好；但如果是木结构，为了防止延烧，需要保持一定的楼间距，相邻住宅东西方向的间距可以以此进行设定。

火灾的延烧比较复杂，除了建筑规模和结构的影响，气象条件、消防能力也是影响的因素，特别是飞火可以达到很远的距离，所以根据防火要求规定楼间距十分困难。在此以火灾的热辐射、火焰接触所引起的延烧为依据，规定如表5.7所示。

表5.7　防火安全要求的楼间距

建筑结构	楼间距（m）	
	1层间距	2层间距
普通木结构 防火木结构	≥10 ≥5	≥13 ≥7

5.2.4　社区规划

1）社区与社团

社区（community）原本是社会学概念，不同的学者，对其定义也各不相同，不过社区的基础在于地域性与共同性，这一点是十分一致的。根据麦基弗（MacIver）的观点，"社区的基本指标是可以在其内找到人们的各种社会关系。对此，社团（association）是在社区的基础上，为了达到一定的目的，进行活动而派生的一个集群"[1]。随着人们的生活圈扩大，社会的复杂性增加，社区的区域也会扩大，其共同性的内容分化，进而派生出很多的社团，这也是必然的。

2）社区行政管理

在日本，1969 年国民生活审议会对社区发表了见解[2]，其中对新社区的概念进行了规定如下：

"在生活的场所中，以自觉意识到市民的自主性与责任的个人和家庭为主体，具有地域性与共同目标，具有开放性，并且成员之间相互信任的团体，称为社区。这一概念在近代市民社会中，并不包含所有功能的团体，而是其中以生活场所来确定。"

根据这一定义，自治省从 1971 年开始历时 3 年，指定全国 83 个示范社区，对居民活动规划、环境改善规划的制定与实施进行援助，开始了推动社区规划。

3）城市规划与社区

社区规划（community planning）广义上而言，可以包含像社区组织（community organization）这样的非物质规划，在地域方面也可认为包含城市、城市圈。但狭义上是对居民居住的村、镇区域或城市居住区的物质规划，这种社区，是需要同时满足居民在区域内日常生活的社会要求（social）和物质要求（physical）的一种城市规划单位。

在社会要求方面，中世纪乡村的期望是所有人具备亲密的人际关系，从现代人的生活环境出发，则是在必要的限度内形成人际关系，现代社区容纳具有多样化思想的人共同生活。社区的人际关系在农村、地方中小城市、大城市的中心及郊区，具有很大的不同。

一方面，生活环境水准较低的一些城区，普通居民开始逐渐增加对住宅和环境设施的关注，另一方面，交通污染以及住宅的日照问题引发维护生活质量的运动，社区的物质要求也在持续上升。

最早在美国，作为城市美化运动（City Beautiful）的反作用力，于 20 世纪 20 年代初期开始了早期的社区规划。佩里（Perry）的"近邻住区单元"在居住区规划原理中十分著名，在各国产生了很大的影响。

今天的社区规划并不只限定在居民的活动，除了居住区的常规条件之外，还需要满足

①社会学辞典，有斐閣，p.8 および p.263 より.
②国民生活審議会：コミュニティ——生活の場における人間性の回復，1969.

居民各种本地需求，以区域规划的方式进行设计，并衍生出各种设计方法。近邻居住区作为英国初期的新城规划方式，并在以一般街区作为对象进行的城市改造规划中，作为设施配置的规划单位。

在社区规划的思考中，以前往往忽略在设计物理空间的城市规划中，加入解决居民在区域社会的有形或无形的各种需求，成为更加人性化的方案，今后应提高其重要性。

4）城镇发展

近年来，作为社区规划的一类，由居民为主体的城镇发展活动开始活跃起来。城镇发展具有多种形式，大体可以分为主题型与区域型。主题型不限定区域，在福利、环境、教育、文化、艺术、育儿等多个领域进行活动，区域型以特定区域作为对象，如城市景观保护、绿地保护、区域活跃、产业振兴以及复合型的活动，都是不依靠行政部门，由居民自发进行。

城镇发展有很多的障碍，为了突破各方的壁垒，有的地方政府设立城镇发展中心，对城镇发展活动进行扶持。城镇发展活动是以居民为主体进行的，不过很多地方政府会制定城镇发展条例，将其定位成行政事务，并提供各种支持。

早稻田大学的佐藤滋教授对城镇发展进行了定义："利用区域社会的资源，不同主体合作，为了逐步改善身边的生活环境，增强城镇的活力和吸引力，而进行的一系列实现生活质量提升的可持续活动。"随着城镇发展活动的开展，居民能够参与城市规划，意义是十分重大的，在特定历史环境的保护和利用、绿化的保护等方面，让该区域的居民参与进行形式多样的活动，会使区域发生很大的变化。

5.2.5 居住区的规划单位

1）近邻住区

1929 年，克拉伦斯·阿瑟·佩里（Clarence Arthur Perry）提出了著名的近邻住区单元（neighborhood unit）的概念（图 5.9）。

在城市规划领域，佩里的近邻住区理论继霍华德田园城市之后，对各个国家都有很大的影响，产生大量研究成果，在居住区规划方面和城市构造理论方面占有重要的地位。早期 T. 亚当斯（T.Adams）、G. 费德（G .Feder）的研究较著名，近来，美国公共卫生协会的《居住区规划标准》[1]常作为参考标准。日本建筑学会在1946年的居民住宅技术研究中，采纳了近邻住区的概念。

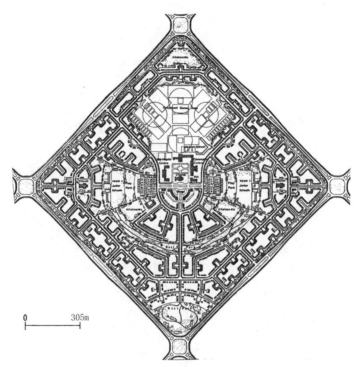

0   305m

图5.9 近邻住区的模式图（1945年曼城城市规划）

英国将近邻住区应用到新城规划中，并得到了实施。在阿伯克龙比教授的大伦敦规划中，近邻住区设定为人口5000~10000。英国政府接受这个方案，在初期的新城建设中采用了近邻居住区规划，如伦敦哈罗以及斯蒂夫尼奇（Stevenage）[2]（图5.10）。在日本采用近邻居住区的新城中，千里新城是最为典型的代表（图5.11）。

[1]American Public Health Association:Standard for Healthful Housing,III Planning the Neighborhood,1960.
[2]参见第8.3节。

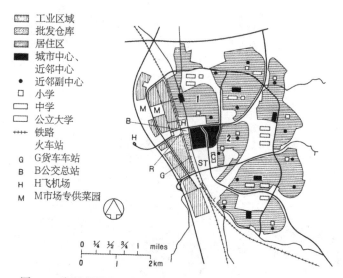

图5.10　新城斯蒂夫尼奇的近邻住区（由Clifford Holliday设计）

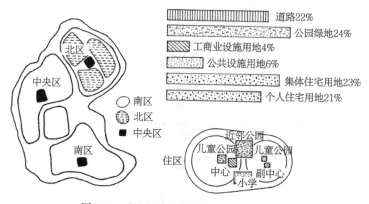

图5.11　千里新城的住区构成及土地使用率

近邻居住区最初是为了改善居住区环境、提高便利性而产生的，但逐渐从小的单元发展到更大的单元，慢慢成为城市构成的方式。各个单元的大小根据不同的国家以及不同的开发条件、地域条件，具有多样化（图5.12）。

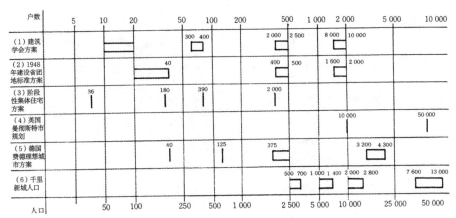

图5.12　居住区规划单元的阶段构成

注:单元格中标注数字为人口数。

2）集群（cluster）

比近邻住区还小的单元，过去被看作是战前德国和苏联那样的集体居住标准，但近来从完全不同的意义上，作为住宅配置规划手段，对集群开发（cluster development）进行了阐述。集群开发代替之前的用地分配，划分各住宅中庭，做出适当的、连续的巧妙配置，创造出更好的共同开放空间（图 5.13）。

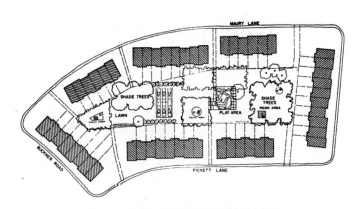

图5.13　集群开发的案例（乔治城南部）

3）社区区域（community district）

社区指数个近邻住区组合在一起的区域，如曼彻斯特规划中人口 5 万规模的区域是比较合适的。在这里为近邻住区设置高级的设施，可以形成区域中心（district center）。在日本的大城市郊区，以通勤火车站为中心的车站圈就采用了这种形式（图5.14）。

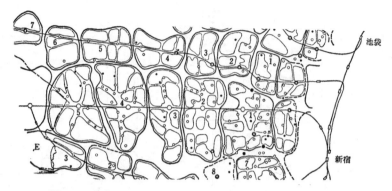

图5.14 东京都区部西郊的社区区域及近邻住区的提案（部分）

4）现状市区的规划单位

对现状市区的居住区进行城市更新（urban renewal）时，需要考虑规划单位。美国各个城市的总体规划中，很多例子是将社区区域与近邻住区进行划分，将区域再开发和改善公共设施作为目标[1]（图5.15）。

图5.15 费城总体规划

---

①美国各城市的总规划中，社区区域的规模差异很大。如，纽约市为6000~250000人，底特律市为50000~150000人，圣路易斯市为40000~80000人，洛杉矶市为3800~124000人，旧金山市为34000~90000人。近邻居住区的规模一般情况下为5000~15000人。这个标准的对象，是以中层住宅为主体的居住城市，距市中心约1个小时通勤圈范围，在人口密度150人/hm²的副市中心圈影响外且无周边人口流入的情况下，以火车站为中心半径1km的车站圈为标准。

　　日本高知市、神户市、川崎市等地，制作社区表格，收集各区信息，并对各区问题进行整顿，为区域政策做预备试点。札幌市从 1964 年起除中心城区外，对周边城市化区域采用住区制，以小学校区为划分标准，除城市规划道路外，还需确保居住区主干道（市道）、义务教育设施、近邻公园的用地。现在已完成居住区的指定，各区域内的设施整治正在进行中（表 5.8、图 5.16）。

表 5.8　札幌市居住区整顿设施配置的标准

a. 学校				
类别	学校面积	上学距离	上学时间	参考标准
小学	16000m²	500m 以下	10min 以下	1 住区 1 学校
中学	20000m²	1000m 以下	15min 以下	2 住区 1 学校

b. 公园				
类别	对象	规模	服务半径	配置标准
儿童公园	7~12 岁儿童	2500m²	250m	1 住区 4 个
近邻公园	全体居民	20000m²	500m	1 住区 1 个
区域公园	全体居民	40000m²	1000m	4 住区 1 个

c. 道路				
类别		功能	标准路幅	标准配置间距
干线道路		居住街区的骨架，构成居住区	20m 以上	约 1000m
居住区道路	居住区干线道路	居住区中心的服务	16m 以上	250~500m
			12m 以上	100~250m
	区划道路	到住宅的服务	8m 以上	—
	步行专用道	—	6~12m	—

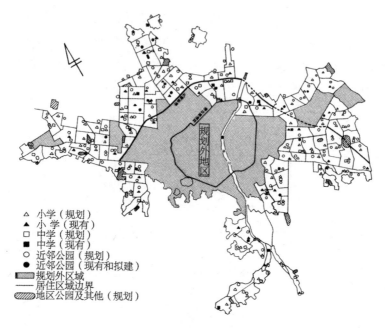

（a）居住区整治基本规划

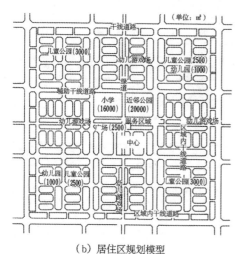

（b）居住区规划模型

在目标区域城市化面积22010 hm² 之中，未来城市化面积约12700 hm²。居住区的形成，根据铁路、主要干道，河流等，被划分的面积为约100 hm²，以人口8000至10000人为基准，可分为116个居住区。

图5.16 札幌市居住区整顿基本规划

5.2.6　居住区的公共设施

城市中的居民生活行为具有多样性和复杂性，其中共同性的行为，可参考吉武泰水的资料（表 5.9）。

表 5.9　共同性行为的设施

共同性的行为	设施名称	共同性的行为	设施名称
就餐	食堂	炊事	厨房
沐浴	浴场	洗涤	洗衣房，晾晒场
方便	厕所，化妆室	裁缝	作坊
保健	诊所，理发厅，美容院	收纳	公共仓库
娱乐	娱乐厅，电影院	暖房	锅炉房
教养	讲演，讲习室	工作（室内）	工场
运动	室内运动场，室外运动场	配给	配给站
读书	读书室	保安	巡查派出所，消防署
交际	谈话、社交室，公共旅舍	管理	区政府办事处，管理事务所
保育	保育所，游戏场	通信	邮政局，电话亭
教育	学校，运动场	交通	车站，电梯

即便居民有需求，符合要求的公共设施是否能设置，根据设施的商业形态，是具有很大差异的。如像普通的商业设施那样，是否盈利是一个问题；如作为公共设施，在行政上与其他区域的平衡，以及是否有预算也是问题。而且，像电影院、集会设施和排水系统等，居民作为受益人需要承担多少费用，也是一个问题。对于公共设施，有很多现状调查及设施标准的提案。1964 年日本建筑学会制作的标准已经比较古老，战后，以此为框架，建设省颁布了《居住区住宅标准》（表 5.10）。1955 年日本住宅公团成立以来，居住区规划在设计技术方面取得了很大的发展，在人口 30 万~40 万规模的城市开发中，也具备了相当于一个城市功能的中心区（参见第 8 章）。

公共设施的种类、配置与其经营规模及私家车的普及等相关联，特别与居住区的户数及人口规模具有很大的关系。图 5.17 展示了与居住区规模相适应的公共设施的种类，表 5.11~ 表 5.13 通过以车站为中心、人口 6 万的设施区域的确立过程，展示了公共设施设置标准。伴随着普通居民生活水准的提高及需求的复杂化，公共设施的种类及应用持续发生着巨大的变化。公共公益设施的整治中，大小多功能集会所在全国范围内的社区需求量很大，作为民间设施，超市、体育中心比较显著。

表 5.10　公共设施的基准（建设省《居住区住宅标准》1948 年）

居住区类别	设施名称	数量	占地面积（m²）	建筑面积（m²）	备注
邻里区 20~40 户 100~200 人	幼儿、儿童公园	1	1000	—	位于邻里区的中心，必须与交通道路及其他危险物进行隔离
	公用洗衣房	2~4	—	—	这是针对各户没有洗衣房的情况，也可以采用公用水管、公用水井
近邻分区 400~500 户 2000~2500 人	生活协同组合事务所	1	600	150	邻接设计
	集会所	1	800	200	
	托儿所	1	1500	300	可以兼用，和集会所相邻
	幼儿园	1	1500	300	
	职介所	1	300	100	和托儿所等结合设置
	公共浴场	1	600	200	
	日用品配给站	1	1500	1000	没有单独设计的情况下，可以将住宅数量的 3% 左右作为店铺。
	诊所	1	300	300	—
	派出所 消防站	1 1	100 100	100 100	近邻分区中配置其中之一，在近邻住区整体中完善配置
	公用电话	1	—	—	总体一次性配置
	公共厕所	1	—	—	
	邮局	1	—	—	
近邻住区 1600~2000 户 8000~10000 人	小学	1	20000	2500	—
	少年公园	1	16000	—	小学的运动场可以兼用
	图书馆	1	2500	500	几个近邻住区共用 1 处也可以
	医院	1	4000	800	
	邮政局	1	900	400	—

表 5.11 人口 1~6 万居住区的公共设施一览

项目	数量						说明
近邻住区数	1	2	3	4	5	6	近邻住区数 5~6
家庭数	2000~25000	4000~5000	6000~7500	8000~10000	10000~12500	12000~15000	个，副中心周边
人口	8000~10000	16000~20000	24000~30000	32000~40000	40000~50000	48000~60000	人口的情况
中学	—	1	2	2	3	3	—
高中	—	—	1	2	2	3	各类学校
市区政府办事处	—	1	1	2	3	4	市区政府支部
消防站	—	1	1	1	2	3	警察署、消防署
邮局	—	1	1	2	2	4	—
医院	—	1	1	2	2	3	保健所
社区服务	—	—	1	1	1	1	—
供给服务站 *	—	—	1	1	1	1	—
火车站	1	1	1	1	1	1	—
站前广场	1	1	1	1	1	1	—
区域公园	—	—	—	—	1	1	
住区内店铺总数 **	80~100	160~200	360~450	480~600	800~1000	1000~1200	小百货商店店铺数增加 2 成
银行	—	1	2	2	2~3	3~4	设施数加 2
电影院	—	—	1	2	2~3	3~4	设施数加 2

* 电气、煤气、给排水管网等的服务站。
** 区域中心的商店数，根据相邻住区的位置而各不相同。

表 5.12 近邻居住区的设施

项目	数量
家庭数 人口	2000~2500 8000~10000
小学 近邻公园 游泳池	1 1 1

表 5.13 近邻分区的设施

项目	数量	项目	数量
家庭数 人口	1000~1250 4000~5000	诊所 集会场	1 1
幼儿园 保育院 儿童公园 * 公共浴场	1 1 1 1	管理事务所 派出所 日用品商店	1 1 40~50

* 儿童游乐场可以 100~200 户家庭共用 1 处。

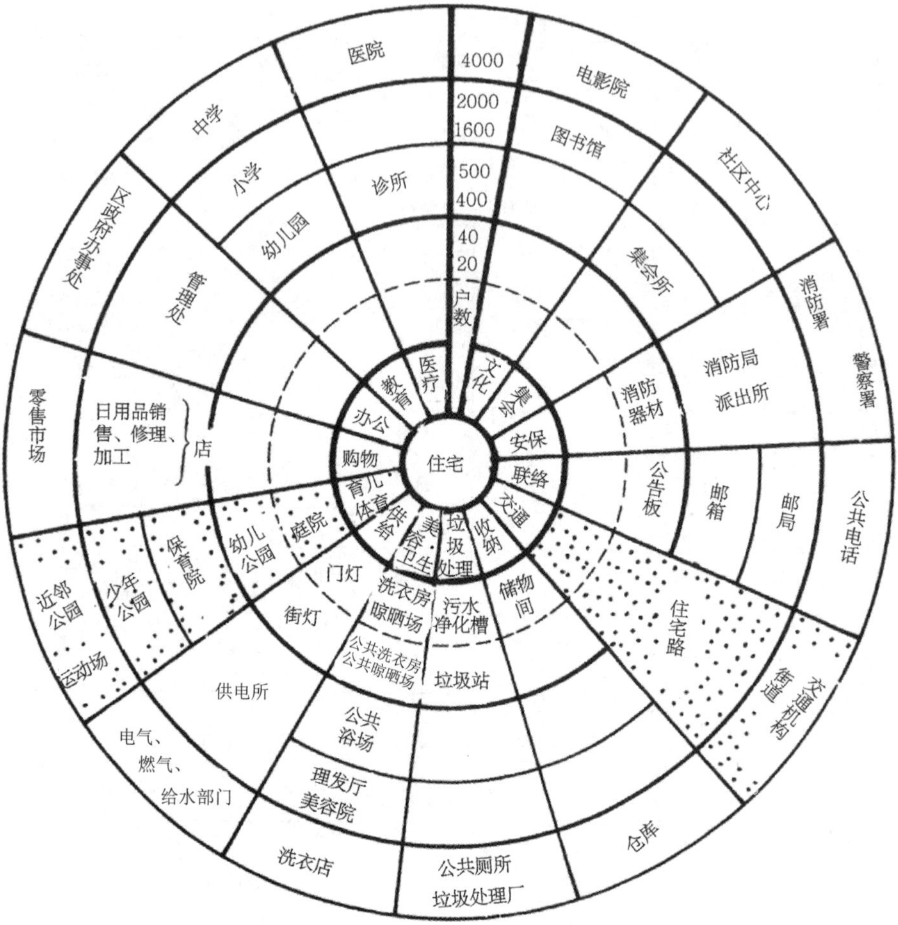

图5.17 公共设施一览

此标准的目标对象，是位于中层住宅为主体的居住城市，距市中心约 1 个小时通勤圈，且在人口密度 150 人 /hm² 的副市中心影响圈外，无周边人口流入，以车站为中心半径 1km 的范围圈。

5.2.7　居住区的设计

1）用地规划

居住用地规划在道路围合的街区（block）内，可以进一步划分为地块（lot），也可以不进行划分，作为共同用地。前者主要是独立住宅或连续住宅的用地，后者主要是集体住宅的用地。

将街区分割成地块，被称之为用地分配（subdivision）。地块排成一列的街区被称之为一列式街区，排成两列的街区称之为两列式街区，在中央具有共同空地的街区称为中空街区。不对地块进行划分，作为一个大街区使用，称为街区集团或大街区（super-block）。地块根据在街区内的位置有不同的名称，地块边界线也根据其位置，有外边线（道路边界线）、内边线、侧边线等区别（图 5.18）。

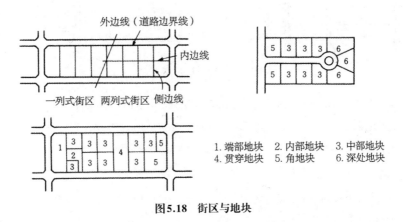

图5.18　街区与地块

在德国，建筑布局方式主要分为开放分离式（Offene Bauweise）与封闭连续式（Geschlossene Bauweise）。前者是侧边线保持一定距离，后者是面向道路，在两侧边线间连续建设的方式（图 5.19）。

地块从住宅日照、采光、通风、防火、隐私等角度考虑，需要保证一定的面积。为防止市区的密集化，对最小地块规模（minimum lot size）进行了规定。在日本，独立住宅地块的面积不能小于 $150m^2$，一般需要 $200m^2$ 以上。地价较高的大城市内部街区较难满足这样的条件，所以采用共同住宅的形式共同利用街区。

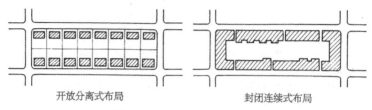

开放分离式布局　　　　　　　封闭连续式布局

图5.19　街区中的建筑布局方式

2）住宅路

住宅路指的是居住区内部的狭窄道路，以服务各个住户为目的，也称为小区路。因此，规划时必须避开主要交通道路，确保居住区安全、安静的环境。住宅路的基本模式如图5.20所示。

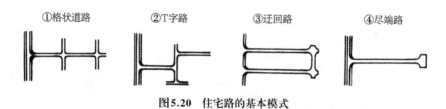

①格状道路　　②T字路　　③迂回路　　④尽端路

图5.20　住宅路的基本模式

（1）格状道路：顾名思义，是网格状的道路。民营商品房采用这种模式最多，但容易被通过交通侵入，如果道路的优先顺序不明确，容易引起交通事故。

（2）T字路：这是对格状道路的改良，采用了T字形路口。这样可以排除通过交通，对降低车速具有较好的效果。

（3）迂回路及入口路：又称为U字路。两侧与地块相接的称为迂回路（loop），由地块或景观需要设计的主入口道路，称为入口路（road-bay）。这对消除过境道路十分有效。

（4）尽端路（cul-de-sac）：这是"死胡同"式的住宅路，通常终端设回车场。对避开通过交通、确保安静的环境是最有效的方式，但在防灾方面有一定问题，所以尽端路的长度是有限的，在终端需要考虑避难疏散道路。

（5）步行专用道：完全排除车辆的步行者专用道。可以与上述各种道路模式进行组合（图5.21）。

①与T字路的组合　②与迂回路的组合　③与尽端路的组合

图5.21　步行专用道的组合

居住区内配置的公园、学校、社区中心等各种设施，与步行专用道连接，可以形成一个网络。在步行专用道进行绿化可成为绿道。在与干线道路交叉时，原则上是立体分离的。图 5.22 是应用于近邻住区的案例，图 5.23 是适用于现状街区的例子。

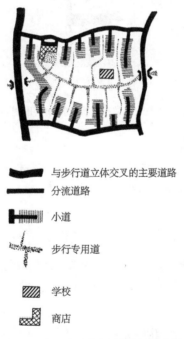

与步行道立体交叉的主要道路

分流道路

小道

步行专用道

学校

商店

图5.22　步行专用道在近邻住区的应用

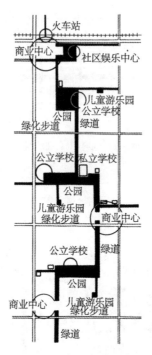

图5.23 步行专用道在现状街区的应用（社区中心）

3）居住区构成的方法

居住区的构成需要考虑现代城市生活不可或缺的各种要求，由此产生了各种方法（图5.24~图5.30）。近邻住区或雷德朋系统这种思维方式的基本原则，是由基础应用产生的，例如：

①人车交通的明确分离；

②居住区连接大型运输交通工具（铁路、公路、单轨铁路）的站点；

③居住区内各种共同设施（学校、集会所、商店等）系统的整合；

④住宅的集合形式与集群构成。

在朗科恩居住区，从各户到公交站只需要徒步5分钟。胡克居住区采用的是无论到达中心区还是开放区都可以徒步的道路系统。日本的新城一般都是依附于铁路的通勤城市，情况有所不同，但这些案例还是应该充分参考的。

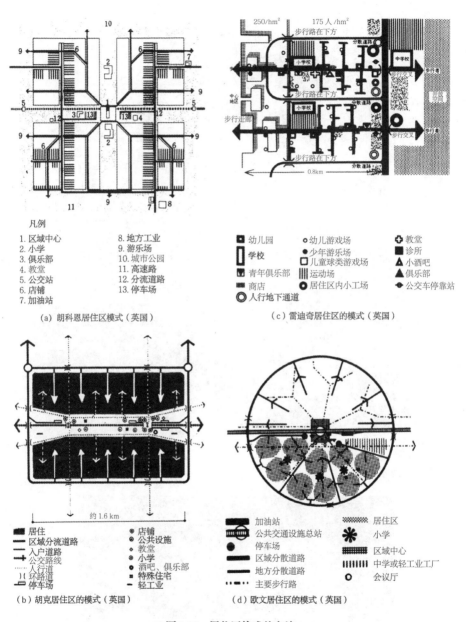

凡例

1. 区域中心
2. 小学
3. 俱乐部
4. 教堂
5. 公交站
6. 店铺
7. 加油站
8. 地方工业
9. 游乐场
10. 城市公园
11. 高速路
12. 分流道路
13. 停车场

（a）朗科恩居住区模式（英国）

■ 幼儿园　　　○ 幼儿游戏场　　　✚ 教堂
■ 学校　　　● 少年游乐场　　　■ 诊所
■ 青年俱乐部　□ 儿童球类游戏场　▲ 小酒吧
■ 商店　　　▶ 运动场　　　▲ 俱乐部
◎ 人行地下通道　● 居住区内小工场　● 公交车停靠站

（c）雷迪奇居住区的模式（英国）

■ 居住　　　● 店铺
— 区域分流道路　● 公共设施
╪ 入户道路　● 教堂
→ 公交路线　● 小学
┈ 人行道　● 酒吧、俱乐部
)(环路道　■ 特殊住宅
▬ 停车场　— 轻工业

（b）胡克居住区的模式（英国）

■ 加油站　　　▨ 居住区
▦ 公共交通设施总站　✳ 小学
● 停车场　　　▥ 区域中心
▬ 区域分散道路　▥ 中学或轻工业工厂
— 地方分散道路　○ 会议厅
┅ 主要步行路

（d）欧文居住区的模式（英国）

图5.24　居住区构成的方法

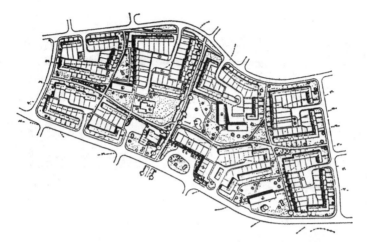

图5.25　拉德伯恩镇系统的应用案例（英国谢菲尔德，绿山庄小区）

平面图

鸟瞰图

图5.26　汉普顿和奥尔顿地区（伦敦郊区）

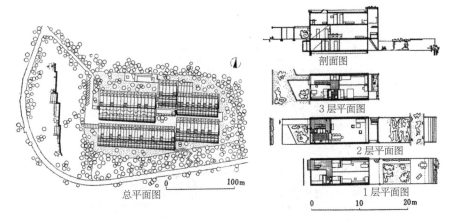

图5.27　哈伦集合住宅（瑞士伯尔尼郊区，Atelier5事务所设计）

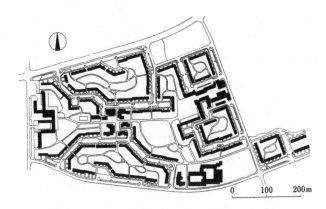

图5.28　八田庄小区（大阪府堺市，保障性租赁住宅）

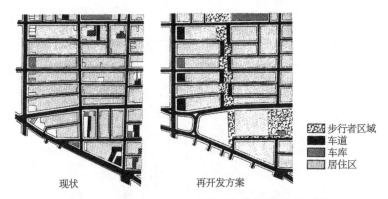

图5.29　磨坊河（Mill Creek）再开发区域（费城1954年）

图 5.30　桃山台新都绿露台城山（季刊《住宅论》第 25 期）

5.3　中心区的规划

5.3.1　核心区与辐射圈

对城市的地域构造进行理论解析，一般认为着眼于核心与圈域是十分有效的形式。关于核心的概念，有高山英华博士优秀的论文 [①]。其中，核心指在其周边有相关人群及相关物质群，以对设施本身的利用或进行经营活动作为目的，并具有定期集散流动的性质，这样一类设施的总称。另一方面，使用人口、从业人口、出入物资对该核心的空间辐射范围，被称之为圈域。核心分为主导型核心与从属型核心。核心的集合可以形成核心群，又分为具有单一功能核心群与综合功能核心群。核群论中针对市中心、副中心、分区中心等概念进行了说明。

太田实先生在北海道的札幌、带广、钏路等城市，针对各种城市设施的辐射圈进行了调查，根据此调查进行居住区的设定，并且涉及公共设施的配置规划 [②]。

笔者在东京都的西郊区域进行了实际调查，针对功能分化较为显著的大城市郊外居住区的核心区与圈域之间的关系进行了研究，核心区的分级构成为市中心、副市中心、区域中心、近邻中心、分区中心。居住区的圈域构成为社区区域（共同居住区）、近邻居住区、近邻分区三个级别，并分别对其设施基准做出了提案 [③]。

①高山英華：核—大都市構成の一考察—（計画 p.24,1947）.
②太田実：都市の地域構造に関する計画の研究，1950~1960.
③日笠端：住宅地の計画単位と施設の構成に関する研究，1959.

以核心与圈域的角度来理解城市构造，这样的思考方式，从城市基本规划层面发展到区域规划层面，应用相当广泛。

5.3.2　中心区的分级结构

前文提到的核心及核心群在城市中的位置、功能、规模、圈域等，根据其综合性评价，可以划分为市中心、副中心、分区中心；并且，可以将分区中心再划分为区域中心、近邻中心、分区中心。这些区域统称为中心区域（表 5.14、表 5.15）。

表 5.14　中心区的层级结构

分区层级	市中心	副中心	分区中心/区域中心	近邻中心	分区中心
功能	政治、行政	行政、文教	行政、文教	文教、保健	文教
	交通、运输	保健	保健	—	—
	办公、消费	交通	交通	—	—
	休闲娱乐	办公、消费休闲娱乐	消费（休闲娱乐）	—	消费

表 5.15　以商业设施为中心的各中心区比较

类别		市中心	副中心	副次中心	区域中心	分区中心
圈域		全市、全国	多个副中心连线	多个共同居住区	共同居住区	分区
形态		✳	⊂	⊂	⊙	⊙
圈域人口		1000 万以上	新宿 125 万涉谷 100 万池袋 60 万（区域内）	中野 40 万15~20 万（根据娱乐的估算）	10000~100000	5000~10000
交通方式可达性	长途铁路	△	×	×	×	×
	高速铁路	⊙	⊙	△	×	×
	自驾车	○	◡	△	×	×
	公交车	○	⊙	⊙	△	×
	路面电车	○	○	○	△	×
	自行车	△	△	○	⊙	△
	步行	△	△	△	⊙	⊙

续表 5.15

类别		市中心	副中心	副次中心	区域中心	分区中心
商业设施	商业零售和服务业	⊙市中心性1级设施	市中心性1级设施	×	×	×
		市中心性2级设施	⊙市中心性2级设施	市中心性2级设施	×	×
		×	近邻性2级设施	⊙近邻性2级设施	⊙近邻性2级设施	×
		×	×	近邻性1级设施	⊙近邻性1级设施	⊙近邻性1级设施
	金融机构	⊙	○	○	×	×
	百货商店	○	○	○	×	×
	小百货商店	×	○	○	△	×
	慰劳、娱乐性	30% 以上	30% 以上	20% 以内	10% 以下	×

注：⊙ 表示必须具备，○ 表示一般具备，△ 表示可以具备，× 表示不具备。
除上表外，还有与市中心分离且具有各种功能的副市中心，以及不具有商业功能的近邻中心。

　　市中心从地理上来说，通常位于城市内较中心的位置，主要是行政、办公、商业、娱乐等核心群的总称，像东京这样的大城市中心是多种功能复合所形成的，而地方的中小城市功能聚集度较小。

　　副中心处于市中心的卫星位置，是具有与市中心比较相似性质的核心群，但其定义并不明确，从某种意义上是与市中心分离的核心群，或以交通中心及其周边广阔的商业区为核心群，这种情况一般又称为副城市中心。

　　分区中心与市中心和副中心不同，是城市内具有关联的较小范围的从属核心，或者由几个小核心群所构成。在大城市中更加关注这些分区中心的功能或规模，可以划分为区域中心、近邻中心、分区中心。

　　区域中心是公共设施的复合功能核心群，如具有铁路站、公交总站这样的交通枢纽，强大的商业核心区，市政办公室及邮局等设施，服务范围一般在步行距离之内（图 5.31）。一些强大的区域中心功能较高，规模也很大，有朝副市中心发展的倾向，所以又称之为副次中心。

　　近邻中心即近邻居住区的中心，主要以小学、近邻公园、游泳池等教育、娱乐设施为核心，其圈域主要是以小学校区为标准，相当于学生和主妇的日常生活圈，在商业设施的结构之外。

分区中心是近邻分区的中心，日常生活中必要的近邻店铺、幼儿园、托儿所、集会所、诊所等的核心群，其圈域相当于幼儿和老年人的日常生活圈。

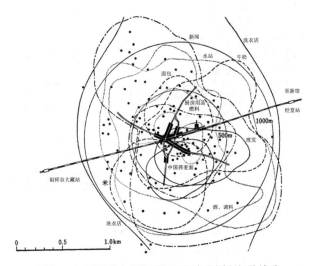

图5.31　区域中心车站圈与近邻商业圈之间的关系

5.3.3　交通工具与中心区的构成

机动车的发展，改变了人们的行动方式，也为购物行为带来了很大变化。因此，考虑中心区的配置时不能无视私家车的普及率。大量私家车的自由通行与停放，需要将道路整治与中心的停车场改善作为前提，与现状市区相比，郊区开发的新城区更要关注这个问题。

私家车普及率高会产生以下情况：

①中心区的到达变得便利，与步行范围圈不同，其吸引力半径会变得更大，一个更大规模、更具有魅力的中心将变得更有重要性。

②相对地，区域中心、分区中心这样的副中心将很难发展起来，其重要性也会被削减。

③其结果是，中心区域的结构级别由 4 级变为 3 级、由 3 级变为 2 级，具有单纯化发展的倾向。

威尔弗雷德·伯恩斯（Wilfred Burns）对此提出了方案，如图 5.32（a）是现代英国最普遍的以近邻住区制为基础的 4 级购物中心结构（市中心、区域中心、近邻中心、副中心）。近邻中心具有一定的局限性，在任何城市中，不被关注的部分慢慢就会衰退。新的城市中心构成去除了近邻中心，成为如图5.32(b)的3级中心结构(市中心、区域中心、街头店铺)[1]。

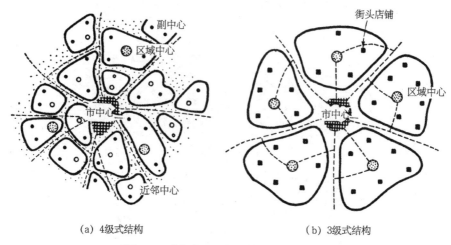

（a）4级式结构 （b）3级结构

图5.32　购物中心结构的构成（引自伯恩斯）

这个结论与笔者在东京郊区进行的实际调查结果完全符合[2]。随着开车去购物这种消费行为的普及，副中心难以发展，对于老年人、无私家车的人或残障人士而言，购物开始变得不方便了，这类人群想去中心区时，只能委托驾驶汽车的人。对此，提出以下几个对策方案：

①以中心区为起点，向居住区开通循环公交线路或单轨铁路（如英国新城市朗科恩的循环公交系统）；

②在中心区的步行圈内，开发高密度住宅，容纳更多的家庭（比如英国的新城市坎伯诺尔德）；

③由消费协会、居民与地方政府维持副中心的运作。

近年来，随着机动车的显著发展，郊区的商业设施也开始大规模发展。结果，商业开发以超过现有市中心区的形式发展，对城市结构造成很大的影响。而且引起各种各样的问题，如二氧化碳排放等对城市环境的不利影响；市中心和副市中心的商业功能衰减；城区朝郊区发展导致难以形成紧凑型城市，从城市的可持续发展角度，有必要采取措施。

---

①Wilfred Burns: *British Shopping Centres.*

②日笠端，石原舜介：地域施設　商業，丸善，1974.

5.3.4 商业设施的规模计算

像市中心、副市中心这样大规模的中心区，从个别店铺的开设进行累计预测是没有意义的，需要参考宏观经济指标与统计数据，可以与同类城市进行比较。但如果是数万人以下的新城或区域中心，则可以按更加详细的累计计算的方式进行规划。

区域中心的功能大部分被零售业占据，可从大部分区域内（商业圈）居住家庭的消费中取得利润。当地家庭的年消费额按照收入水平、项目种类，根据统计局的家庭收入调查获得，可以通过以下公式进行计算：

商场面积（As）＝家庭数量（N）× 年平均收入（ym）× 消费指数（α）× 店铺消费率（β）× 当地消费率（γ）÷ 当年销售额平均单位面积（bm）

当地消费率即近邻区域消费率，也就是在某一商品或服务的总消费量中，近邻区域内消费的占比（％），根据产品或服务种类的不同而异。可以根据记录消费地点的住户调查计算得出（表 5.16）。

表 5.16 集体居住区的本地消费率（％）
（日本住宅公团提供）

商品名目	多摩平	樱堤	光丘	云雀丘	所泽	平均
米	96.61	99.70	—	—	—	98.16
调味品	91.25	96.50	94.8	91.2	95.8	93.91
鱼	96.76	98.30	96.5	94.7	98.4	96.93
肉	95.29	96.70	92.6	94.1	98.7	95.48
海产干货	91.18	88.20	83.4	89.1	95.7	89.52
蔬菜	97.47	98.80	95.6	97.3	98.2	97.47
水果	92.30	93.00	89.7	91.2	92.2	91.68
点心	85.24	80.50	82.1	82.6	92.9	84.67
牛奶			96.2	84.6	82.1	87.80
茶			82.1	75.3	82.9	80.10
进口商品	35.11	—	18.2	21.1	44.3	29.68
杂货	74.59	—	68.9	82.3	87.7	78.37
鞋靴	—		12.5	19.8	27.2	19.83
花	—		71.2	86.8	86.7	81.57
书籍	—	—	59.1	24.1	34.6	39.27
化妆品	54.74	63.0	—	—	—	57.37
药	61.44	61.3	—	—		61.37
寿司	87.08	89.9	—	—	—	88.49
面条	92.73	95.4	—	—	—	94.07
干洗	79.22	—	87.1	87.5	73.5	81.83
烫发	88.00	—	—	—	—	88.00

单位卖场面积的年度销售额称为销售效率。可以用维持经营的销售额标准除以卖场面积计算，根据种类不同而有所不同。

将卖场面积换算成商店总建筑面积，根据容积率算出用地面积，再加上公共设施、道路、服务设施、广场、停车场等土地的面积，可计算出中心区所需的总面积。

5.3.5 中心区的设计

1）使用者的行为与需求

中心区的设计中，公共设施由行政机关负责，商业设施则是由经营者负责，根据实际条件必然会受到一定的制约，应充分认识使用者的需求并尽量满足，在设计中体现。

了解使用者的需求有两个方法：第一，在现有中心区追踪调查使用者的行为；第二，采用问卷调查，直接询问使用者对中心区的期望。

前者是一种生活行动调查，例如，来商业街的客人采用了什么交通工具，主要目的是什么，除购买目标商品外还会附带购买什么，在商业街选择了什么路径，以及商业街中的广场、儿童游乐场等的使用状况，都可以是观察的对象。

后者可调查的项目很多，总结使用者对小商业街的主要需求如下。其中有一些是店铺经营要考虑的事项，但是针对中心区设计的考虑较少。

①离家近；

②价格便宜；

③产品好（新鲜、质量好）；

④商品丰富；

⑤店铺数量多；

⑥干净；

⑦服务态度好（亲切）；

⑧易于了解；

⑨可以安全地购物；

⑩便于带小孩购物；

⑪便于老年人或行动不便者购物；

⑫便于天气不好时购物；

⑬ 可以随时购物（营业时间）；

⑭便于自驾者购物（停车场）；

⑮方便就餐。

2）设计条件

设计条件首先是中心区内的土地使用。中心区是由设施用地、交通用地、开放空间等不同用地构成，设施用地如前文所述，通过公共设施、商业设施的规模来计算用地量。

像新城这样大规模的中心区，应修建步行专用道围绕广场，由小商铺、餐饮构成的购物长廊在中央，周围配置电影院等娱乐设施、事务所、公共设施，提供服务的工业和仓库位于外围。

中心区的使用者乘坐的公交车和私家车集中在一起，向设施内运输物资的货车出入也很频繁，车辆的动线和步行者路线有必要采取措施完全分离。在购物长廊外侧，可以沿着主干道路分散配置公交停靠点及停车场（图5.33、图5.34）。也可以设置高于车行道的步行者专用道，形成立体式分离。在零售商店的内侧，设置地下服务通道，方便商品搬运及废品运出。

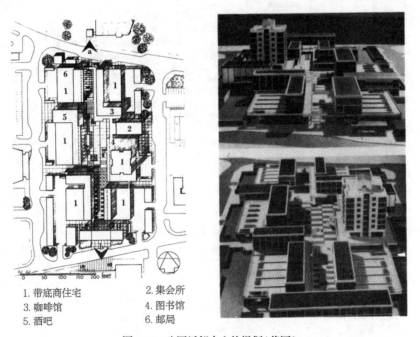

1. 带底商住宅 　　　2. 集会所
3. 咖啡馆 　　　　　4. 图书馆
5. 酒吧 　　　　　　6. 邮局

图5.33　公园近邻中心的规划（英国）

购物长廊需要进行店铺整列规划，将各种小商铺与餐饮按种类适当分区，因为在经营上有的种类不适合邻接设置，应做到方便顾客购物，并保证中心区的景观良好。

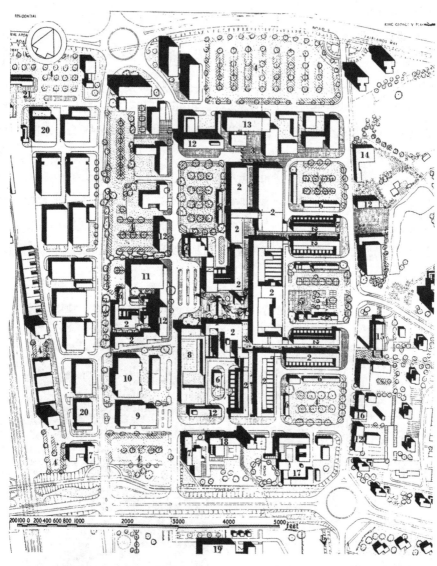

1. 市民广场　　　　2. 商店　　　　　　3. 步行道路　　　　4. 停车场
5. 露天市场　　　　6. 车库、商店　　　7. 酒吧　　　　　　8. 邮局
9. 车库　　　　　　10. 公交车库　　　　11. 餐厅　　　　　12. 事务所
13. 政府机构　　　　14. 电影院　　　　　15. 教会　　　　　16. 消防署
17. 警察署　　　　　18. 图书馆、保健中心　19. 学校　　　　20. 仓库
21. 火车站

图5.34　英国新城斯蒂夫尼奇的中心区规划

购物长廊基本是路线性的，但一直绵延不断会过于单调。应在适当的距离打断，用 T 字路连接到广场，效果较好。

广场是供顾客休憩的场所。需要营造与中心区协调的环境，如配置绿化、长凳、花箱、雕塑、水池、标识牌、公共电话等，也可以设置儿童游乐场。

5.3.6　中心城区的问题

从 20 世纪 90 年开始，伴随着商业设施向郊区发展，地方城市的中心城区衰落加剧。为了应对这一问题，2000 年颁布了《城市中心区振兴法》，希望起到复兴城市中心区的作用。2004 年《城市中心区振兴法》进行修订，城市中心区经过大臣审批后可以开始进行集中投资。截至 2013 年 6 月，日本共有 116 个城市的 140 个规划项目经过了审批。

城市中心区的激活是一个根本性的问题，城市中心区是代表城市格调的重要区域，在城市风貌上占据重要的地位。如果中心区变得空洞化，很多城市就会失去了活力，导致很难带动新的投资，最终引发城市的衰落。另外，很多城市中心区是由城下町或宿场町 ① 发展起来的，是保留着城市历史的区域，不能因为一时的经济发展，而毁灭这些历史的见证。

5.4　工业区域规划

5.4.1　工业与城市

随着科学技术的发展与经济高速增长，工业逐渐大规模化，产业类型多样化，废弃物的种类和数量也有很大变化，这就使工厂的用地和设备与住宅或商业、办公设施相比，无疑是需求最大的。对于需要特别大规模用地和设备的重化工业，其要求明显超过了过去城市的规模，且排出的废弃物数量和种类大大超过了城市环境的承受力。钢铁、石油、石油化工、电力等相关产业聚集在一起形成产业园区，这样的工业群不能作为城市设施，而必须作为国家、地区级别的产业园区加以管理。

另一方面，依然存在中小规模的产业，需要在城市内或城市周边区域内划出工场用地，使依存发展的各行业尽量共存，而且，应逐渐认识到地方产业的重要性。另外，新趋势还包括以尖端产业的企划、研究、试验为中心的科技园的入驻，在现有的废弃物处理场的基础上，还需要增加回收家庭垃圾的设施。因此，工业与城市的关系，根据产业种类、规模的不同，需要以不同于以往的观点进行重新审视。

---

①宿场町是由古代驿站发展而成的城市。——译注

　　大城市人口集中的主要原因之一就是工业的聚集，对于不必要在大城市选址的工厂，可以将其移到地方中小城市或者大城市周边的卫星城市，利用搬移后留下的用地改善城市环境并恢复区域功能，这就是工业分散政策。英国的新城政策就是围绕这一理念进行的大规模实验。例如，伦敦周边的新城建设以接纳从伦敦迁出的工厂为原则，伦敦市中心区的再开发规划以回迁人口为原则。然而，"实际情况未必是完全按照理论那样执行的"①。

　　地方中小城市接纳大城市迁出工厂的承受力也是一个问题，迁移工厂用地的乱开发使自然被破坏，公害污染造成区域环境恶化。对此，应事先进行环境影响评估（参见 4.5 节），慎重地确定规划，同时，工业园区的设计应尽量减少不良影响，确定保证环境的管理制度是必要的。

5.4.2　工业城市的模式

　　19 世纪末工业革命的早期，工厂是在现状城区中与住宅混杂的。在勒杜（Ledoux）的理想城市中，工厂就作为象征性的社区中心设施设置，在戈丁（Godin）的"法兰斯泰尔"中，沿河布置着工厂和居住区。在日本，早期的八幡炼钢厂内有工人住宅，后来工人住宅规划在工厂外，但与工厂距离很近，可以步行上班。

　　为了将危害城市居住环境的工厂与居住区分离，开始应用区划制，是在大约 1920 年各国已经开始制定城市规划法之后。托尼·加尼尔（Tony Garnier）的工业城市方案开始明确了工厂与城区完全分离（参见第 1.2 节）。

　　1945 年，由勒·柯布西耶领导的建筑复兴制造联盟（ASCORAL），发表了工业时代城市开发形态之一的线型工业城市方案（图 5.35）。将工业区配置在现状城市之间临近交通运输干线的区域内，与现有城区分离。工业区与居住区分离后，职工主要利用私家车上下班。另一方面，现状城区保留原状，发展为行政、商业、文化的中心。

---

① 下総薫：イギリスの大規模ニュータウン，p.44, 東大出版会。

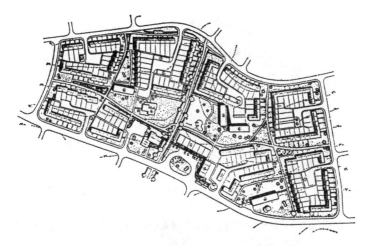

图5.35 线性工业城市的基本类型（人口96万）

这一构想是以托尼·加尼尔的工业城市以及米卢廷（N.A.Milyutin）的带状城市的构想作为基础，同时结合重化工业、机械化的扩大生产、现状城市的开发与保护等新时代要求与发展性思维分析的结果。工业区与居住区分离配置，除采用勒·柯布西耶的方案外，还接受了 MARS 小组、J. L. 塞尔特、希尔伯赛墨（L. Hilberseimer）的很多方案（图 5.36~图 5.38）。

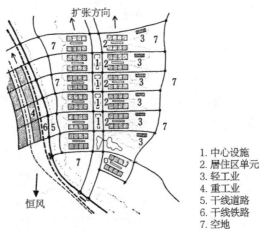

1. 中心设施
2. 居住区单元
3. 轻工业
4. 重工业
5. 干线道路
6. 干线铁路
7. 空地

图5.36 J.L.塞尔特的工业城市（人口96万）

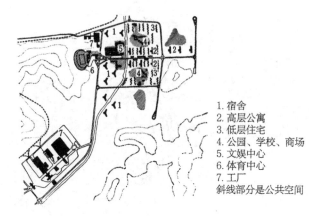

图5.37 里约热内卢郊区使用机动车的城市规划（由P. L.威纳多和J. L.塞尔特设计）

1. 宿舍
2. 高层公寓
3. 低层住宅
4. 公园、学校、商场
5. 文娱中心
6. 体育中心
7. 工厂
斜线部分是公共空间

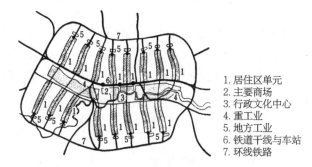

图5.38 伦敦规划（MARS小组）

1. 居住区单元
2. 主要商场
3. 行政文化中心
4. 重工业
5. 地方工业
6. 铁道干线与车站
7. 环线铁路

5.4.3 工业园区（产业园）

美国在大城市郊外规划环境较好的工业园区（planned industrial parks）。1950年左右进入全国开发热潮期，城市间高速公路的建成，与产业园相接的主干道路的提升是其实现的基础。例如，随着波士顿郊区的128号环形公路的建设，在其沿线入驻了很多产业园（图5.39），是比较著名的案例。

美国的产业园基本上都是由大型民营企业开发的，都是在用地上进行综合规划，包括道路、铁路（内部）、工具及其他相关产业所需的各种设施，并包括景观设计，根据土地使用协定（covenants）完全自主进行。这样的模式改变了以往无规划的工业区使环境恶化的弊端，与附近的居住区协调，同时对于开发产商与入驻企业来说，也有保护投资安全的目的（图5.40）。

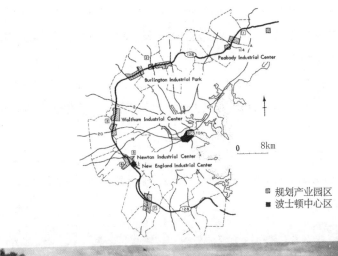

图5.39　波士顿郊区的工业园区

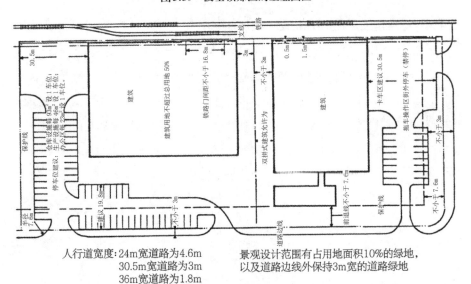

人行道宽度：24m宽道路为4.6m　　　景观设计范围有占用地面积10%的绿地，
　　　　　　　30.5m宽道路为3m　　以及道路边线外保持3m宽的道路绿地
　　　　　　　36m宽道路为1.8m

图5.40　大西南产业园区协定内容（部分）

产业园区的经营有两种形式，一种是铁路公司或私营企业的营利型，另一种是民间法人或地方公共市政机关的非营利型。早期是单独开发，而现在美国各地一般是作为大规模开发的新城的重要组成部分。

产业的类型主要为内陆型的轻工业、中等规模工厂，包括仓储业、配送业等，以及企业的研发设施，从这个意义上就称为产业园区。大型产业园有的面积达到 400hm² 以上，一般为 200hm² 以下。

园区的规划协议内容通常包含以下项目：

①公害的防止：控制产业类型及规模，设置公害防治设备，配置缓冲绿地；

②建筑结构与设计；

③建筑面积率；

④停车位和装卸场；

⑤仓库；

⑥废弃物处理；

⑦景观规划：草坪，树木，围墙，栅栏，公告牌。

园区根据设备的设计、建设、运营管理，指导建筑师与施工方的工作。园区的共同设施有工业废水处理、公共仓库、餐厅、旅馆等，还有提供直升机、电脑、除雪、垃圾处理等服务。

5.4.4 标准型工厂（standard factories）

英国的工业园区建设各类的工厂，一般情况下，一、二层的办公建筑与福利服务性建筑位于前部，主体是轻型结构的一层式建筑。工厂有两种类型，一种是根据经营者的要求设计的特殊工厂，另一种是开发商用于出租而设计的，建设用地为 929~1858m²，被称为标准型工厂。厂房具有多种规模，图 5.41 为标准型工厂案例。另外，还有称为保育工厂（nursery factories）和分部工厂（sectional factories，图 5.42）的，是为小企业提供的单层迷你工厂。分部工厂为面积 93~465m² 的标准型建筑，经营者可以通过与相邻厂房的组合扩大规模。

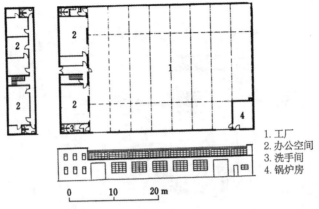

1. 工厂
2. 办公空间
3. 洗手间
4. 锅炉房

图5.41　英国标准型工厂（瓦雷设计团队）

图5.42　分部工厂

　　图5.43是克劳利新城的工业园区内，特殊工厂与部分标准型工厂组合在一起。规划采用分部工厂模式，但标准型工厂是具有接入道路、服务道路、停车场等设施的小型集群。另外，园区内保证树林地、自行车专用道路，设有园区中心、俱乐部等共同设施。

　　图5.44为巴塞尔顿新城的分部工厂，各个单元都具备办公室、工作区、后院。

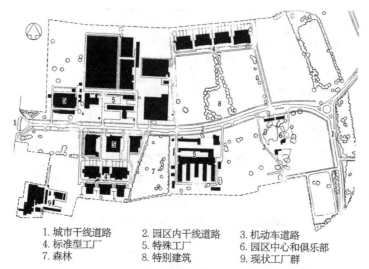

1. 城市干线道路　　　2. 园区内干线道路　　　3. 机动车道路
4. 标准型工厂　　　　5. 特殊工厂　　　　　　6. 园区中心和俱乐部
7. 森林　　　　　　　8. 特别建筑　　　　　　9. 现状工厂群

图5.43　克劳利新城的工业园区

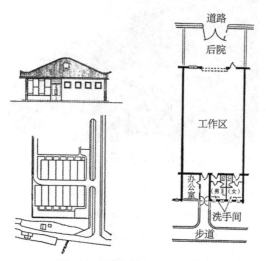

图5.44　巴塞尔顿的标准型工场

5.4.5　日本的工业园区

1）核心工业园区

　　日本1955年以来进行工业化发展，在以首都圈为首的大城市中，设定城市开发区域，并在卫星城市推进工业园区发展[①]。1965年后出台政策，促进工业向农村地区或工业聚集

————————

[①]参见《首都圈近郊建设区及城市开发区域的建设相关法》（1958年）、《首都圈现状城区中工业的限制相关法》（1959年）。

度低的区域迁移再配置①，由地区振兴整备公团推进核心工业园区的建设（图 5.45）。1975 年后，为促进地方城市产业落地，提出科技人才构想，在 26 个地区推进了以产业为中心的综合开发。进入 1989 年平成时代，为了实现产业、业务的系统功能从大城市圈向地方城市的转移，制定《地方入驻法》，推动了称为"理想事务所"的产业开发。这些项目都是以国土均衡的开发为目标，泡沫经济崩溃以后，很多工业向海外发展，日本的产业空洞化现象加剧，是工业园区里没有工厂的时代。

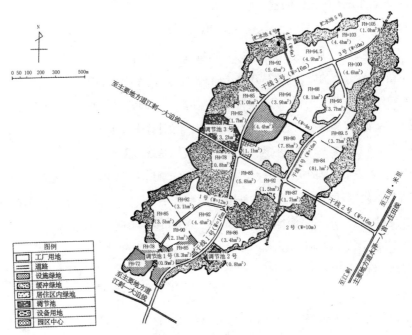

图 5.45　江刺核心工业园区（地区振兴整备公团）

2) 科技产业园

　　为了加强尖端技术产业的开发创造力，各地推进了综合研究开发基地的规划。这些园区与以往的工业园区有所不同，所选的区域是交通便利、自然环境优越的区域，是企业研究所或新市场开拓部门的企业聚集点，也是大学或公共研究所的所在地，配套的各种设施及环境优良的居住区是其构成要素，正在全国各地推进发展。

①《农村地区工业引入促进法》（1971 年）、《工业再配置促进法》（1972 年）。

第6章 城市规划制度

6.1 城市规划法以及相关法律

6.1.1 规划法及其主要内容

城市依托于资本主义经济的迅猛发展，街道风貌也随之不断改变。在此过程中，有许多关于用地性质变更及建设用地的需求，事实证明，如果对这些需求听之任之，那么自由竞争的结果，创造出的势必是个体开发者无法预期的充满矛盾的环境。

克服城市发展中的矛盾、营造具有健全城市功能的环境，就是城市规划的目的。但即便按照前文所述，遵循城市定位、调查分析、规划设计等一系列流程完成城市的规划，如果没有具体实现的方法，来之不易的规划也终究不过是纸上谈兵。

为了确保城市规划的实现，各个国家颁布了城市规划法以及相关的法律法规。法律或制度规范要求执行的城市规划，叫作法定城市规划。各国的城市规划法律体系各有不同，有全国适用的统一法，也有各地方制定的法律，还有市镇村等制定的条例等。

城市规划法主要包含以下内容：

①法定城市规划的目的与理念；

②城市规划的定义和内容；

③城市规划的决策流程（决策主体、居民参与等）；

④城市规划对各项权利的限制；

⑤国家审批通过的城市基础设施建设和城市开发（参与主体、费用承担的区分）；

⑥土地征用及其他内容。

6.1.2 限制型方法与开发型方法

在许多国家的城市规划法及相关内容中，在给出规划的种类及定义、确定规划决策的流程之外，也常会对城市规划的实现方法进行介绍。规划的实现方法大致分两种，一种是限制型方法，一种是开发型方法。限制型方法，就是通过对民间开发设定一定的约束条件，引导开发与规划相适应。这种方法，不仅可以对广大的地区施加法律上的约束力，同时具有不产生公共费用的优点，但其效果有限。

开发型方法，通过加大公共费用的投入，直接实现规划内容，虽然直接有效但预算上却极其受限。所以，开发型方法往往仅用于城市基础公共设施的建设或特定街区的开发。

总而言之，城市规划的实现不能依赖单一的某一种方法，而是要适宜地综合运用。

6.2　各国城市规划制度的特点

本节主要介绍一些实行土地私有制的欧美国家的城市规划制度。

任何一个国家的城市规划，都包含城市设施配备与土地使用规范这两大内容。其中，在城市设施配备方面，如制定设施建设规划、取得相关用地、投入资金、建设"城市骨架"的核心设施等内容上，各国间差别不大。但是骨架以外"血肉"的土地使用规范部分，如具体规划土地的使用、设计如何实现等内容，各国则大相径庭。这些土地使用规划及其实现方法上的差异，正是各国城市规划制度特点的具体体现。

根据各国的城市规划制度特点，可分为两类，一类是民间主导型的美国式，一类是公共主导型的欧洲式。而欧洲式的城市规划制度，又可以细分为欧洲式鼻祖的英国式，土地使用规范最为严格的德国、北欧式，以及法国、意大利、荷兰等国的中间式的制度。

6.2.1　美国

①美国并没有全国统一的城市规划法。根据各个州的法律，城市依照各自的相关条例进行城市规划工作。

②美国国土广阔，实行行政权的地方分权制度，民营企业在地区和城市开发上具有较大的自由度。除夏威夷州以外，一般的城市不会对城市化进行直接管控。所以，一定限度内的城市的无序扩张是被接受的。

③公共行政部门根据对民营企业的开发动态的预测，先于城市化进程对城市的核心基础设置进行投资建设，由此来引导城市化的发展。通过这样的公共区划制度（official mapping），道路、公园等基础设施用地得以保证，用地内的建设行为得以禁止。

④城市的总体规划（general plan）是建议性规划，并不具有强制的法律效力。

⑤城市区域开发或再开发等大规模开发项目原则上由民营企业主导，新城区以及住宅区的开发基本由企业执行，公共市政参与提供的住宅数量极少。

⑥针对民间开发的限制手段，主要有城市区划制度（zoning）以及用地细分规范（subdivision control）。近期开始对规划单元开发（planned unit development）进行限制。

⑦在私家车普及率极高的美国，早期的城市化重点放在了机动车道路和停车场的配备

上，以促进机动车的普及。基于对此前发展方向的反思，美国最近开始呼吁加强公共交通设施的发展，但收效甚微。

⑧城市街区的再开发主要由各城市主导，通过申请联邦财政支持得以实施。市政府获得土地使用权，完成基础设施建设后，再分地块转售给民营企业。

⑨要想理解美国的城市规划制度及其应用，必须结合人种问题等美国社会的特点加以考虑。

6.2.2 英国①

①英国《城乡规划法》（Town and Country Planning Act）是全国统一的基本法。城市规划工作由环境部（Department of the Environment）②主管。

②城市规划的主体主要是各地方规划厅（local planning authority），国会对地方规划厅的权力和义务进行规定（具体事物则由各省市主管）。

③开发规划（development plan）是英国的法定规划，由规划图纸及规划说明文本组成。规划本身并不直接对土地开发或征地进行限制，而主要是对土地使用进行政策性引导。规划明确各种用地的划分范围，如居住用地、工业用地、商业用地、办公用地等；标注公共建筑物、公园、空地以及其他公共设施的所在位置；明确需保留现有用途的用地、即将进行综合性再开发的区域、环城区绿带等所在位置。

④1947 年的《城乡规划法》规定，须要制定郡规划（county map）、市镇规划（town map），及各自的年度规划（programme map）。1968 年依法实施新的开发规划方式，即结构规划（structure plan）和区域规划（local plan）。

⑤结构规划（structure plan）由各郡编制，需上报环境部审批。主要内容为涉及未来辖区范围内土地的整体使用、公共设施及环境改善相关的政策性建议等文字性内容，必要时可辅以图纸说明。10 年之内有望进行综合开发、再开发或者改造的区域，被称作开发预备区域（action area），结构规划对其予以明确。

⑥区域规划（local plan），一般由各个地方的规划厅负责编制，无须上报环境部审批。规划内容要符合结构规划的上位方针，由规划说明和规划图表组成。区域规划又包括分区规划（district plan）、开发预备区域规划（action area plan）、专项规划（subject plan）

①英国的苏格兰、威尔士等地区的城市规划制度有若干差异，此处仅介绍英格兰地区的情况。
②环境部部长 (Secretary of State for the Environment) 对英格兰境内人民居住和工作的环境产生影响的所有事项负责。环境部部长下分设交通部长、规划和地方行政部长、住房与建设部长 3 位部长，另有大臣负责体育和公害问题。

等（表 6.1）。

表 6.1　英国的开发规划体系（大城市圈除外）

类别	分类	内容
总体规划 （structure plan）	郡总体规划（county structure plan） 城市总体规划（urban structure plan）	国土与地方规划的关系 目标、政策、规划大纲 开发区域（action area）的指定 开发限制的方针 相关决策的依据 对环境部官员与居民公开规划内容
区域规划 （local plan）	地区规划（district plan） 开发工作计划（action area plan） 专项规划（subject plan）	总体规划的具体战略规划 开发限制的具体限制条款 相关决策的依据 对居民的规划内容的公开

⑦所有的开发行为（包括地上地下的建设、填埋、采掘等，涉及土地使用以及现有建筑物实质性变更的一切行为），必须事先上报当地的规划部门以获得规划许可（planning permission）。与城市区划制度（zoning）有所不同，当地规划部门需要对上报的开发行为根据是否符合开发规划，作出许可、不许可、附条件许可等行政决策。这种行政决策是综合的，所涉及的业务面非常广。

⑧在审批通过开发规划时，需要居民参与，有反对意见时要召开听证会（public inquiry），充分听取公众的意见，环境部要派监察官出席。

⑨ 1985 年根据《地方行政法》（*Local Government Act*），以大伦敦为代表的许多大城市，废除了郡一级的行政级别。1990 年，《城乡规划法》颁布，在大城市区域内，对原有结构规划和区域规划的二级规划制度进行了调整。各市及特别区必须根据环境部颁布的规划方针指导（planning policy guidance），制定统一开发规划（unitary development plan），包括改善环境和交通的开发措施，土地使用相关的文字内容，以及地区开发以及土地使用相关的详细建议书、图表等。

6.2.3　德国

①德国《建设法典》（*Baugesetzbuch*，1986）是全国统一的基本法，既是规划法也是建筑法。这部法典整合了之前的基本法即《联邦建设法》（*Bundesbaugesetz*）和适用于新开发和再开发的《城市建设促进法》（*Städtebauförderungsgesetz*）的内容。德国统一前，联邦德国的地域规划法体系参见表 6.2。

②规划的基础事项及法律程序是联邦政府的权限范围，而规划的具体内容及执行是市镇村（Gemeinde）的权限范围。

表 6.2　联邦德国的地区规划法体系（参考 Hans Forster 教授）

法律范畴	国土规划以及地方规划法（地区规划）		建筑法（广义）		
			城市建设法（狭义的建设法）	建筑秩序法	建筑形态法（设计）
基本原则	广域的结构秩序		土地使用的秩序	安全、秩序、危险预防	违章建筑的预防（纪念性建筑保护）
上位的法律分类	特别的方法		土地法	秩序法	单独的方法（纪念物保护法）
立法权限	决定法律大纲的联邦权限（《基本法》75 条第 4 项）	联邦范围内各州的完全权限	联邦的综合性完全权限（《基本法》第 74 条第 18 项）	各州完全权限	
标准法律	联邦的国土规划法	各州的地方规划法	联邦建筑法城市建设促进法	各州建筑秩序法（纪念物保护法）	
	规划法				

　　③1976 年通过城市发展规划（Städtebauliche Entwicklungsplan）制度，用于市镇村未来发展的基本构想。

　　④在德国，城市规划被称为建设管理规划（Bauleitplan）。主要由土地使用规划（Flächennutzungsplan）以及地区详细规划（Bebauungsplan）两部分组成。

　　⑤土地使用规划是对市镇村全域，以可预见的土地需求为基础编制的土地使用及城市设计建设规划，是地区详细规划的基础，图纸比例尺通常为 1 : 5000~1 : 10000。土地使用规划虽然要求市镇村等公共规划主体遵守，但并不具有直接针对市民的法律约束力，这一点与城市区划制度（zoning）有所不同（表 4.4）。

　　⑥地区详细规划是以街区或者数个街区为对象的综合性地区设计，遵照上位的土地使用规划进行编修，通过后作为市镇村条例执行，具有法律效力。相关细节参见第 7.4.1 节。

　　⑦在地区详细规划的规划红线范围内，提出申请的方案在不违反规划并保证开发的情况下可获得许可。在地区详细规划的规划红线外的区域（Außenbereich）原则上不允许开发，连续的建设区域符合一定条件的可以破例开发。由于严格的限制，德国城市的无序扩张基本被杜绝。开发设计的许可申请，包含在建筑许可（Baugenehmigung）的相关手续中。

　　⑧为了有效地落实地区详细规划，有土地整理（Bodenordnung）、征用（Enteignung）、区域设施建设（Erschließung）、行政命令（Gebote）等措施。土地整理又分为土地区划整理（Umlegung）以及地界整理（Grenzregelung）两种。土地区划整理的原则与日本基

本相同，但在地区详细规划中作为规划内容得以明确，同时又是实现规划的措施，这一点与日本不同。

⑨在实施地区详细规划时，可向土地所有者征收区域设施费（Erschließungsbeitrag），用于该区域基础设施建设。向土地所有者征收的费用，约占到建设总费用的 70%。

⑩除上述内容外，还有规划制定中的居民参与制度，以及保障相关权利人利益的社会规划（Sozialplan）制度。

《联邦建筑法》（Bundesbaugesetz）框架如下：

①建设管理规划（Bauleitplanung）：

基本原则（Grundsätze）§1

手续（Verfahren）§§2-4, 6, 10-13

土地使用规划（Flächennutzungsplan）§§5, 7

地区详细规划（Bebauungsplan）§§8, 9, 9a

社会性措施（soziale Maßnahmen）的基本原则 §13 a Abs. 1

②建设管理规划的保障和实施、城市的有序发展规划（ordneten städtebaulicher Entwicklung）：

社会规划（Sozialplan）§13 a Abs. 2-4

土地区划用地性质变更的禁止 §§14-18

土地交易的许可 §§19-23

市镇村的优先购买权 §§24-28 a

需保护的建筑物 §§39h, 39i

补偿规定 §§39j-44c

③设计的许可条件 §§29-39

④建设管理规划的执行（Vollzug der Bau lei tplanung）：

行政令（Gebote）：建设令、植树令、使用令、拆除令、现代化令、保护令

租地、租房权的取消等 §§39g, 39i

土地整理：区划整理 §§45-79 地界整理 §§80-84

征用 §§85-122

严格性的调整 §§122a, 122b

区域设施整备：一般规定 §§123-126 区域设施费 §§127-135

⑤土地的估价 §§136-144

⑥与农业结构改善措施相关的城市规划措施 §§144a-144e

⑦土地法院的相关法定手续 §§157-171a

6.2.4 法国[①]

①法国于 1919 年根据法律制定了最初的城市规划制度。制度规定人口在 1 万以上的市镇村，含首都在内的塞纳郡辖区，人口在 5000 以上并显著增加的街区，特别是具有历史、景观等价值的城市街区，都有编制规划的义务，所有的建设行为都需要市镇村长官颁布的建设许可（permis de construire）。

②1943 年的《城市规划法》，引入了城市区划制（zoning），设置了土地用途限制，划分了禁止建设区域，明确了限制工厂区域、自然风景及历史遗产保护区等。同时要求地块转卖（lotissement）等各种开发行为必须获得相关许可。另外，针对超出市镇村的地区，新设置了城市综合规划制度（groupement d'urbanisme）。

③1958 年，法国进行了一系列制度改革，新设立城市基本规划（Plan d'Urbanisme Directeur）及城市详细规划（Plan d'Urbanisme de Détail）的制度。

④历经数次修订后，1973 年颁布的《城市规划法典》（*Code de l' Urbanisme*）标志着法国城市规划基本框架的建立。其最大特点，就是废除原有一元的城市规划制度，确立了SDAU-POS 的二级规划制度。

SDAU 指城市发展基础规划（Schéma Directeur d'Aménagement et d'Urbanisme），是针对人口 1 万以上的地区编制的长期的、体现基本发展方针的规划，只针对公共行政机构的行为决策具有规范性的约束力。通常由比例尺 1∶25000~1∶50000 的图纸和报告书组成。规划包括土地使用形态，开发与再开发、修复区域，保护区域，重点景观保护区域，主要公共设施，交通道路体系等内容。

POS 指土地占用规划（Plan d'Occupation des Sols），是针对市镇村全域或部分区域，或是数个市镇村制定的短期规划，直接对私有权产生约束力。是在城市发展基础规划上制定的规划。通常由比例尺为 1∶2000~1∶10000 的图纸和文书组成。规划内容包括土地使用形态，容积率（COS），建筑物的位置、高度、外观，停车场，空地，道路，给排水等详细的内容。容积率，称为土地占用系数（Coefficient d'Occupation du Sol），根据土地使用情况而定（表 6.3、表 6.4）。

---

①日笠端著：先進諸国における都市計画手法の考察，Ⅳ フランス（鈴木隆氏執筆），共立出版.

表 6.3　POS 区域划分的一般标准

大分类	基本分类	区域特点
城市区域 （zone urbaine）	U	现有的以及即将建成的公共设施的承载能力，足以满足新增建筑负荷的区域
自然区域 （zone naturelle）	NA	通过 POS 变更、协议整备区域（ZAC）的设立，或者是地块转卖，在未来可以实现城市开发的地区
	NB	有一定数量的公共设施，但没有扩建计划，并有现存建筑物的一般自然区域
	NC	优良耕地，或者具有优质地表或地下自然资源的需要保护的区域
	ND	存在自然灾害或公害，或因景观或生态原因需要保护的区域

表 6.4　巴黎市 POS 的区域细致划分案例

区域划分	区域特点	区域划分	区域特点
UA	办公	UM-UMa UMb UMc UMd	巴黎市周边 工商业优先 工业优先 居住抑制
UC-UCa UCb UCc	历史中心 蒙马特尔 鹌鹑之丘		
UF	金融	UN	国有铁路用地
UH	居住优先	UR-URa URb	居住专用 居住专用
UI	工业		
UL	保护性绿地	UO	再开发用地

引自：铃木一，巴黎城市规划的开展，地产研究 26-27 卷。

⑤1958 年，引入了优先城镇化区域（Zone d'Urbanisation en Priorite，简称 ZUP）制度。划定特定的区域，为实现该区域内的集中建设，公共市政部门先取得该区域内的土地，并进行公共设施的配套建设，之后将这些土地作为建设用地，转卖给建设主体的制度。公共市政部门行使优先购买权，在支付土地征用费以外，必须在该区域内建设 100 户以上的住宅。1975 年法律修订，ZUP 制度的相关内容被纳入协议整备区域（Zone d'Amenagement Concerte，简称 ZAC）制度中，ZUP 制度随后废止。

⑥ZAC 制度的框架基本与 ZUP 制度相同，但在以下几点有所不同：一是制度适用范围扩大，适用于所有类型的新开发与再开发；二是公共行政部可以委托私营企业进行开发；三是市政部门可与开发主体通过事前协商，决定公共设施建设的责任范围；四是征用权缩小。

6.2.5 日本

①日本《城市规划法》（1968 年法律 100 号）是全国适用的基本法。此外，另有《建筑标准法》等许多与城市规划相关的法律，共同规范城市规划行为。

城市规划相关法律如下：

a. 基本法：《城市规划法》

b. 规范土地使用的相关法律：《建筑标准法》《停车场法》《确保机动车保管场所的相关法律》《港湾法》《古都历史风土保护的相关法律》《明日香村历史风土保护及生活环境整备的特别措施法》《城市绿地保护法》《生产性绿地法》《市民农园整备促进法》《文化遗产保护法》《机场周边特定区域飞机噪声对策特别措施法》《建设用地规范法》《室外广告物法》《干线道路沿线环境整备的相关法律》《聚落地区整备法》《工厂限制的相关法律》（首都圈、近畿圈）《首都圈近郊绿地保护法》《近畿圈保护地区整备法》

c. 城市规划的相关事业法：《土地区划整理法》《新居住区开发法》《近郊整备地带（区域）以及城市开发区域整备相关法律》（首都圈、近畿圈）《城市再开发法》《新城市基础整备法》《关于促进大城市住房及居住区供应的特别措施法》《居住区改良法》《关于促进大城市优质居住区开发的紧急措施法》《综合疗养地整备法（景区法）》《物流业城市用地整合相关法律》《关于促进地方据点城市的发展以及产业服务设施重新分布的法律》《关于推进大城市地区的住宅开发以及铁路交通一体化配备的特别措施法》《关于促进在人口密集城市区配备防灾区域的法律》《中心城区激活法》

d. 城市设施管理法：《道路法》《城市公园法》《排水法》《河流法》

e. 其他：其他与国土使用、住宅、防灾、公害预防、开发主体等相关的诸多法律

②城市规划区域与行政区划划分无关，各都道府县的行政长官要从城市发展整体出发，对需要综合整备、开发、保护的区域进行明确。

③城市规划的内容包括以下八个方面：城镇化区域以及城镇化调整区域[①]，用地类型和用地规范，城市设施，区域开发或再开发等大规模城市开发，城市再发开促进区域，促进闲置土地开发利用区域，共公开发预备用地，地区发展规划等。

日本的城市规划不仅包含规划的内容，也包括实现规划的方法，涵盖了城市规划以

---

①1967 年 3 月地审议会第 6 次问答会，《有关城市区域土地使用合理化对策的问答》建议将土地使用分为
　以下四类：既有城区，城市化区域，城市化调整区域，保护区域。

及相关工作的整体。在日本以外的许多国家，城市规划和规划的实现方法在制度上是分开的。

法定城市规划的内容（《城市规划法》）如下：

a. 城市规划区域（第 5 条）

b. 城市规划相关的基础调研（第 6 条）

c. 土地使用

（a）城镇化区域，城镇化调整区域，整备、开发、保护方针（第 7 条），开发许可（第 29 条）

（b）用地类型和用地规范（第 8、9、10 条）

·用途区域（第 1 类低层居住专用地、第 2 类低层居住专用地、第 1 类中高层居住专用地、第 2 类中高层居住专用地、第 1 类居住用地、第 2 类居住用地、准居住用地、临近居民区的商业用地、商业用地、准工业用地、工业用地、工业专用地）

·特别用途区域（由各市镇村各自规定），引导高层居住区，建筑限高区，建筑容积率、建筑覆盖率、建筑面积、墙体位置受限地区，容积率层高特定街区，防火区域，准防火区域，美化区域（以上内容参考《建筑标准法》），风景区（《城市规划法》），停车场配备区域（《停车场法》），港口地区（《港湾法》），历史性风土特别保护区（《古都保护法》），第 1 类及第 2 类历史风土保护区域（《明日香法》），绿地保护区（《城市绿地保护法》），物流业务用地（《物流产业用地法》），生产性绿地（《生产绿地法》），传统建筑保护区（《文化财产保护法》），机场飞机噪声污染防治区、机场飞机噪声污染特别防治区（《航空器噪声防治法》）

d. 城市设施（第 11 条）

（a）道路、城市高速铁路、停车场、机动车交通枢纽等交通设施

（b）公园、绿地、广场、墓园等公共空地

（c）供水、供电设备、供气设备、下水道、垃圾处理长、垃圾焚烧厂、及其他供给或处理设施

（d）河流、运河及其他水系

（e）学校、图书馆、研究机构、及其他教育文化设施

（f）医院、托儿所、及其他医疗设施或社会福利设施

（g）集市、农场或火葬场

（h）居住区的设施（小区至少50户以上的集体住宅以及周边的道路等设施）

（i）居住区的公共行政服务设施

（j）物流业务用地

（k）其他政令规定的设施（公共通信设施、防风、防火、防水、防雪、防沙、防潮设施）

e. 城市街区开发（第12条）

（a）土地区划整理（《土地区划整理法》）

（b）新居住街区开发（《新居住法》）

（c）工业园区建设（首都圈、近畿圈的相关法）

（d）城市街区再开发（《城市再开发法》）

（e）新城市基础建设（《新城市基础法》）

（f）居住街区建设（《大城市法》）

f. 促进区域（第10条第2款）

（a）城市街区再开发（《城市再开发法》）

（b）土地区划整理（《大城市法》）

（c）居住街区建设（《大城市法》）

（d）业务据点城市街区建设土地区划整理（《据点城市法》）

g. 闲置用地转换使用促进区（第10条第3款，第58条第4~11款）

h. 预定区域（第12条第2款）

i. 区域规划等（第12条第4款）

（a）区域规划（第12条第5款）

（b）居住用地高度使用区规划（第12条第6款）

（c）再开发区域规划（《城市再开发法》）

（d）防灾街区建设区域规划（《防灾街区建设促进法》）

（e）道路沿线区规划（《干线道路沿线建设法》）

（f）村落区域规划（《村落区域建设法》）

j. 市镇村城市规划相关基本方针（市镇村总体规划，第18条第2款）

④城市基本规划中没有对城镇化区域和城镇化调整区域作出特别区分，整备、开发、保护的方针对二者同时适用。

⑤城市规划的决策主体，根据具体内容不同，分为都道府县的行政长官及各市镇村。

⑥城市规划的决策流程，包括召开听证会、公开城市规划方案供市民自由阅览、收集意见书等反馈市民意见的环节。

⑦各市镇村要根据各地方自治法中对于市镇村建设的基本构想，以及《城市规划法》中规定的整备、开发、保护方针，拟定市镇村城市规划基本方针。各地方要在此方针的基础上编制各项规划。

⑧对于民间开发，虽然有开发许可、土地用途和使用程度规范、地区发展规划等管控手段，但在城镇化区域内建筑的无序扩张，在一定程度上被允许。

⑨日本的道路、公园、排水管网等城市设施用欧美标准来看仍旧落后，大城市的高速铁路交通系统非常发达。

⑩在日本大规模城市开发进程中，公共设施配套建设在二战前非常火热，日本三分之一的城市化区域在这一阶段得以建成。同时，住宅区的开发与再开发，在地方公共市政部门、公园、公社或民间资本的积极参与下得以实现。

⑪获得国土交通部或都道府县审批通过的城市基础设施建设和城市开发活动，除去部分特例，都需要进行土地征用。征地的同时，可考虑征地居民生活重建等援助措施。虽然有受益者负担金制度，但目前除了用于排水管网的相关建设以外，还没有其他应用。

6.3　城市规划的主体与规划的执行

6.3.1　规划决策的主体

城市规划是关于城市土地使用以及相关设施规模与分布的一种计划，在规划实现的过程中，不免会对居民的土地及房屋进行各种直接的限制，一些城市设施的建设也会对居民的生活环境造成巨大的影响。因此，城市规划的编制及实施，由远离居民实际生活的省或国家来主导是不合适的，由最贴近居民、了解居民实际生活的市镇村来主导，可说是最理想不过。

日本现行的《城市规划法》颁布之前，城市规划由相关的主管大臣决定，并上报内阁通过。现行的《城市规划法》规定，城市规划中宏观的事项由都道府县的长官决定，而其他规划内容则由市镇村自主决定。但在欧美各国，城市规划本就是各个市镇村的权力，是受宪法保护的行政自治权的体现，各市镇村需要自主地根据需求制定各自的城市规划内容。

在日本，各市镇村在执行规划时并没有足够的财力。街道、公园、居住区配套的公共设施建设、排水管网等，获得国土交通部或都道府县审批通过的城市基础设施建设和城市开发活动，基本靠国家财政补贴。但在欧美各国，除城市再开发等特殊的大规模开发项目以外，一般都由各市镇村自行筹资，以负担常规的如基础设施建设和维护等城市化发展所需费用。

城市规划要求整合上位规划的国土规划与地方规划。另外，道路、河流、铁路、港口、机场等国家主导的设施规划方案，必须要与公害防治规划相适应。市镇村编制的城市规划，必须要符合经各级议会通过的市镇村建设的基本构想，同时也必须符合都道府县通过的上位城市规划。1992 年《城市规划法》进行了修编，要求各市镇村拟定各地方的《市镇村城市规划基本方针》。

6.3.2 居民参与

城市规划在决议过程中必须要有居民的参与，这在民主社会是不言而喻的。虽各国有所不同，但在城市规划层面，以类似市民参与的形式得以实现，在地方的详细规划中，居民的直接参与则与规划的执行密不可分。

让居民参与到规划的编制中来，确实有费时费力的弊端，但是听取一般居民的意见，能够提高规划内容的客观性与公益性，同时也可加深居民对市政事业的关注和理解，有利于在后期规划执行的过程中更好地获得居民的配合，因此居民参与绝对是利大于弊的。

在规划编制过程中征求居民意见虽已十分普遍，但问题的关键在于如何处理反对意见。如果官方已经决定了规划内容，事后才让居民参与，这样的参与往往容易流于形式。德国《建设法典》第 3 条有关居民参与的条款规定："居民有权事先尽早地获得官方正式的汇报，了解规划的一般目的、区域开发或再开发的不同解决方案以及不同方案的效果差异。"

反对意见的产生，有时确实是因为居民并没有充分理解规划的内容，但政府部门也要灵活应对甚至有时妥协让步。方案的提出者以及反对者之间，必须要对规划的内容进行充分的沟通。

在日本，为了保证城市规划的决策中切实反映了居民的意见，《城市规划法》明确规定了召开听证会、公开城市规划方案供公众阅览、收集意见书等内容，并规定城市规划需要获得第三方机构城市规划地方审议会的审议才可通过，但是居民的直接参与并没有制度化。近年来政府部门和居民都深感其必要性，为居民参与的制度化进行不断探索。

6.4　财产权的社会性限制和补偿

规划的实现方法分两种，一种是限制型方法，一种是开发型方法。

前者主要是针对民间开发，也就是官方先设置一定的框架和条件加以限制，同时对满足条件的民间开发给予优惠与奖励，引导开发与规划一致。后者主要针对如城市基础设施或者大规模的城市开发等官方主导的开发行为，由公共主体获取土地，投入公共事业费，来积极落实城市规划的方法。

城市规划的实现，常伴随着对于私人权利的限制。这种为了实现城市规划的公权力对于私权的限制，一般称为城市规划限权，常有下面三种情况，其中①和②也被称为公用限权：

①为了实现规划的土地使用规划，对开发和建设行为所采取的限制措施。

在特定的开发区域内，此类型的限制措施主要有：为了实现公共设施配套整合的限制措施，为了确保开发区域的环境水平的限制措施（如地域地区制），以及有关地区内公共设施和相邻建筑关系的详细限制规范等。通常这一类限制措施产生的损失不予以补偿[①]。

②为了实现城市规划中既定的城市设施建设目标，确保地区开发顺利进行，而在区域内实行的对建设行为采取的限制措施。

在规划指定的城市公共设施预建区或相关公共事业区域内，如发生土地交易、用地形态和用地性质的变更，以及建设行为，都会对未来的公共事业造成阻碍。因此为了保障规划的实现，在规划落地之前需要出台相关规范，限制可能阻碍公共事业发展的行为。在日本，建筑行为需要获得相关许可（参见《城市规划法》第 53 条）。通常此类限制措施也不需要进行赔偿，但如果是禁止建设等强制限制，则需要对购买土地的所有者给付对价（参见《城市规划法》第 56 条）。

③在城市规划的实施阶段，为确保公共项目的执行，采取的针对土地及建筑物等财产权的限制措施。

此类限制措施主要有土地征用（《城市规划法》第 69 条）、土地置换（《土地区划整埋[②]法》）、权利置换（《城市再开发法》）、土地优先购买权（《城市规划法》第 67 条）[③]

---

①对历史风土特别保护区以及近郊绿地特别保护区的损失补偿另有规定。

②土地区划整理指为了实现城市公共设施的配套，促进居住用地的开发利用，通过"换地"手续对区域内一部分土地的地块划分、地形、用地性质进行变更，或是进行公共设施的新增或更换的公共性的开发行为。详见第 8.2 节。——译注

③在规划公示的阶段也有优先购买制度（《城市规划法》第 57 条）。

等，均以合法补偿作为前提。在日本，为了城市基础设施建设或特定的城市化开发，可以进行土地征用，但除此以外的征地不被允许。一些国家为了保证公共项目的顺利进行、发挥规划的最大成效，设置可以同时收购公共设施或开放项目相邻用地的制度，称为超额征用（excess comdemnation，图 6.1）[1]。

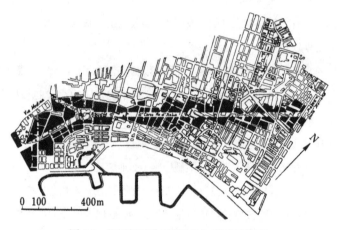

图6.1　超额征用的示例（意大利那不勒斯）

在日本，作为对土地征用的一种商榷性补偿措施，相关利益者享有购买申请权（《城市规划法》第 68 条），对于因征地而基本生活无法得到保障的情况，可采取生重重建援助措施（《城市规划法》第 74 条）。另外，为了促进土地的有效利用，抑制投机性交易，还设有税收相关限制措施。对因城市规划项目的实施而获得显著经济利益的受益人，可在制度上要求其承担一部分费用。

非直接作用于私权的限制手段，还有行政性的劝告、奖励等措施，居民自发的限制措施有协商[2]、签订合同、约定等。

在日本对于财产权的社会性限制是不弱的。如在实施公共设施建设项目时，有强制性征地的相关制度，许多铁路、港口、高速公路的建设，国土或是地方规划层面的设施建设，以及城市基础设施的建设，都以此为制度背景获得了建设用地。但另一方面，日本《宪法》第 25 条中规定，为了提高国民生活质量，实现土地的合理利用，需要推进生活环境设施配套这一条款，对财产权的限制则非常薄弱。所以，在城市规划所涉及的广大城镇化区域内，

---

①若征用土地的面积比超额征用更大，则叫作区域征用（zone condemnation）。

②建筑协议（《建筑标准法》第 69 条），绿化协议（《城市绿地保护法》第 14 条）。

建筑依然是接近放任的状态，对于建设行为的限制也只能默认这种无序的城市化发展。城市街区无序地蔓延，日常生活所必需的公共设施配套不全，现状城区内部居住用地过于零散，以及中高层建筑造成的人口过密的问题也亟待解决。

6.5　土地政策

城市规划的最根本问题还是土地问题。地价的稳定、公共用地的获取、对私权的公共性限制，都是保障规划落地的基本条件。

6.5.1　日本的土地政策

明治初期，日本由封建土地所有制转向土地私有制，从此个人的土地所有权被视为是独占的排他性权利。正因如此，针对土地使用规划或稳定地价，日本一直未采取根本有效的土地政策。虽然最近陆续出台了地价公示、提高土地持有税、对特定城区内农地征收与居住用地同等赋税、扩大公有地、开发许可制度、土地交易限制等措施，但仍旧缺乏城市规划的实效性。依靠这些措施来创造良好舒适的生活环境，不免让人觉得是隔靴搔痒。

为了改变这样的局面，1989 年 12 月国会第 116 次会议通过了日本首部《土地基本法》。这部法律确立了 4 点关于土地的基本理念：①优先公共福利，②土地的使用必须合理并遵循规划，③限制投机性的土地交易，④根据开发收益情况承担相应费用。《土地法》明确了国家和地方公共市政部门、企业、国民等各方的义务，确立了土地政策的基本内容，可以说是一部宣言法。期待在今后土地使用规划、土地交易限制、土地税收等各项措施能得到整合，以体现这部法律的宗旨，并进一步出台相关具体有效的土地政策。

《土地法》颁布之后，1990 年《城市规划法》进行修改，在促进闲置土地转化使用方面，引入了对闲置的、使用率低的地块进行登记、劝告的制度。日本的城镇化区域有许多残留的农业用地，其所有者未必继续农业经营，但也不能转为居住用地或是建设用地。针对这样的农地，采取了征收与居住用地同等税收的政策，但仍收效甚微。1991 年，《生产绿地法》修订，在听取各市镇村农地所有者的意见后，决定将满足城市规划中一定条件的农地纳入生产绿地，与用地性质改为居住和建设用地的农地进行税收上的区分。但此后纳入生产绿地的农地如何配置，完全取决于所有者，与土地使用规划脱节。

6.5.2　土地公有论

为了解决因土地私有而产生的社会不平等问题，废除土地私有制的思想自古有之。除苏联、中国等通过社会主义革命实现土地公有化的国家以外，资本主义国家为了解决土地私有带来的社会不平等问题，对土地所有权、使用权进行限制，从政策上促进土地公有化的国家也不在少数。

德国从 19 世纪到 20 世纪初，由于城市政策，市镇村开始积极地购买土地。这种基于对未来城市土地开发需求的预见性购地行为，使得市镇村能够有计划地推进城市化发展，为市民和劳动者提供住宅，并同时有效地抑制了土地的投机性交易。据 1900 年的统计，法兰克福市约 53% 的土地为公有，莱比锡、汉诺威、斯图加特等主要城市的公有土地面积也达到总面积的三分之一以上。今天的美国和日本，在公共用地之外，并没有采取土地公有政策。英国从 1947 年以来，根据尤斯瓦特（Uthwatt）委员会的建议，开始制定一系列将开发利益还利于民的土地政策，通过不断的试错探索[①]，近年来渐渐朝着土地公有化的方向发展[②]。

在原联邦德国地区，国内对于土地公有持有强烈的反对意见，认为土地私有好处更多，土地私有被视为前提。工作的重点主要放在如何通过制定强制性的规划法，来保证土地使用规划、地区详细规划的实现。因此在新区开发时，虽然市政府会购买全部土地，但在项目结束后会尽量将土地再卖给居民。在实施区域再开发时也会尽量保持原有的土地所有制不变。

当下积极推进土地公有政策的国家主要是以瑞典为代表的北欧各国。瑞典的城市规划制度与原联邦德国非常相似，不同的是，瑞典鼓励各市镇村实行土地公有政策，市镇村会在开发前，在各行政区内甚至区外购买土地。因此投机性的土地交易非常少，城市规划实现起来也较为容易。另外，市镇村购买的土地在开发项目结束之后将继续持有，国家进行财政补贴。

图 6.2 是芬兰首都赫尔辛基公有和私有土地的分布，可以看出公有土地面积十分广大。在日本，公有土地非常少，私有土地又非常零散，权利关系复杂，地价因投机行为高涨，实施城市规划所必须的公共设施用地以及大规模开发用地，难以得到有效保证（图 6.3）。

---

①J.B.Cullingworth:*Town and Country Planning in England and Wales*.

②《社区土地法》（*Community Land Act*），1976 年。

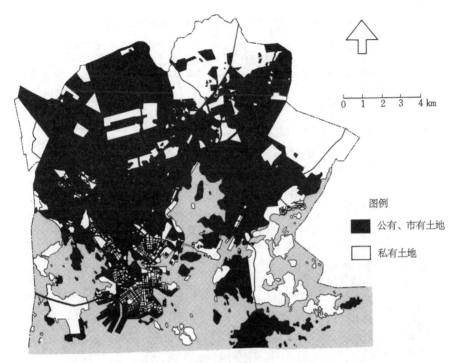

图6.2　赫尔辛基市公有、私有土地分布

6.6　城市规划的财政来源

　　城市设施的配备、城区综合开发项目需要高额的费用。城区综合开发的费用原则上由实施人负担,城区中的主要干线道路、排水管网的费用则应由国家及地方公共市政部门负担。但区域内部的支线道路及排水设施,应该由开发商负担还是由土地所有者负担,这个问题不明确会造成极大的不公。在德国,道路以及公共设施的建设费用,公共市政部门和土地所有者的负担比例是规范化的,但在日本根据开发形式与规模的不同(如土地区划整理,小区开发,单体建筑等),费用的负担比例会有不同。

　　获得国土交通部或都道府县审批通过的城市基础设施建设与城市开发行为的财政来源主要有以下几种:

　　①国家财政补助:在预算范围内,国家财政可对地方公共市政的重点城市规划,或获得国土交通部或都道府县审批通过的开发项目进行一定的经济补助(《城市规划法》第83条)。市区综合开发项目也可获得国家财政补助。

■ 农户
□ 图中农户私有权以外的土地

图6.3　三乡市农地所有权分散的情况（森村道美提供）

②受益者负担费：国家、都道府县以及各市镇村可向因市区综合开发项目获得显著收益的受益人，根据其收益程度，让其承担部分开发费用（《城市规划法》第75条）。二战前，

道路、河流、公园、排水管网等的建设中都采用了受益者负担费，但现在这一制度只应用于排水管网建设。

③土地基金：都道府县或指定的城市，可以设立土地购买基金，进行有条件的土地购买。国家为此基金进行必要的融资沟通或援助（《城市规划法》第 84 条）。

④城市规划税：城市规划税是为了获得国土交通部或都道府县审批通过的开发项目以及土地区划整理项目，筹措必要经费而设立专项税收。征收对象主要是城镇化区域内的土地、房屋，以及个别特殊的城镇化调整区域内的部分土地和房屋，参考固定资产评价标准，税率不超过 0.2%，由市镇村出台条例进行征收（《地方税法》第 702 条）。

⑤居住用地开发税：各市镇村伴随着居住区开发，在需要同时对公共设施进行投资的时候，可以征收居住用地开发税（《地方税法》第 703 条）。居住用地开发税的使用，只限于最低限度的公共设施，如宽 12m 以下的道路。城镇化区域内，各市镇村条例中所规定区域内的土地开发者有纳税义务，以土地面积作为标准，各市镇村规定相关税率。纳税义务人如免费提供土地用做公共设施开发的，享受免税。

⑥地方债券：地方公共市政部门经各级议会通过可以发行地方债券（《地方自治法》第 230 条）。为获得国土交通部或都道府县审批通过的开发项目发行的债券，为准公有企业债券，视为大型融资，发行债券需要自治大臣的审批。

第7章 土地使用规制

7.1 概要

7.1.1 二级制规划方式

为了对城市的土地使用进行有计划的控制，针对城市整体和局部创建调整的城市街道二级制规划是必不可少的[①]。也就是，需要有以城市整体区域为对象的城市基本规划和以城市局部为对象的区域规划这两个规划。表 7.1 是在规划法上对这种规划方式进行明确规定的国家示例。

表 7.1 各国的二级制规划方式

国家	城市基本规划	区域规划
英国	structure plan	local plan
德国	Flächennutzungsplan	Bebauungsplan
法国	SDAU[②]	POS[③]
瑞典	generalplan	Stadsokab, byggnadsplan

美国及日本虽然在城市基本规划和区域规划中进行了必要的规定，但没有在法律制度上对二级制规划方式进行明确规定。

7.1.2 地面和地上物

城市街道的物理环境大致由地面和地上物构成。地面指的是公路、铁路、公园等附着土地的公共设施，而地上物指的是在土地的基础之上建成的建筑物和构筑物等。为了创建好的城市街道规划，需要将地面和地上物作为一体调整，区域规划制度也需要以此为基础建立。美国采用了用地分割规定管理土地、用区域制度管理地上物的系统，对二者进行分别管理。日本也运用开发许可制度和地方区域制度这两个不同的制度对地面和地上物进行

---

①大城市因为地域广阔，有必要制定大都市圈规划、区市镇村规划、区域规划这样三级制的规划。

②Schéna Directeur d'Aménagement et d'Urbanisme

③Plan d'Occupation des Sols

管理。同时，作为这一缺陷的弥补，美国制定了对规划单位开发（PUD）的规定制度，日本制定了区域规划制度等。

7.2　城市化的规定

日本的《城市规划法》，为了防止无秩序的城市化，有计划地将土地使用和城市设施进行整合，促进城市街区的形成，将城市规划区域划分为城市化区域和城市化调整区域，通过划分区域进行制度规定。

城市化区域包括已经形成的城市化区域和大致在10年内优先、有规划的城市化的区域，依照调整、开发、保护的方针，划定功能区域，对道路、排水道、公园等城市设施进行调整。另外，对于居住区域，要规划义务教育设施。

城市化调整区域是抑制城市化的区域，虽然也执行调整、开发、保护的方针，但原则上不规定用途区域，不制定有关城市街区开发及城市设施等以城市化为目的的城市规划。

城市化区域、城市化调整区域的土地使用是根据开发许可制度和后面提到的区域用地制度来实现的。开发许可制度虽然是推进城市化区域及城市化调整区域开发行为的手段，但必须要得到都道府县知事的许可，知事通过法定的开发许可基准来作出决定。

这是在 1968 年制定现行的《城市规划法》时设立的新制度，迄今为止，在抑制城市化调整区域的乱开发问题上取得了一定的效果，但在城市化的控制、城市设施的调整和整合方面还存在着问题。

①只有城市化区域和城市化调整区域的 2 种区分是不够的，还有必要对现状城市街区、保护区域（农林业区域）等进行区分。

②在城市化区域进行的开发，除一定规模以下的不应用开发许可之外，公寓类的住宅大部分被许可的前提是，该城市化区域已经指定了广大的范围，大致在 10 年之内不会发展为成熟的城市街区。

③城市化区域中城市设施的调整，只规定城市中的新干线道路等基础设施，原则上区域水平的道路、停车场不作为城市规划的设施。尽管提到城市化和设施的整合，但也只考虑最宏观层面上的整合。

④开发行为是"以建筑为主体，以提供建筑用途为目的，对土地进行的区划形状的变更"。不同于英国和德国在城市规划法中提到的开发行为，对地上的建筑物并没有规定，只停留

在土地的区划形状变更的范围上[①]。换言之，用地内的土地使用、建筑物的用途、居住用地的建成、给排水、公共公益设施等虽然接受审查[②]，但建筑本身要按照《建筑标准法》的建筑确认制度。

　　与日本这个制度类似的是美国夏威夷州采用的土地使用制度，分为农业区域（agricultural area）、城市区域（urban area），非城市区域（rural area），保护区域（conservation area）4类。

　　图7.1展示的是哥本哈根的土地使用规划。有关现状城市街区及规划城市化区域是根据地区详细规划对开发进行许可的，此外的区域原则上不允许进行城市街区的开发，并且执行严格的保护政策。这一规划由于其放射状的形状也被称为"手指规划"。

图例
规划城市化区域
现状城市区域
避暑区
森林保护区域（海拔30m以上）
森林区域及海滨区域
优良保护区域
规划保护区域
除去森林区域的大规模国有地
沼泽地、荒地
未利用地

图7.1　哥本哈根的土地使用规划（1960年）

---

①英国的城市规划制度的基本规划许可（planning permission）以及德国的地区详细规划（Bebauungsplan）
　中的开发许可，不仅在住宅用地条件上，而且在地上建筑物的规定及涉及的要点都与日本的制度不同。
②都道府县在城市化调整区域对开发行为赋予开发许可时，可以对建筑率、建筑高度、建筑红线、其他建
　筑用地、结构及设备相关的限制进行规定（《城市规划法》第41条）。

7.3　开发规划和规划许可

在英国，土地使用的规定是根据开发规划（development plan）和规划许可（planning permission）来制定的。开发指包含全部的建设、作业、采矿及其他土地使用和现存建筑物的实质性变更，包括地上、地下及土地上空。所有的开发在原则上必须得到地方规划厅的事先许可，规划厅可以通过与区域开发规划是否一致来作出许可、附带条件许可或不许可的决定。

这种方式和分区制（zoning）不同，申请时需要将开发和规划结合进行判断进而作出决定，因此裁定结果具有较大的差异。如图 7.2 展示的是伦敦中心区域的最高容积率，这一数值不会直接影响到规划许可，但会作为一个参考标准。

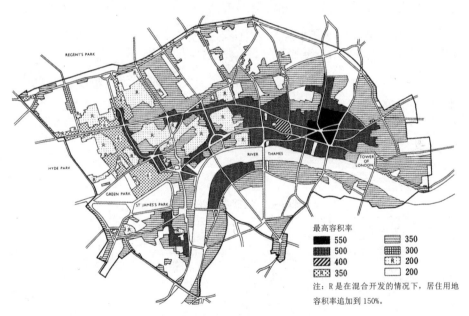

图7.2　伦敦中心区域的最高容积率

这一制度虽然与日本的开发许可制度比较相似，但是在以下几方面有较大的差异：

①英国不论开发规模大小，都是制度应用的对象，而在日本，政令规定对未满规模（300~1000m²）是不适用的。

②英国的规定涉及地面和地上物，而日本只局限于土地的区划形状变更。因此，不发

生区划形状变化的不列为开发对象。

7.4 区域规划制度

7.4.1 德国的区域规划制度

区域详细规划是为了实现土地使用规划的一种地区设计制度，可以说是代替区域用地制度的最合理制度，其代表是德国的区域详细规划（Bebauungsplan）和北欧各国的详细规划（detaljplan）。在瑞典，适用于城市区域的方案叫作城市规划（stadsplan），非城市区域以及休闲娱乐区域适用的方案叫作建设方案（byggnadsplan）。

德国区域详细规划的主要内容有以下几点：

①区域详细规划要遵从城市土地使用规划所阐释的方针，是为实现土地使用规划而制定的区域水平的规划。对于区域的规模没有特别的规定，一般的规模是使用比例尺1∶500~1∶1000 的图纸，并通过注释等进行展示。

②区域详细规划是以包含民用地的一般城市用地为对象。原则上区域详细规划是指定了全市城市化区域的城市规划（不论在哪个国家，新城区、团地、再开发区域等城市开发项目也有详细的规划，但由于不是一般的城市街区，所以与区域详细规划制度有区别）。

③在区域详细规划中，不仅规定了街道、公园等公共设施的配置，规定了建筑区域的建筑线和建筑边线来确定建筑位置，并且对用途、层数、建筑形式、建筑率、容积率等作出了具体的规定。可参见表 7.2 和图 7.3。

表 7.2 德国城市规划的图纸表示记号（部分）

1.建筑用途的种类				
类别	图例		类别	图例
1.1 居住区域	W		1.2 混合区域	M
1.1.1 菜园居住地区	WS		1.2.1 村落地区	MD
1.1.2 居住专用地区	WR		1.2.2 混合地区	MI
1.1.3 一般居住地区	WA		1.2.3 中心地区	MK
1.1.4 特别居住地区	WB			

续表 7.2

类别	图例	类别	图例
1.3　产业区域	(G)	1.4　特别区域	(S)
1.3.1　准工业地区	(GE)	1.4.1　特别地区 如周末住宅区	(SO WOCH)
1.3.2　工业地区	(GI)	1.4.2　其他特别地区 如医疗地区	(SO KLINK)
2. 建筑物的容量规定		3. 建筑形式、建筑线、建筑边界线	

类别	图例	类别	图例
2.1　层数规制		3.1　开放建筑形式	o
最高层数限制	III	3.1.1　仅限独户住宅	(E)
层数的指定	(III)	3.1.2　仅限集合住宅	(H)
2.2　建筑率	0.4 GRZ 0.4	3.2　封闭建筑形式	g
2.3　容积率	(0.7) GFZ 0.7	3.3　建筑线	—·—·—·—
2.4　建筑体积率	3.0 BMZ 3.0	3.4　建筑边界线	— — — —

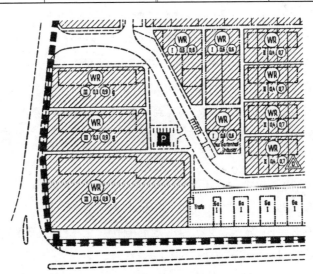

图7.3　德国区域详细规划的示例（居住用地）

④在制定区域详细规划时,依据城市的土地使用规划制定的方针,基于区域调查的结果,从草案开始,通过对模型等的探讨,制定区域设计图,通过规定的程序确定概要规划,经过重复相同的步骤,通过法定的图纸完成区域详细规划。

⑤区域详细规划不仅用于土地使用规划中新城市街区的开发,还有现状城市街区的再开发（包括区域修复）等,并有助于开发的限制、现状环境保护等各种规划目的的实现。

⑥区域详细规划包含居民的参与,由民主程序确定,经过市镇村议会决议,上级政府承认后开始生效。

⑦虽然区域详细规划并不是直接用于实施的制度,但它的规定效果可以通过开发申请时利用开发许可制度来保障。也就是说,原则上没有区域详细规划是无法取得区域开发许可的,但也有例外的情况[①]。

⑧为实现区域详细规划,有必要采取以下的措施:

征收土地,法定先购权,土地整理,征收地区设施负担金,规划命令（例如建筑令、植树令、拆除令、保护令、近代化令等）,规划制定期间的开发行为限制,土地征用的认可,社会规划,补偿。

7.4.2　日本的区域规划制度[②]

日本的区域规划制度是以联邦德国的区域详细规划制度为模型,在 1980 年对《城市规划法》和《建筑标准法》进行修订而创设,主要包括以下内容。

①区域规划是市镇村制定的城市规划,在以城市规划的流程制定时,必须听取规划区域内土地所有者等利益相关方的意见。另外,市镇村在制定城市规划时,政令规定之外的内容有必要同都道府县知事进行商议,并得到同意（《城市规划法》第 19 条）。

②区域规划规定的对象区域有以下几种情况:

功能区域规定的用地;

功能区域无规定的用地,即正在或已经进行城市街区开发的区域,在城市化区域内未来可能形成不良环境的街区区域,已形成良好环境的街区区域。

③市镇村在必要时制定区域规划,需要规定其种类、名称、位置及区域等,区域规划的目标,区域调整、开发、保护方针（区域规划方针）。

---

①现状市区小规模的单独建筑和村落里的住宅建筑不需要在区域详细规划中体现。
②相关制度参见第 6.2.5 节,以及第 7.4.3 节。

④区域规划范围的整体或部分也可以通过区域调整规划来制定。

⑤区域调整规划需规定以下事项：

·区域设施[①]的配置及规模；

·建筑等的用途限制，建筑容积率的最高及最低限制，建筑率的最高限制，建筑占地面积及建筑面积最低限制，红线位置限制，建筑退线区域内构筑物设置的限制，建筑物等的高度及最高和最低限制，建筑等的形态、装饰设计的限制，建筑绿化率的最低限制，围墙、栅栏结构的限制（在城市化调整区域，要排除建筑容积率的最低限度、建筑面积最低限度和建筑等高度的最低限度）。

·为了确保林地、草地等良好的居住环境要素而规定的限制。

⑥引导容积的区域规划标准[②]：在区域调整规划中，认定为缺乏适当配置和一定规模公共设施的区域，对容积率的最高限制根据区域特征，在公共设施整顿的不同阶段进行规定，早期的数值高于后期（《城市规划法》第12条第6款）。

⑦容积分配的区域规划标准[③]：在区域调整规划中，对已经进行了适当配置和具备一定规模公共设施的区域，如有必要再对建筑物进行适当分配，可以对区域进行划分再设定容积率的最高限制。在这种情况下，用途区域内的容积率不能超过区域的总规定范围（《城市规划法》第12条第7款）。

⑧按用途区分容积的区域规划标准[④]：在地区调整规划中做特别认定时，需要将容积率最高限制的全部或部分安排为居住建筑，并同此外的建筑有所区分，需要将前者的数值设定在后者数值之上（《城市规划法》第12条第9款）。

⑨街道引导的区域规划标准[⑤]：在区域调整规划当中，有效地促进合理的土地使用，调整适应区域特征高度、排列、形态等的建筑整治，规定建筑红线位置的限制和建筑高度的最高限制（《城市规划法》第12条第5款第7项），以及根据路幅调整容积和斜线限制的缓和。

⑩区域调整规划中指定区域内进行开发行为、建筑行为等工作，需要提前30日向市镇村长提出申请。市镇村长如果认定为不符合当地的区域规划，可以建议变更设计或其他

---

①城市规划设施以外的设施主要指居民使用的道路、公园、绿地、广场和其他公共用地。

②1990 年法律修订内容。

③1990 年法律修订内容。

④1989 年法律修订内容。

⑤1995 年法律修订内容。

必要的措施。在必要时，市镇村长应采取一定的措施对土地相关权利作出处理。（《城市规划法》第 58 条第 2 款）

⑪ 区域调整规划制定后，可以与《城市规划法》中的开发许可标准相关联（《城市规划法》第 33 条第 1 项）。

⑫ 在区域调整规划的范围内对于建筑物的限制等有关事项，必要时可以通过市镇村条例进行限制（《建筑标准法》第 68 条第 2 款）。另外，如果道路作为地区设施设置，原则上需要确定道路的位置（《建筑标准法》第 68 条第 6 款），并且在一定条件下可以将这些道路指定为规划道路（《建筑标准法》第 68 条第 7 款）。

⑬ 区域设施的调整主体以及费用分担的区分不做另外规定。

7.4.3 区域规划相关制度

区域规划自 1980 年设立以来，已经 30 多年。这一制度曾随着高度经济成长期的终结而被废止，之后又在城市居民环境意识变革以及市镇村新的城市建设意识的背景下重新登上历史舞台。截至 1995 年 3 月末，46 个都道府县和 456 个市镇村采用了这个制度，区域数达到 1633 个，普及的速度也在急速增加。

1987 年以来修订的《城市规划法》，根据修订的《建筑标准法》，增加了村落区域规划、再开发区域规划、居住区高度开发区域规划、防灾街区调整区域规划等新的区域规划相关制度，使其涵盖范围显著扩大。另外，区域规划由于 1989 年的法律修订开始应用于立体道路，并且通过 1990 年的修订引入了按用途区分容积制，1992 年开始适用于城市化调整区域，整合了引导容积制、分配容积制、协定—邀请制度等，1995 年导入了街区引导型区域规划，期待还能应用于地下城市规划。这些规划制度的汇总详见表 7.3。通过这样新的发展使最初的区域规划制度朝着以下的方向持续扩充和扩大：

① 适用区域为城市化区域，使城市规划区域扩大；② 地区特性的规定内容从规定强化型到附带条件缓和型转化等的多样化发展；③ 与城市化开发加强联系；④ 上空、地下及立体的适用范围扩大；⑤ 与住宅政策、居住用地政策、防灾政策等加强联系。

7.5 区域分区制

区域分区制指在城市化区域内的用地，按照其使用目的的不同对区域和分区进行划分，

表 7.3　区域规划相关制度一览

类别	主要依据法律条文	设立年份	适用目的	主要限制事项	主要规定的放宽事项	其他类似制度
区域规划	《城市规划法》第 12 条第 5 款等 《建筑标准法》第 68 条第 2 款等	1980	形成适应各个区域特色的良好环境	区域设施的建筑用途、容积率、建蔽率、用地面积、高度、建筑红线位置、高度、形态、装饰设计、绿化率等	人工基础地区设施所需的建筑率	—
再开发等促进区	《城市规划法》第 12 条第 5-3 项等 《建筑标准法》第 68 条第 3 款等	1988	大规模遷址等的整体高度利用	在高度开发时前需要完善的公共设施等	容积率、斜线限制等	城市再生特别区
开发调整促进区	《城市规划法》第 12 条第 5-4 项等 《建筑标准法》第 68 条第 3-8 项等	2006	大规模商业建筑的适当配置	大规模商业建筑物的引导功能	功能的限制等	—
引导容积	《城市规划法》第 12 条第 6 款等 《建筑标准法》第 68 条第 4 款等	1992	基础设施未完成城市街区的完善促进	公共设施完善前后的容积率等	公共设施调整前的容积率	—
容积的恰当分配	《城市规划法》第 12 条第 7 款等 《建筑标准法》第 68 条第 5 款等	1992	地区内容积率的转移	迁移对象和迁移前区域的容积率等	迁移前的容积率	特例给容积率适用区域
高度开发	《城市规划法》第 12 条第 8 款等 《建筑标准法》第 68 条第 5-3 项等	2000	确保开放空地的再开发	城市街区环境升级所需的建筑红线位置规定等	容积率	高度开发区域

续表 7.3

类别	主要依据法律条文	设立年份	适用目的	主要限制事项	主要规定的放宽事项	其他类似制度
按用途区分容积	《城市规划法》第12条第9款等《建筑标准法》第68条第5-4项等	1990	城市居住推进	区分居住及居住以外用途的容积率	居住面积的容积率	高层居住引导地区
街区建设引导	《城市规划法》第12条第10款等《建筑标准法》第68条第5-5项等	1995	未按照斜线限制等规定形成的街区	建筑高度及退界线等	由斜线限制和道路宽度得出的容积率	特定街区
立体道路	《城市规划法》第12条第11款等《建筑标准法》第44条等	1989	道路完善和高度开发的整体推进	道路上下的建筑等的边界线	道路内建筑限制	—
城市化调整区域内	《城市规划法》第12条第10号等	1999	城市化调整区域内的良好居住环境	住宅街区进行开发、保护的区域等	城市化调整区域内的开发规定	《城市规划法》第11、12号条例
沿路区域规划	《干线道路沿路调整法》第9条等	1980	防止道路交通噪音的危害	缓冲空地、建筑面宽率、防止和阻挡噪声必要的构造限制等	以区域规划为标准	—
村落区域规划	《村落区域调整法》第5条等《城市规划法》第34条第10号等	1987	农村聚落土地使用的调整	村落区域设施、高度、用地规模等	城市化调整区域内的开发限制	城市化调整区域内的区域规划
防灾街区调整区域规划	《密集城市街区调整法》第32条等《建筑标准法》第68条第5-2项等	1997	密集城市街区防灾性能的提高	防灾公共设施和沿路建筑物必要的防火构造限制、建筑面宽率、高度的最低限度等	以区域规划为基准	防火区域、准防火区域
历史风貌维持提升区域规划	《区域历史风貌法》第31条等《建筑标准法》第68条第3-9项等	2008	历史风貌的维持、提升	以区域规划为基准	传统工艺品和食品等用途的规定	传统的建筑物群保护区

基于法律和条例，在一般城市街区各区域、分区中，对于按照用途、高度、形态、构造等不同的各种建筑物，保存、保护区的建筑物，以及其他新建筑，进行增改建设、变更用地性质、树木砍伐等的限制制度。

分区制（zoning）很早就作为城市规划的方法被欧美各国采用，最初主要是从健康、安全的角度出发，对建筑物的用途、高度、和道路间的位置关系等通过警察权力单方面管理。为了满足社会的要求，美国广泛采用分区制，成为城市规划中的一项重要内容。日本也将区域分区制作为《城市规划法》中的重要支柱广泛运用至今。然而，区域分区制原则上是用一定的标准来限制以一块用地为单位的建筑物的用途和形态，在实际应用中较为统一化和僵硬。以往为了对此进行调整，采用了适用例外（variance）、特别许可（special permit）以及区域制条例变更（zoning amendment）等措施。

另外，为了适应经济、社会的变化，开始出现对区域分区制"加入柔软性和创造性"的要求。特别是在 20 世纪 50 年代到 60 年代，美国的城市必须改变过去的分区性质，于是密集开发（cluster development）和规划单位开发（planned unit development，简称 PUD）等新的制度发挥了巨大的作用。作为区域规划的许可制度，它并不是从卫生、安全的角度消除负面影响，而是致力于创造积极的地区环境，相关内容将会在后面的特别许可制度中详细阐述。

通过区域分区制度来积极创造优良城市街区的方式也有局限性，因此欧洲的许多城市在修订城市规划法时引入了区域详细规划制度。

7.5.1　美国各城市的区域制条例

在很多国外的区域分区制中可以看到各种日本没有的规定。美国并没有日本这样的统一的分区制，而是在各个州授权法的基础之上通过城市条例实行，因此不同的城市有不同的规定。纽约市的分区制历史较久，可以说是美国的典型。

美国的分区制相较于日本，用途区域的种类更多。在纽约市，有居住区域（R1~R10）、商业区域（C1~C8）、工业区域（M1~M3），共 21 种区域，以街区为单位进行了极其细致的规定。在限制方面，例如居住区域除建筑用途外，还对最高容积率、最小空地率、最小用地面积、单位面积住户数或居室数、前院—后院—侧院进深、建筑高度及墙厚、内庭的最小规模等进行了详细的限制（表 7.4、图 7.4）。

表 7.4　纽约市区域制的规定用途（被允许的设施用途）

地区		各种设施																	
		住宅		娱乐设施		零售和商业设施							休闲设施				服务设施	工业设施	
		1	2	3	4	5	6	7	8	9	10	11	12	13	14	15	16	17	18
独户住宅	R1 R2	■		■	■														
一般住宅	R3–R10	■	■	■	■														
区域小型零售业	C1	■	■	■	■	■	■												
区域性服务	C2	■	■	■	■	■	■	■	■	■					■				
滨水休闲	C3	■	■	■	■	■	■								■				
一般商业	C4	■	■	■	■	■	■	■	■	■	■	■							
市中心专用商业	C5	■	■	■	■	■	■	■	■	■	■	■							
市中心商业	C6	■	■	■	■	■	■	■	■	■	■	■							
商业、娱乐	C7			■	■							■	■	■	■	■			
一般服务	C8			■	■	■	■	■	■	■	■	■	■	■	■		■		
轻工业	M1					■	■	■	■	■	■	■	■	■	■	■	■		
普通工业	M2					■	■	■	■	■	■	■	■	■	■	■	■	■	■
重工业	M3					■	■	■	■	■	■	■	■	■		■	■	■	■

注：■ 表示允许的设施。

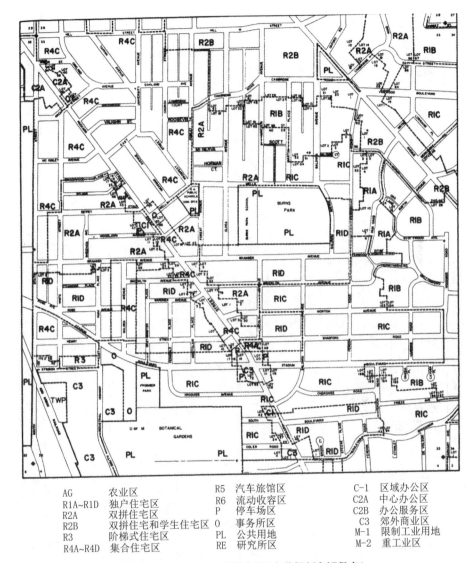

AG	农业区	R5	汽车旅馆区	C-1	区域办公区
R1A~R1D	独户住宅区	R6	流动收容区	C2A	中心办公区
R2A	双拼住宅区	P	停车场区	C2B	办公服务区
R2B	双拼住宅和学生住宅区	O	事务所区	C3	郊外商业区
R3	阶梯式住宅区	PL	公共用地	M-1	限制工业用地
R4A~R4D	集合住宅区	RE	研究所区	M-2	重工业区

图7.4　美国的用途区域图实例(密歇根州安娜堡市)

7.5.2　日本的区域分区制

在日本的《城市规划法》第8条中规定了区域、分区及街区的种类(表6.7),并规定城市规划中必要的内容。区域分区内的建筑及其他构筑物的限制除在《城市规划法》中规定之外,也在《建筑标准法》及其他法律中有规定。

表7.5 用途地域和形态限制（建筑标准法）

规定 ＼ 用途区域	第1类低层居住专用区	第2类低层居住专用区	第1类高层居住专用区	第2类高层居住专用区	第1类居住区	第2类居住区	准居住区	近邻商业区	商业区	准工业区	工业区	工业专用区	城市规划区域内未指定用途的区域②
容积率（%）①	50, 60, 80, 100, 150, 200		100, 150, 200, 300		200, 300, 400			200, 300, 400, 500, 600, 700, 800, 900, 1000, 1300		200, 300, 400		30, 40, 50, 60	400 (100, 200, 300)
建筑率（%）	30, 40, 50, 60		60					80		60		30, 40, 50, 60	70 (50, 60)
建筑退线距离（m）	1, 1.5												1.5
绝对高度限制（m）	10, 12												
斜线限制　道路斜线限制　适用距离（m）	20, 25, 30		20, 25, 30					20, 25, 30, 35		20, 25, 30		20, 25, 30	20, 25, 30
斜线限制　道路斜线限制　倾斜度	1.25		1.5					1.5		1.5			1.5
斜线限制　相邻用地斜线限制　高度（m）	—		20					31		31			31
斜线限制　相邻用地斜线限制　倾斜度	1.25		1.25					2.5		2.5			2.5
斜线限制　北侧斜线限制　高度（m）	5		10										
斜线限制　北侧斜线限制　倾斜度	1.25		1.25										
日影规定　对象建筑	建筑高7m以上且3层以上		建筑高10m以上					10m以上	—	10m以上		—	10m以上
日影规定　测定面（m）	1.5		4					1.5		4			4
日影规定　规定值（5m线的）时间	3, 4, 5		4, 5					4, 5		4, 5			4, 5
用地规模规定的下限值	200m²以下的数值												

注：①前面道路路宽12m以下的用地，许可容积率（%）为居住区区域道路路宽（m）×40，其他区域道路路宽（m）×60以下（《建筑标准法》第52条）。
②未指定用途的区域括号中号码内的数值是特定区域行政厅通过城市规划地方审议会办法议定的。

表 7.6　用途区域的用途限制（《建筑标准法》）

示例	第1类低层居住专用区	第2类低层居住专用区	第1类高层居住专用区	第2类高层居住专用区	第1类居住区	第2类居住区	准居住区	邻近商业区	商业区	准工业区	工业区	工业专用区
住宅、共同住宅、宿舍、出租屋												■
商住两用住宅中的店铺、事务所等部分一定规模以下的											■	■
幼儿园、小学、中学、高中												■
图书馆等												■
神社、寺院、教会等												
养老院、残障人士福利院等												■
托儿所、公共浴场、诊所												
老人福利中心、儿童福利设施等	①	①										
巡查派出所、公共电话等												
大学、职业高中、职业专修学校等	■	■									■	■
医院	■	■									■	■
总占地面积150m²以下的店铺、餐饮店等	■		■									
总占地面积500m²以下的店铺、餐饮店等	■	■	■									
上述以外的零售店铺、餐饮店	■	■	■	②	③							
上述以外的事务所等	■	■	■	②	③							

续表 7.6

示例	第1类低层居住专用区	第2类低层居住专用区	第1类高层居住专用区	第2类高层居住专用区	第1类居住区	第2类居住区	准居住区	邻近商业区	商业区	准工业区	工业区	工业专用区
保龄球场、滑雪场、游泳馆等	■	■	■	■	③							■
酒店、旅馆	■	■	■	■	③						■	■
驾校、占地面积15m²以上的牲畜圈	■	■	■	■	③							
麻将馆、弹珠馆、射击场、赛马奖券发售处等	■	■	■	■	■							■
卡拉OK歌厅等	■	■	■	■	■							
2层以下总占地面积300m²以下的汽车车库	■	■										
经营用仓库、3层以上且总占地面积300m²以上的汽车车库（一定规模以下的附属车库等除外）	■	■	■	■	■	■						
客席面积合计200m²以下的剧场、电影院、演艺场、展览馆等	■	■	■	■	■	■					■	■
客席面积合计200m²以上的剧场、电影院、演艺场、展览馆等	■	■	■	■	■	■	■				■	■
夜总会、饭店、夜店、舞厅等	■	■	■	■	■	■	■	■			■	■
附带单间的公共浴场等	■	■	■	■	■	■	■	■		■	■	■

续表 7.6

示例	第1类低层居专用区	第2类低层居专用区	第1类高层居专用区	第2类高层居专用区	第1类居住区	第2类居住区	准居住区	邻近商业	商业区	准工业区	工业区	工业专用区
总作业面积 50m² 以下且危险性和环境破坏性非常小的工厂	■	■	■	■								
总作业面积 150m² 以下的汽车修理厂	■	■	■	■	■							
总作业面积 150m² 以下且危险性和环境破坏性较小的工厂	■	■	■	■	■	■						
日刊报纸的印刷厂、总作业面积 300m² 以下的汽车修理厂	■	■	■	■	■	■						
总作业面积 150m² 以上且危险性和环境破坏性较大的工厂	■	■	■	■	■	■	■	■				
危险性大且会导致环境明显恶化的工厂	■	■	■	■	■	■	■	■	■	■		
火药类、石油类、燃气类等危险品储藏处理量非常小的设施	■	■	■	②	③							
火药类、石油类、燃气类等危险品储藏处理量较小的设施	■	■	■	■	■							
火药类、石油类、燃气类等危险品储藏处理量较多的设施	■	■	■	■	■	■	■	■				
火药类、石油类、燃气类等危险品储藏处理量非常多的设施	■	■	■	■	■	■	■	■	■	■		

注：□ 可以建设的功能　■ 不可建设的功能。
① 在一定规模的条件下可以建设。
② 该功能的部分为 2 层以下且占地 1500m² 以下可以建设。
③ 该功能的部分占地 3000m² 的情况下可以建设。

用途分区在基本区域中分为第 1 类低层居住专用区、第 2 类低层居住专用区、第 1 类中高层居住专用区、第 2 类中高层居住专用区、第 1 类居住区、第 2 类居住区、准居住区、近邻商业区、商业区、准工业区、工业区、工业专用区 12 个类型。每一个区域都规定了建筑物的用途、容积率、建筑率、斜线限制、高度限制、建筑退线等形态要求，不过容积率、建筑率、建筑退线等是有可选范围的。另外，在特定的区域还可以通过日影来限制建筑物的高度（表 7.5、表 7.6、彩页图 7.5）。

另外还有中高层居住专用区、商业专用区、特别工业区、文教区、零售店铺区、办公区、公益福利区、娱乐休闲区、观光区、特别业务区、研究开发区等地方条例规定的特别用途分区。

斜线限制如图 7.6 所示，在同前方道路、相邻边界等的关系上，对建筑各部分的高度进行了限制。在居住专用区还有北侧的斜线限制。1987 年法律修订，增加了对从道路边线后退的建筑物斜线限制的缓和措施。

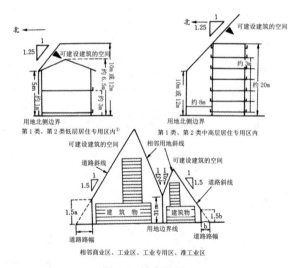

图7.6　斜线限制

1992 年修订法律后，在第 1 类和第 2 类低层居住专用区内，以城市规划的 200m² 作为用地面积的最低限制。

区域分区制中还存在以下问题：

（1）区域分区制同《城市规划法》《建筑标准法》及其他全国通用法律制度一样，具

①用于不适用日影规定的区域。

有全国统一的标准，受大城市的影响明显，但在地方中小城市对一些不必须的制度有普遍放缓实施的倾向。

（2）用途区域作为基本区域，将容积率、建筑率、斜线限制、高度限制、建筑退线等通过不同的组合方式制定，比较死板，不同地区的创新余地较小，需要通过区域规划等进行弥补。

（3）二战前，建筑许可制归属于警察权力，二战后，建筑主体归属地方公共市政机关，并且公共市政机关可以修改对建筑申请的受理和许可的制度，对违章建筑的清除变得更困难了。

（4）二战后，由于大城市的人口集中化以及地价高涨，区域分区制中土地使用强度的相关限制逐渐放松。

（5）另一方面，随着区域种类增加以及用途的专门化，在区域指定的过程中加入居民参与的方式逐渐获得了较高的评价。居民参与随着 1970 年的《建筑标准法》的修订，首次在区域分区的指定过程中应用。这种方式虽然能够很好地反映居民的意志，但也会使规划的目的性变得模糊，因此今后还要在区域分区制的决策方式上多下功夫 ①。

（6）推进城市街道的土地有效高度使用的是十分有必要的，但实际上大部分的城市街区规划的指定容积率都不充足。图 7.7 是东京都各个区的概算容积率和指定容积率的比较。虽然各区存在差异，但区平均容积率的充足率仅为约 40%。这主要是辅助干线道路和地区内道路的不完善所造成的，因此今后在灵活运用引导容积制的同时，应当加大城市街区建设事业的发展。

7.5.3　特别许可制度

1）区划法

传统的区域不一定能保证舒适度，如市场、商业街等公共空地和步行者空间，同其他有空调设备和防灾设施的非收益设施的完善不同。相较于一般区域的限制放宽，容积率补偿和形态规定缓和、允许的用途范围扩大等，称为区划法（incentive zoning）。这一措施在美国的各个城市都有应用。

①从指定区域用地时居民参与的结果来看，现状城市街区良好的居住区中的居民具有自发保护居住环境的要求，例如第 1 种居住专用区等，实现了较严格的区域规定。而另一方面，大城市周边未城市化的区域，地权人及土地经营者的开发意愿更强烈，一般规定的要求较为缓和。这种情况下，虽然有居民参与，但实际上暗中操作的情况并不少见。

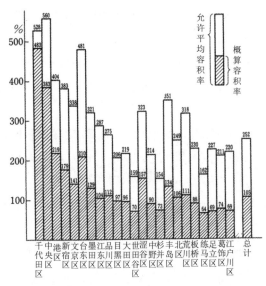

图7.7　东京都各区的建筑物容积率（东京都：东京的土地，1990 年）

图 7.8 是美国芝加哥的区划实例，其中一部分作为商场，还设置了高层后退层及开放式广场等，根据不同的条件，可以在基本面积基础上增加面积。在日本，与之相应的制度是特定街区制度（《城市规划法》第 8 条第 1 项第 4 号），有关综合设计的有团地建筑物认定制度（《建筑标准法》第 86 条第 1 项）、综合设计制度（《建筑标准法》第 59 条第 2 款）等。

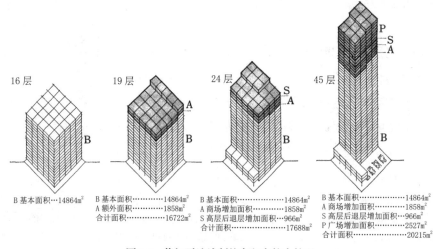

图7.8　芝加哥地域制的容积率扩大情况

区划法使得道路、公园、广场建设落后的日本城市街区的基础设施得到了保障，也促进了用地一体化使用，同时，在避免斜线限制造成不规整的建筑形态等方面具有很大的优势，今后有很大的发展空间。

2）开发权转移

开发权转移（Transfer of Development Right，简称 TRD）是美国的纽约等一些城市采用的制度。主要针对历史建筑物和农地，以自然环境的保护为目的限制开发，是将指定容积和实际使用的容积差作为未使用的开发权，转移到其他用地的制度（图 7.9）。

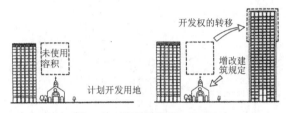

图7.9　开发权的转移（TDR）

3）复合用途开发

复合用途开发（mixed-use development，简称 MXD）是 20 世纪 70 年代美国定义的开发理念。这种开发模式综合了 3 种以上互补用途，进行收支核算，同时规定了规模、密度等。致力于土地的高度利用，是在对步行路线的构成要素进行物理、功能上的统合之后制定的规划。

建筑物的用途包含了居住、办公、酒店、餐厅、剧场、集会设施等多种多样的形式。将不同的功能、空间、主体通过道路、铁路等城市公共设施及准公共开放性设施相连接的一体化开发实例在不断增加，而且成为趋势。除了要得到区域特别许可之外，还需要相应的城市设施管理法以特例来对应。在日本，通过 1989 年的《道路法》及《建筑标准法》的部分修订，创设了将道路和建筑物一体化完善的"立体道路制度"。

7.6　其他的管理措施

7.6.1　用地分段控制（subdivision control）

用地分段（subdivision）是将目标用地通过道路划分成街区和区域的步骤，是在土地开发开始规划的阶段，向城市规划当局提出申请，在适应住宅建设、道路、公园、给排水等规划标准反复修正的基础上，最终获得许可的制度。因为在美国，新城市街区的开发基本上是由民营开发商进行的，所以，运用的规定除区域制之外，用地分段控制也起到了重要的作用（图 7.10）。

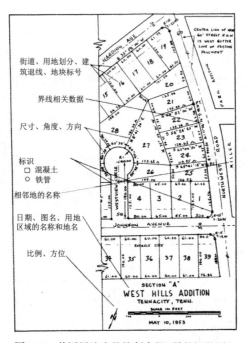

图7.10　美国用地分段控制实例（最终调整图）

7.6.2　规划单位开发制（planned unit development regulations）

规划单位开发（P.U.D.）制是在二战前后对应田园乡村集合居住区的开发而普及的。区域制针对建筑率、容积率、前院、后院、侧院等进行规定，但田园乡村集合居住区不一定要对街区和区域进行分割，建筑群组可以进行自由配置，所以区域制和用地分段制都不适用。因此作为区域制特例处理，同时将团地开发作为规划主体，通过对土地使用强度（L.U.I）和设施的种类配置等进行一定标准之下的审查许可，这种制度称为 P.U.D 制。

近来民间开发中也有像新城这样的大规模开发，因此对于这种开发的规划规定不仅需要适用于居住用地，而且需要对包括商业用地、工业用地在内的整体进行规划，并且需要做针对开发的立地可行性及周边影响的审查。

7.6.3 优先城市化区域（zone à urbaniser en priorité）

1958 年，法国采取该制度，主要是按照短期的目标，为满足住宅建设规划的需求，指定了部分区域优先建设为附带公共设施的优良城市街区。在实行区域制度的市镇村内 100 户以上的居住区，不仅要执行区域内的建设，而且市镇村还必须完善新的道路、绿地、排水管网等。项目受托机关可以获得征用权，设定先购权。这一制度 1967 年在《土地基本法》中废止，目前，通过 1962 年制定的长期调整区域（ZAD）及 1967 年制定的调整确定区域（ZAC），进行新城市街区的开发。

第8章 城市设施和区域开发

8.1 城市设施配套建设

城市设施指城市中的公共设施，与住宅、工厂、公司等私人所有及使用的设施不同。城市设施的种类繁多。

8.1.1 城市设施的种类

根据设施覆盖的公共面积的大小，可将城市设施分为以下几类：

①城市公共设施（urban public facilities）：整个城市尺度上的设施，使用人群范围广、难以特定。如铁路、干线道路、城市公园、绿地、港口、机场、市政厅、市民医院、大学、集散市场、垃圾焚烧厂等。

②地区性公共设施（district public facilities）：地区一级设施，用户范围主要限于区内。如小学、初中、社区公园、社区中心、幼儿园、住宅小区的主要道路等。

③准公共设施（semi-public facilities）：用户范围仅限于小范围的设施。例如建筑间的空地、过道、广场、儿童游戏场所、会场、小绿地、街区道路的空地。

上述设施的分类方法与城市环境系统的配备相一致，也与设施成本负担类别有关。

日本在战后努力发展城市设施，虽然是经济大国，但即使在今天，在道路、排水管道、公园等基础城市设施的配备方面，与欧美发达国家相比仍然有待改善（表 8.1）。

表 8.1 各国城市设施配备水平对比

a.道路

国名	道路总长（万千米）	铺装道路（万千米）	道路铺装率（%）	人口（万）	国土面积（万平方千米）	人均铺装长度（m/人）	单位国土面积铺装长度（km/km²）
美国	624.2	561.8	90	24377	937.3	23.0	0.6
英国	35.2	35.2	100	5689	24.4	6.2	1.44
联邦德国	49.2	48.8	99	6117	24.9	8.0	1.96
法国	80.5	74.2	92	5563	54.7	13.3	1.38
日本	109.9	71.8	65.3	12209	37.8	5.9	1.90

资料来源：城市规划手册。

b . 排水管道系统

国名	设施人口覆盖率（%）	国名	设施人口覆盖率（%）	国名	设施人口覆盖率（%）
美国（1986）	73	法国（1983）	64	瑞典（1982）	86
英国（1982）	95	加拿大（1980）	74	芬兰（1981）	69
德国（1983）	91	瑞士（1981）	85	日本（1990）	42

资料来源：建设省城市局。

c . 主要城市的公园

城市	人口（万）	公园面积（hm²）	人均公园面积（m²）	公园面积占城市面积比（%）	调查年份
纽约	778	15000	19.2	—	1976
芝加哥	306	7308	23.9	12.4	1984
洛杉矶	276	5945	21.5	5.0	1984
巴黎	232	2821	12.2	18.2	1984
圣彼得堡	483	4744	9.8	—	1984
柏林	210	5483	26.1	11.4	1976
波恩	29	1082	37.4	7.7	1984
阿姆斯特丹	81	2377	29.4	14.0	1973
伦敦	717	21828	30.4	13.8	1976
东京（23区）	820	2026	2.5	3.4	1987

资料来源：建设省城市局。

8.1.2　城市规划法中的城市设施

日本的《城市规划法》第 11 条中列出了城市设施的类型（表 6.7），并指出"城市规划要对必要的城市设施作出规定"，也就是说不是所有的城市设施都将作为规划内容来实现。

城市设施在城市化调整区域内也有建设，但配套重点放在城市化区域。《城市规划法》第 13 条规定："城市化区域内至少需配套道路、公园、排水管道等设施，第 1 类低层住宅专用区、第 2 类低层住宅专用区、第 1 类中高层住宅专用区、第 2 类中高层住宅专用区、第 1 类居住区、第 2 类居住区、准居住区，需配备义务教育设施。"

在城市规划规定的公共设施建设区域内，一切建筑行为必须上报都道府县长官并获得许可。长官也可以根据规定，采取有条件限制的建筑许可，或采取因接受购买请求而禁止建设的措施。

城市设施的建设何时开始并无明确规定。相关工作一般由市镇村在获得都道府县长官批准后执行，但也有国家、都道府县或其他机构负责执行的情况。在城市设施建设区域内，建筑行为受到限制，建设主体通过事先购买土地、请求购买或土地征用等手段，获得用地进行建设。

8.1.3　城市设施配套建设中存在的问题

①由于城市规划只能保证一部分城市设施的建设，因此全面的城市设施配套无法依靠城市规划落实。到目前为止，城市规划中所涉及的城市设施有道路、公园、排水管道等建设部门主管的基础设施，教育文化设施、医疗设施、社会福利设施等则极少被纳入城市规划中。

②城市设施的建设与社区规模的关系目前仍不明确。城市设施应当与其服务的社区范围相适应，至少需要对设施服务范围是全市还是社区作出区分，但在《城市规划法》中，对于设施的规定并没有这样的细分。如城市规划中所涉及的道路，一般只涉及城市的干线道路或辅助干线道路，对街区道路则不涉及。另外，虽然规划法规定居住用地内需要设置义务教育机构，但实际按此规定执行的案例寥寥无几。另一方面，城市公园、社区公园、儿童公园等公园绿地则多在规划中得到明确。因此，城市设施规划需要进一步从全市或社区的尺度出发，系统地、综合地进行考虑。

③《城市规划法》第 11 条有关城市设施的规定中包括住宅小区的设施、住宅小区的公共行政服务设施以及物流业务用地三项内容。但这三项内容之所以写入法律主要是因为与土地征用相关，实际的操作还是看各个区域规划的具体内容。因此，虽然同样是在法律中得以明确，但上述设施与道路、排水系统等城市设施不能相提并论。这二者概念上的混淆，也是因为缺乏对区域规划的明确定位造成的。

④公共团体和民间各方如何负担公共设施的开发费用一直是一个问题。《城市规划法》第 75 条中虽有受益者负担费用的规定，但只适用于排水管道的建设。然而，《建筑标准法》中规定的通路义务（宅基地必须要和市政道路相接，相接处宽度不小于 2m）的费用问题，小区内生活设施的费用问题，为保证公共设施用地造成建筑面积减少的费用问题，以及《住宅开发指导纲要》中公园和义务教育设施的用地费用问题等，都没有明确的标准。在日本，主流的想法并不是"我们先设定城市环境的水平，为了达到这个水平大家义务缴纳开发费

用，对不能承受这一费用的人采取补助措施"，而是"对于那些不能承受开发费用的人，即使环境水平降低我们也接受"。在这方面，我们有必要重新考虑环境标准和负担的公平性。

⑤高速公路、铁路等城市设施，有时会损害沿线的生活环境。这是因为设施规划和土地使用规划之间没有整合好造成的。所以，在编制设施规划时，首先必须充分考虑噪声、震动、废气等对周边地区的影响；其次，基于环境影响评估（environmental assessment）对设施规划作出调整，降低设施的负面影响，确保隐私性和舒适度。调整设施规划的常用方法有缩小设施的规模与功能、调整设施的结构等技术手段，此外，还可考虑设置缓冲区（buffer zone）等限制土地使用的措施。

8.2　土地区划整理

土地区划整理是指为了实现城市公共设施的配套，促进居住用地的开发利用，通过"换地"手续对区域内一部分土地的地块划分、地形、用地性质进行变更，或是进行公共设施的新增或更换的公共性的开发行为。

土地区划整理的起源被认为可以追溯到德国的《阿迪凯斯法》。日本从自身的地震灾后重建与战后重建经验出发，进行了独特的发展①，并在 1919 年的《城市规划法》中，对此作出了明文规定。以农业用地为对象的耕地整理，目的虽然不同，但其原理几乎相同（图 8.1）。

8.2.1　土地区划整理的实施类型

土地区划整理主要有以下类型（《土地区划整理法》第 3 条）：

①单人或多人共同②实行相关工作。

②小组执行：宅地产权人或租赁权人组成小组实行相关工作。

③公共市政机关执行：都道府县、市镇村实行相关工作。

---

①参见第 1.3.3、1.3.4 节。

②多人共同实施的人数在 7 人以下。——译注

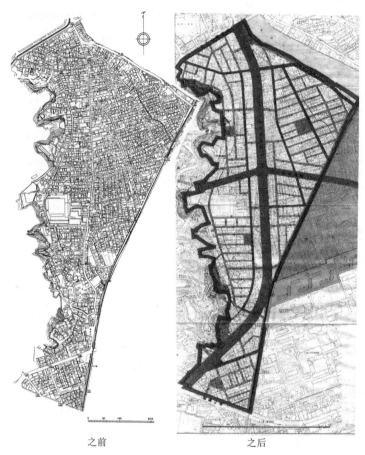

之前   之后

图8.1 广岛市段原区再开发项目（土地区划整理）

④行政厅执行：有关国家利益的重大项目，或是发生灾害等特殊情况，需要紧急实行整修工作的，由建设大臣授权都道府县长官或市镇村行政长官牵头执行，根据情况，建设大臣也可亲自牵头组织相关工作。

⑤公团执行：房地产开发建设、居住用地建设以及新城区的基础整备由公团实行。

①②也叫作自愿性区划整理工作，③④⑤为强制性区划整理工作。

8.2.2 土地区划整理工作的流程

土地区划整理主要有以下必要流程：

①实施区域：确定整理工作的区域。

②工作规划：确定基础设施建设的规划设计。

路网根据道路的功能，分为干线道路、辅助干线道路、区划街道分别加以设计。街区（block）是街道环绕形成的封闭地块，街区内部的建筑用地单位叫作地块（lot），另外需保证区域所需的广场、水路、公园等公共设施用地。表 8.2 为地块设计的标准案例。

③土地置换规划：以置换土地替代原居住用地，通过置换处理，使原居住用地的所有权利关系完全转移到置换土地上。置换土地必须要根据原居住用地的位置、面积、土质、用水情况及周边环境而确定（《土地区划整理法》第 89 条）。土地置换前后如存在土地条件不对等，则需支付清算金（《土地区划整理法》第 94 条），平衡土地差价。

在土地区划整理工作中新增的道路、广场、公园等公共设施，原则上需要在原有土地内部消化。自愿性区划整理工作的实施费用原则上由土地所有者承担，一般会预留一部分土地，用这块土地的收益充当实施费用。所以一般来说，土地置换之后，面积会较之前有所减少，叫作减步。为增加公共用地而使宅地面积减少的称为公共减步，为了交易预留地而使面积减少的叫作保留地减步。减步后的面积与原有的宅地面积的比例，叫作减步率。

④土地评价：对原住宅地及置换土地进行评估。评估方法有观察法、选点法、路线法。

⑤换地决定：确定主要参考的要素，选定置换土地。常用的方法有面积法、评价法、折中法。

⑥换地清算。

⑦换地决定通知：告知相关权利人换地规划的内容。换地决定通知一经公告，即宣告土地相关权利转移的完成，以及与清算费用相关的权利义务关系的发生（《土地区划整理法》第 103、104 条）。

8.2.3　土地区划整理工作的成果

土地区划整理工作的实行情况详见表 8.3，从实施面积来说占到划线城市规划区域[①]面积的 6.6%，占到城市化区域面积的 24.4%。

①划线城市规划区域指城市化区域和城市化抑制区域。——译注

表 8.2　土地区划整理的居住地块、街区的标准
（建设省城市局监修：土地区划整理规划标准方案，1987 年）

地块规模	建筑形式	建筑限制	标准地块（入口朝向）				地块最小边长（入口朝向）		标准街区（入口朝向）	
			北	南	东	西	北、南	东、西	北、南（东西轴线）	东、西（南北轴线）
250m²	1~2 层独栋住宅	基本自由的建筑					10m	15m		
200m²		·有必要保留 ·注意相邻关系，邻居日照、采光、通风					10m	13m		
150m²	2 层独栋住宅	·有必要保留 ·有必要指定红线位置和共有墙面等					8m	—		
100m²	带露台的公寓、联排住宅	道路、建筑、小型儿童游戏场等作为整体，在各个地块中进行设计								
—	中高层公寓									

表 8.3　土地区划整理工作的执行情况（1991 年 3 月 31 日）

实行情况 \ 适用法及执行主体		调整工作进展情况							
		1954 年前		1955~1990 年		1990 年		合计	
		地区数	面积（hm²）	地区数	面积（hm²）	地区数	面积（hm²）	地区数	面积（hm²）
旧城市规划法		1183	49101.0	—	—	—	—	1183	49101.0
土地区划整理法	单人或多人实行	3	27.0	1076	19105.3	29	296.7	1102	19429.0
	小组实行	18	1146.0	4098	93274.9	140	2870.4	4256	97291.3
	公共市政机关实行	54	3089.0	2127	110549.1	38	958.8	2219	114596.9
	行政厅实行	224	29161.0	96	4720	0	0	320	33881.0
	住宅/城市整备公团实行	—	—	132	18290.4	4	274.2	136	18564.6
	地域振兴整备公团实行	—	—	1	331.9	1	242.0	2	573.9
	地方住宅供给公社实行	—	—	4	222.3	0	0	4	222.3
	小计	299	33423.0	7534	246494.0	212	4642.0	8045	284559.0
合计		1482	82524.0	7534	246494.0	212	4642.0	9228	333660.0

续表 8.3

实行情况 ＼ 适用法及执行主体		土地置换情况 截至1990年 地区数	面积（hm²）	1990年 地区数	面积（hm²）	合计 地区数	面积（hm²）	实行中地区（1990年末）地区数	面积（hm²）
旧城市规划法		1183	49101.0	—	—	1183	49101.0	—	—
土地区划整理法	单人或多人实行	1016	17531.0	19	331.3	1035	17862.3	73	1566.7
	小组实行	3249	67842.9	107	2082.9	3356	69925.8	900	27365.5
	公共团体实行	1464	77225.2	53	2487.1	1517	79712.3	702	34884.6
	行政厅实行	302	30902.8	5	532.0	307	31434.8	13	2446.2
	住宅／城市整备公团实行	79	10078.2	2	463.4	81	10541.6	55	8023.0
	地域振兴整备公团实行	—	—	0	0	—	—	2	573.9
	地方住宅供给公社实行	1	119	1	56.2	2	175.2	2	47.1
	小计	6111	203699.1	187	5952.9	6298	209652.0	1747	74907.0
合计		7294	252800.1	187	5952.9	7481	258753.0	1747	74907.0

资料来源：建设省城市局。

8.2.4 土地区划整理工作的问题

进行土地区划整理工作，可以不采用土地全面收购这样耗资巨大的方法，也能实现在必要的地方保证街区和地块的基础设施配套。土地区划整理工作的优点在于不割裂权利人对土地的所有权及其他权利关系。不得不说，在日本城市规划财政资金不足的情况下，在改善城市区域道路、公园、排水管道等公共设施方面，土地区划整理工作发挥了巨大的作用。但为了满足城市化 50 年来的各种需求，还有以下问题需要改善。

①土地区划整理工作旨在直接改变土地性质和使用方式，不包括地上建筑等的综合区域建设，因此其效果是有限的。而且，即使土地调整完成了也未必能马上建造建筑物，土地可能会长期闲置。

②土地区划整理工作是以土地调整为目的，设计的重点在于保证调整前后的权利公平分配，促进土地置换顺利进行，因此设计容易变得单一僵化。

③即使土地区划整理后，土地经过调整，也不能阻止调整后的居住用地的细分化，有必要对最小地块进行限制。

④除了所有权利人同意的情况外，因城市公共设施造成的公共减步的费用，并没有一般城区共通的明确解决方案标准。这样的费用，是由公共减步的受益者承担，是修建私人道路所得的捐款或开发费用支付，还是由开发后的收益反馈社会来负担，目前解决方案尚不明确。

⑤在宅基地细分、产权关系错综复杂的现状城区，要实行土地区划整理越来越困难。虽然有立体的土地置换制度，但涉及地上建筑的工作是由《城市再开发法》指导的独立的公共事业，实际上土地区划整理主要被用在郊区的新开发区域。

虽然存在上述一些问题，但是土地区划整理仍然具有制度上的优点，今后需要在解决这些问题的方向上进行改善，灵活应用。

8.3　新开发与新城

8.3.1　新开发的类型与目的

新开发以未使用的土地或非城市用地为对象，开发主体通过新开发将它们转化为城市用地。新开发的类型多样，有像新城开发这样大规模多功能的开发，各种居住区开发，或更小规模的房地产开发等，各种类型的新开发不仅在城市化进程中所起的作用不同，在城市规划制度上或是规划技术上存在的问题也各不相同。

新开发从规模上来看也是种类繁多，既有人口规模在 30 万至 50 万的大规模的新城开发，也有人口规模在 300 户至 400 户的小型居住区开发，还有单体建筑的建造或销售等（表 8.4）。

表 8.4　新开发的类型示例

开发程度类型	大规模多功能型	中规模单功能型	小规模单功能型
A. 基础设施及地上建筑一体规划建设	英国的新城	千里新城住宅、城市公团团地	商品房小区（无序开发）
B. 介于 A 与 C 之间的类型	美国的新城 筑波研究学园 关西研学城	多摩新城	—
C. 只进行基础设施配套，地上建筑另行开发	鹿岛产业园区	土地区划整理	宅基地分块销售（无序开发）

①独立城市：与现有城市有一定距离，具备城市生产活动和消费生活所需的各种功能，在日常生活上具备高度自给自足性。新城就是这一类型开发的典型。

②团地：往往不具备新城那样复杂多样的功能，其开发主要针对一种或者几种城市功能。除了居住区、工业园区、物流园区、行政办公园区外，还有休闲娱乐区、大学校区、军事基地等特殊功能的团地。在日本，针对居住区的建设有《新居住城市开发法》，开发主体享用土地征用权及优先购买权。

③其他的新房地产开发：一般的民间中小型企业或个人实行的小规模开发。

从与现有的城市的关系来看，新开发又可分为独立城市型、城市扩张型（expanding town）、无序扩张型、填充开发型（infilling）等。

从城区建造方法来看，可分为全部收购模式与部分收购模式。部分收购模式的开发只负责公共设施的配备及基础的建设，全部收购模式则包含地上的建筑与设施的规划和建造。

开发主体有公共市政机关、公益团体、民间团体及个人。获得国土交通部或都道府县审批通过的城市基础设施建设和城市开发主要由公共市政机关主导，原则上开发规模比团地开发大。

8.3.2　新城和扩张城市

第二次世界大战后，"新城"一词在日本开始被广泛使用。新城的定义因人而异，但大都符合两个条件：第一，不是自然形成的，而是根据规划人工建设的城市；第二，规模和功能上都可与独立城市匹敌。

"新城"一词最早在英国出现。1946 年英国的《新城市法》颁布，根据这部新法建设而成的城市被叫作"新城"，也是为了与现有的区域开发政策——扩张城市——相区别。

随着新城广受好评，城市周边的大规模居住区开发也开始被叫作"新城"。英国的新城开发规划历经 30 年的发展，其开发方式不断改变，"新城"一词也渐渐脱离最早的含义。所以，今天我们说的"新城"的内涵是非常丰富的。常见的新城有如下几种：

①国家的新首都或地区的新首府：历史上有华盛顿（Washington）、堪培拉（Cambella），较新的有巴西利亚（Brazilia）、昌迪加尔（Chandigarh）。新首都、首府的设立，多是为了纪念建国或纪念领袖、执政者的卓越功绩[①]。

②大城市周边的卫星城：大多坐落于大城市的周边，目的在于缓解大城市人口与功能过于集中的问题，同时享受大城市的一些便利条件。例如英国伦敦和格拉斯哥周边的新城，日本的筑波研究学园和关西研学城也是这一类型。

③为振兴地方产业而建的新城：为了振兴经济不断衰退的地区，促进其产业发展，以产业开发为核心进行新城开发。英国的彼特利（Peterlee）就是此类型的新城。

④大规模规划开发的新城区：作为住宅政策的一部分，此类开发的目的在于提供更多更好的城市住宅，同时新城区的规划有助于营造良好的城市秩序。斯德哥尔摩的郊外居住区，日本的千里新城、高藏寺新城、泉北新城、多摩新城等在大城市周边的大规模居住区都是这一类型，这类新城在各国都十分常见。

⑤城中新城（new town in-town）：城中新城指在原有大城市内部，根据新城开发原则实行的大规模开发。大城市内部虽然地价高、土地所有权分散，开发有难度，但具有可利用的既有城市结构，具有方便居民上下班、激发老城区活力等诸多优势。纽约的罗斯福岛（Roosevelt Island）和伦敦的泰晤士米德（Thamesmead）就是典型的城中新城。

以往开发的新城，从功能上可分为独立城市和从属城市。独立城市具有主体性的生产功能，为在此工作的人们提供住宅等生活设施，而从属城市的生产功能基本依赖于大城市或相邻城市。目前，日本由地方公共市政机关或住宅公团开发的新城，虽然规模比国外的新城要大，但大都是从属城市，也常被叫作卧城（城郊住宅区）。除去上面两种类型，也有像塔皮奥拉（Tapiola）、泰晤士米德（Thamesmead）等，居住人口一部分在母城市就职、一部分在市内工作的中间型新城。

与新城相对的就是扩张城市（expanding town）。新城开发主要是针对未开垦的处女地，而扩张城市则是现有的中小城市与大城市签订协议，从大城市分流一部分人口在该城市中居住，并在该城市内进行办公区和居住区的开发。英国在 1953 年颁布了《城市扩张法》

①参见第 1.2.12、22、25 节。

（*Town Development Act*），对此类开发进行了制度化规范。

8.3.3 英国的新城

英国新城政策经历了几个阶段的发展。从早期的埃比尼泽·霍华德（Ebenezer Howard）的田园城市理论以及受其影响的卫星城理论，到1940年的巴罗报告（Barlow Report）提出分散工业布局以及发展卫星城的倡议，再到1944年阿伯克比教授（Patrick Abercrombie）提出的大伦敦规划（Greater London Plan）。大伦敦规划提出，为了防止城市的无序扩张，在城市周围设置环绕的绿带，从既有的城市内部连同产业一起，迁移约100万人到绿带以外或其他周边地区，其中40万人分别迁移至8个新城。

1946年，劳动党政府开始在伦敦和格拉斯哥等大城市周边建设新城，通过再开发来消化超规人口（overpill）[①]，另一方面，针对产业衰退、人口减少的地区，制订了《新城市法》（*New Towns Act*），以稳固新产业的植入，促进新城开发。

负责相关工作的部委领导需要指定新城的区域，并设置各区域的新城开发国有公司，授权公司取得土地、处理、建造维护住宅及其他设施等权利。截至1975年，伦敦周边已有新城8座，英格兰的其他地区共有新城13座，苏格兰有5座，北爱尔兰有4座，威尔士有2座，共有32座新城获得批准。

最初新城的规划人口被认为在20000~60000为宜。城市由中心区、工业区、居住区和绿地组成。中心区选在交通便利的地段，配备各类公共设施与商业设施，工业区位于远离市区的地方，引入工厂，提供大中小规模的不同产业工种，以便更多的人在此安居乐业。新城的居住区初期采用邻里单元制（Neighborhood Unit），配备小学、幼儿园、教会等社区设施，只要和居住环境相关的"从摇篮到墓地"的一切，都尝试一一实现。

随着新城建设的推进，开始出现了对之前的新城诸如密度过低、景观单调、缺乏城市特色的批评。20世纪50年代中期，英国开始尝试建设城市结构立体化的新城[②]。此后，英国在选定新城时，都会对各地的情况进行深入的研究，从居民的生活环境来看，英国新城的建设水平是高超的，一直广受好评。

为了实现新城生产功能的独立性，保证城市内部居民职业、年龄、收入等各阶层间的

---

①在英国，超出规划人口数的人口称为超规人口。

②主要是胡克市（Hook）与坎伯诺尔德市（Cumbernauld）。胡克市立体城市结构规划在1961年由L.C.C.提出但并未实现，立体城市结构在苏格兰新城坎伯诺尔德市得以实现。

平衡，同时还需要考虑容纳母城再开发带来的过量人口，英国的新城建设经历了漫长的发展历程。随着早期新城的建设日趋完善，新城与周边的村镇之间也逐渐产生了基于雇佣的通勤关系，新城开始在地区内扎根发芽。

1963 年至 1964 年，随着两份政府文书[①]的出台，新城政策也进行了方向性的调整。因为，研究表明，伦敦的人口问题是过高的人口自然增长以及白领阶层的过多流入造成的，而之前的新城政策被证实不仅没有解决问题，反而导致了问题的恶化。

因此，新城的规划人口数上调至 10 万，在以伦敦为中心的首都圈内制订了新城开发的专项规划。在以现状城市为中心的 100km 圈内，通过规划人口数在 10 万左右的新城，以分散伦敦的吸引力，确保产业和人口的平衡[②]。虽然是新城，却不是小规模的独立城市，而是包括既有城市和地区的，以大规模产业为核心的互动式发展的新城。

但是，现今英国经济下滑严重，新的城市衰退问题不断涌现，新城政策又迎来了新的调整。当下的英国政府已经不再进行新的新城规划，而是陆续解散之前新城开发的国有公司，将工作的重点转移到现状城市的再开发工作上。英国的规划管理部门未来将如何改变这样的区域开发问题，成为世界关注的焦点。

8.3.4　美国的新城

在美国不存在英国那样的提供居民就业的新城开发，公共主导型的城市开发是禁忌，住宅建设基本也是由民营企业承担的。联邦政府在 20 世纪 30 年代主导开发的三个绿带镇可谓是经济萧条时期的特例。

美国的城市居住区都有远离市中心分处于郊外的倾向，这得益于私家车的普及和高速公路的发达。同时，这种居住模式，也与人们想要逃离市中心混乱的交通，躲避高税率和恶化的环境，希望住在宽敞的独门独院的意愿息息相关。针对这种中产阶级的居住需求，开发商争先恐后建造不同规模的居住区，所谓的郊区居住区（suburbia）形成了。这一时期，不乏像莱比特公司这样，一家民营开发商一举开发建造可容纳 7 万人的大规模居住社区的实例[③]。往郊外发展的不仅仅是住宅，工厂、物流设施、企业研究部门、仓库等产业园区，辐射面广的大型购物中心、银行、公司，甚至是游乐场、高尔夫球场、大学校区等。以多

---

① 《关于伦敦的白皮书》（1963 年）和《英格兰东南部调查报告》（1964 年）。

② 参见第 3.5.2 节。

③ 参见第 1.3.2 节。

功能的道路、铁路或航空为枢纽，广大的区域开始紧密联结，形成了综合性的开发区域。这是美国新城发展的基础。

最近，先前与房地产开发没有直接关系的一些美国一流大公司、大地权人开始与金融资本合作，将曾经是郊区发展主角的开发商作为其下级业务，正式启动了美国新城开发事业，产业开发开始逐渐取代之前的房地产开发成为新趋势。美国的新城开发都是由民间资本主导，企业作为开发引擎获取大量郊外的用地，基于灵活的基本规划，再将用地分给各个开发商，整个开发的过程快速而多变。各级自治政府通过 PUD 制度对地方开发进行引导和限制。

美国联邦政府设置了住宅及城市开发部（HUD）推进新城开发，但作用十分有限。在新城开发中，国家能做的就是 1970 年出台的法定间接性援助，如对开发商进行债务担保，提供开发初期的融资，为地方公共市政机关提供补助金等。所以，大民营企业在地区开发中如何相互配合，官民该如何协作推进新城发展是未来的一大课题。

8.3.5　新开发的案例

本节介绍世界各国第二次世界大战后主要的新开发案例（表 8.6、表 8.7）。

表 8.6　世界各国主要的新开发案例

国家	名称	中心城市	开发年份	规划人口（万）	规划面积（hm²）	开发主体
英国	Harlow	伦敦	1947	7.8	2450	公有开发公司
	Cumbernauld	格拉斯哥	1955	10	1680	公有开发公司
	Redditch	伯明翰	1964	9	2880	公有开发公司
	Runcorn	利物浦	1964	10	2900	公有开发公司
	Irvine	格拉斯哥	1965	12	4960	公有开发公司
	Milton Keynes	伦敦	1967	25	8863	公有开发公司
	Thamesmead	伦敦	1966	6	525	G.L.C.
法国	Toulouse	图卢兹	1961	10	800	市政府
	Cergy-Pontoise	巴黎	1966	35	9000	公有开发公司
	Evry	巴黎	1959	13	2500	公有开发公司

续表 8.6

国家	名称	中心城市	开发年份	规划人口（万）	规划面积（hm²）	开发主体
德国	Nordweststadt	法兰克福	1959	2.5	165	市政府
	Neuperlach	慕尼黑	1962	7.5	1000	公有开发公司
瑞典	Vällingby	斯德哥尔摩	1950	6	1022	市政府
	Farsta	斯德哥尔摩	1953	3.5	—	市政府
	Skärholmen	斯德哥尔摩	1961	—	—	市政府
芬兰	Tapiola	赫尔辛基	1952	1.7	243	公益法人
加拿大	Don Mills	多伦多	1953	2.5	823	民间开发商
美国	Park Forest	芝加哥	1951	1.5	960	民间开发商
	Reston	华盛顿	1962	7.5	2800	民间开发商
	Columbia	华盛顿	1963	11	6000	民间开发商

表 8.7　日本主要的新开发案例

名称	中心城市	年份	规划人口（万）	规划面积（hm²）	开发主体
千里新城	大阪	1961	15	1150	大阪府
高藏寺新城	名古屋	1961	8.1	702	住宅公团
泉北新城	大阪	1964	18	1511	大阪府
筑波研究学园	东京	1965	11.4	2700	国土厅及公团
千叶新城	东京、千叶	1966	34	2913	千叶县
多摩新城	东京	1967	37.3	3016	住宅公团及东京都
港北新城	东京、横滨	1968	30	2530	住宅公团及横滨市
长冈新城	长冈	1975	1	440	区域公团
磐城新城	磐城	1975	2.5	530	区域公团
吉备高原城	冈山	1980	0.6	430	区域公团
八王子市新城	东京	1988	2.8	393	区域公团

1）哈洛（Harlow）

哈洛是在伦敦周围开发的早期新城的代表。由弗雷德里克·吉伯德（Frederick Gibberd）设计，规划公布于1947年。它继承了田园城市的设计理念，以低密度开发为原则，并采用邻里单元制度。如图 8.2 所示，市区是以火车站为中心的半圆，中心城区设在火车站的南边，并沿铁路设有两个工业区；居住用地分为 4 个居住大区，以邻里单元配置。城市干道通过居住大区之间的绿地，辅助干道连接每个居住大区的中心区。规划人口原为60000，后来改为80000，但1975年的人口超过了这个数字，达到83500。

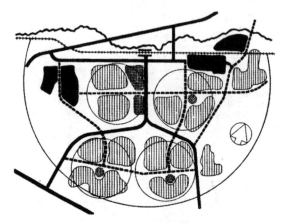

图8.2 城市的结构

图8.3是东北部居住大区的基本规划图，由3个相邻小区组成。居住小区间由辅助干道和绿地隔开，道路交汇处设有小区中心；每个居住小区各自的中心有一所小学，还有由4~6家商店、会馆和酒吧组成的副中心；居住区内部又分为150到400户的住房集合，还有儿童游乐场和聚会场所。哈洛的社区是由这样四层结构组成。

图8.3 东北部居住大区基本规划

马克·霍尔北（Mark Hall North）居住小区，是东北部的住宅区，它利用地形的优势，保留现有树木，进行了巧妙的景观设计（图8.4~图8.6）。

地点：伦敦以北 48.3km；

规划年份：1947 年；

占地面积：2450hm^2。

规划人口：77700；

开发主体：哈洛新城开发公司；

图8.4　马克·霍尔北部分住宅

图8.5　马克·霍尔北景观

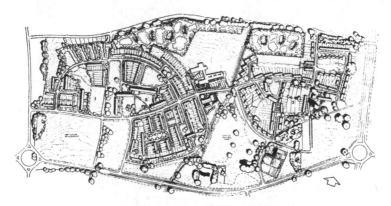

图8.6　马克·霍尔北近邻居住区

2）坎伯诺尔德（Cumbernauld）

这是为了分散格拉斯哥的人口，而在其郊区发展起来的新城之一。早期新城受田园城市设计理念的影响，实行低密度开发，导致其缺乏都市的感觉。出于对此的反省，这一方案没有采用邻里单元制度而采用单核心制，通过在细长的山丘上建设集中各种功能的大规模中心区，围绕这一中心在半山腰配置各具特色的高密度住宅群，来营造都市的环境 图8.7~图8.11）。可以说，这种设计思想和胡克新城在方向上是一样的。交通上实行人车立体分流，在中心区规划了容量达 5000 台车的立体停车场。

位置：距格拉斯哥 22.4km；　　　规划年份：1955 年；

规划主体：坎伯诺尔德开发公司；规划人口：100000；

占地面积：1680hm²；　　　　　人口密度：60 人/hm²（高密度住宅面积 250 人/hm²）。

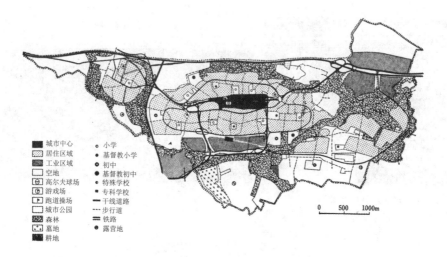

图8.7　基本规划

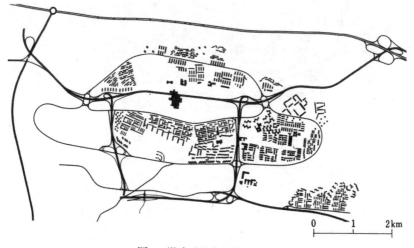

图8.8 道路系统和居住区构成

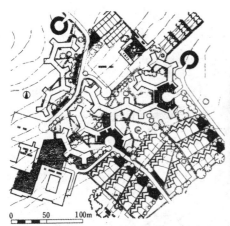

图8.9 基尔德拉姆第5居住区平面及实景

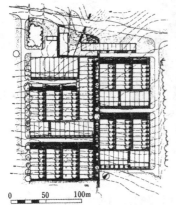

图8.10 西发第1居住区平面及实景

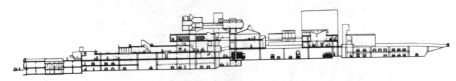

图8.11 新城中心剖面

3）泰晤士米德（Thamesmead）

泰晤士米德位于伦敦市中心以东13km处，是泰晤士河右岸规划人口为60000的城中新城。这里原本是国防部拥有的土地，大伦敦议会（G.L.C.）接手之后，将其规划为一个可以兼顾市中心就业和当地工作的独立高密度居住用地。

由于场地平坦，单调的设计不太适合，所以设计者构想了一个充满活力的城市形态，高层住宅带如脊椎一般连绵于泰晤士河畔，城市干线道路沿其形状展开。中心区设置在和游艇码头的交界处。场地后部的居住用地建有几个人工湖，并用水路连接(图8.12~图8.15)。现在，南部居住区的一部分已经建成，但是没有进行后续的开发(图8.16)。

位置：伦敦中心以东 13km；　　占地面积：525hm²；

规划年份：1966年；　　　　　　人口密度：114 人 /hm²；

规划主体：　　　　　　　　　　大伦敦议会 规划人口：60000。

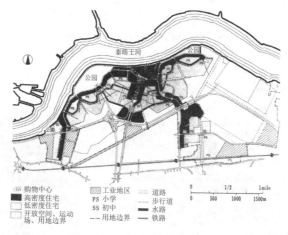

图8.12　基本规划

图8.14　部分住宅

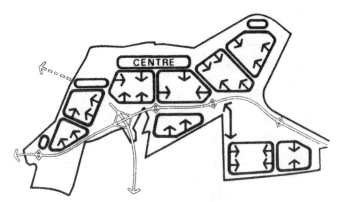

图8.13 城市的结构

图8.15 全景

图8.16 竣工的南部居住区

4）雷斯顿（Reston）

位于华盛顿西北 29km 处的杜勒斯机场附近，是由民营企业开发的美式新城的先驱案例。广阔的场地被高速公路沿线的轻工业区分为两大部分，南北共有七个住宅小区。设计保护了场内美丽的森林，加入了人造湖和高尔夫球场等充分体现绿色和水源的设计元素。为了在地区内创造就业机会，开发中引进了工业园区。住房的设计和价格也是多样化的，以便满足各阶层的不同需要（图 8.17）。

最早完工的安妮湖村（Lake Anne Village），其中心区域临湖而建，依水而建的住宅设计尤为出众（图 8.18~图 8.20）。

地点：华盛顿东北 29km；

规划年份：1962 年；

规划主体：西蒙公司；

计划人口：75000；

占地面积：2800hm^2；

人口密度：26 人 /hm^2。

图例
▲ 学校
工业用地
绿地
居住用地
商业用地

0   1km

图8.17 基本规划

图例 1. 店铺 2. 超市 3. 托儿所 4. 办公设施和店铺 5. 办公设施（通信相关）6. 办公设施和居住 7. 高层住宅 8. 住宅 9. 广场 10. 停车场 11. 人工湖

图8.18 安妮湖村中心平面

图8.19　安妮湖村中心

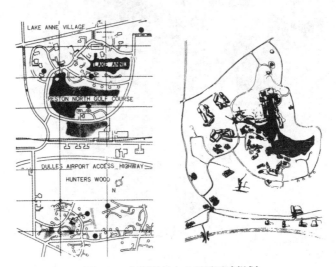

图8.20　安妮湖村中心附近区域规划

5）图卢兹乐米拉尔（Toulouse le Mirail）

位于法国图卢兹市西南5km处，从功能上看是一座通勤城市，也是地区的中心（图8.21）。新城由康迪利斯（Georges Candilis）设计，不同于近邻住区，该设计第一次具体实现了以流动性、活力等城市成长与发展为核心概念的第十小组（Team X）的设计理念（图8.22）。

图8.21　图卢兹乐米拉尔区位

图8.22　基本规划

行人与机动车通过一个独特的系统实现了立体分流，三叉交叉、Y形的城市干线道路，以及另一系统的步行专用道立体地重叠在了一起。各种生活设施、公园绿地、住宅聚集区，沿着步行天桥一体配置，组成城市的核心结构，没有采用近邻住区（图8.23~图8.25）。

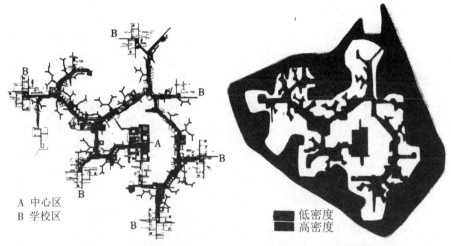

A 中心区
B 学校区

低密度
高密度

图8.23　步行道与城市设施　　　　图8.24　人口密度结构

图8.25　居住区景观

政府和公共机构设施位于该区的中央，而商业、社会、文化等设施则配置于 6 个学区的各居住小区中心。

地点：图卢兹市西南 5km；

规划年份：1961 年；

规划主体：图卢兹市；

规划人口：100000；

地块面积：800hm^2；

人口密度：125 人 /hm^2。

6）塔皮奥拉（Tapiola）

塔皮奥拉位于赫尔辛基以西 10km 的郊区，乘公交车 20 分钟即可到达，属于埃斯波郡。用地的南面是大海，几乎平坦的基岩，地上覆盖着以白桦树为主的美丽森林。开发尽可能地保留了树木，只建设必要的部分，以免破坏美丽的自然环境，因此人口密度极低。

围绕着中心区按东部、西部、北部的顺序依次开发，最后完成城镇中心的建设（表 8.8、表 8.9、图 8.26~ 图 8.28）。每个居住小区都有副中心、学校和供暖设备。塔皮奥拉虽然是一个居住城市，但其北部的开发过程中引入了轻工业，使它具有了如今半卫星城的特点。位于中心的水池是利用采集建筑所需砂石后的坑地设计建造的。

位置：赫尔辛基以西 10km；

规划年份：1952 年；

规划主体：由六家社会事业团体出资的住宅公司；

规划人口：17000；

占地面积：243hm^2；

人口密度：65 人 /hm^2。

表 8.8　住宅形式与相应户数

类别	户数	总户数占比（%）
高层住宅	698	24
中层塔楼住宅	757	26.8
中层公寓	1021	36.3
低层排屋	228	8.1
独栋、双拼住宅	108	3.8
总计	2812	99

表 8.9　土地使用构成比例

类别	用地占比（%）
独栋住宅、联排住宅	12
公寓	12
商业	2
工业	3.5
公共建筑	5.5
道路、通道、停车场	9
开放空间	56
总计	100

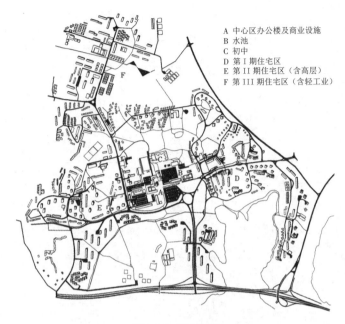

A 中心区办公楼及商业设施
B 水池
C 初中
D 第 I 期住宅区
E 第 II 期住宅区（含高层）
F 第 III 期住宅区（含轻工业）

图8.26 基本规划

图8.27 低层连续住宅

图8.28 新城中心景观（东面视角）

7）千里新城

大阪府企业局为应对每年 250000 人口的激增以及由此引发的城市无序扩张，在大阪市以北 15km、吹田市和丰中市之间的千里山上，开发了日本第一座大型新城。尽管人口规模达 150000，但却是市内没有办公场所的通勤居住城市。开发于 1968 年完成（表8.10）。

表 8.10 土地使用率

类别	面积（hm²）	土地使用率（%）
道路	249	22
公园绿地	274	24
居住用地	505	44
公共设施用地	76	6
商业设施用地	46	4
共计	1150	100

城市结构分为中部、北部和南部的三个区，每个区包含 3~5 个居住区。每个区有中心，在区中心和居住区中心设有小学。1 个居住区由 2 个分区组成，分区内有一个近邻中心（图 8.29、图 8.30）。

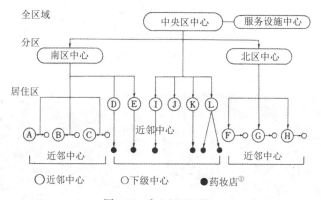

图8.29 中心层级结构

地区外部的交通干线道路有通往大阪市中心的御堂筋线（路宽 50m），连接大阪国际机场和周边城市的中央环线（宽 50m），上下班主要依靠地铁和京阪神轻轨千里山线。

地点：大阪市以北 15km；   规划年度：1961 年（1968 年竣工）；

规划主体：大阪府企业局；   规划人口：150000；

占地面积：1150hm²；   人口密度：130 人 /hm²。

---

① 兼售日用品等，类似于便利店。——译注

A. 津云台　　B. 高野台　C. 佐竹台　D. 桃山台　　E. 竹见台
F. 青山台　　G. 藤代台　H. 古江台　I. 新千里北町　J. 新千里东町
K. 新千里西町　L. 新千里南町

图8.30　千里新城实施区划

8）高藏寺新城

高藏寺新城是日本住宅公团开发的第一座大型新城。在总体规划阶段之前，公团内部的规划者就与城市规划设计研究者合作，从长远的角度出发，在充分参考了海外开发经验的基础上，雄心勃勃地进行了规划设计，希望打造日本新城规划的里程碑。但在进入实施阶段后，由于公团自身的原因，总体规划被大幅度修改，当初的想法并未得到落实。

总体规划以高层住宅和步行专用道为城市轴线，将人与机动车交通进行立体分离，为了未来城市向单核心形式转变做铺垫。设计理念受到坎伯诺尔德和图卢兹的城市规划设计影响。

居住小区在结构设计上充分利用了地形，设有 3 个含有大片开放空间的居住小区，城市轴线从中心区分叉延伸到各个居住小区，在设计上与主干道交通系统呈平面或立体的分离。设计没有拘泥于千里新城那样的近邻住区单元，而是采取了灵活的居住小区结构（表8.11、表 8.12，图 8.33~ 图 8.35）。

表 8.11　土地使用率

类别	面积（hm^2）	土地使用率（%）
干线道路	55	6.5
开放空间	179	21.2
居住用地	495	58
学校用地	63	7.4
中心地区	15	1.8
招商设施及其他	43	5.1
总计	850	100

表 8.12　开放空间

类别	数量（处）	用地面积（hm^2）
幼儿公园（300~600m^2）	200	12
儿童公园（0.3~0.5hm^2）	40	15
近邻公园（2hm^2）	6	12
自然公园	4	54
绿地	—	84
其他	—	2
总计	—	179

虽然高藏寺新城作为名古屋市的通勤居住城市的性质很明显，但它没有接通轨道交通，公共汽车是主要的交通工具。

地点：名古屋市中心东北部约 20km；

规划年份：1961 年（从 1964 年开始建设）；

规划主体：日本住宅公团；　　　　　规划人口：67000；

占地面积：850hm^2；　　　　　　　总人口密度：100 人 /hm^2；

高密度区 600 人 /hm^2；　　　　　　中密度区 250 人 /hm^2；

低密度区 100 人 /hm^2；　　　　　　平均 175 人 /hm^2。

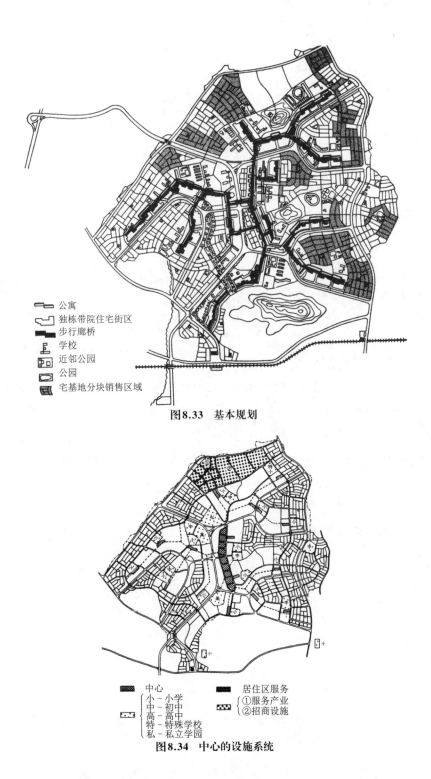

公寓
独栋带院住宅街区
步行廊桥
学校
近邻公园
公园
宅基地分块销售区域

图8.33 基本规划

中心
小-小学
中-初中
高-高中
特-特殊学校
私-私立学园

居住区服务
①服务产业
②招商设施

图8.34 中心的设施系统

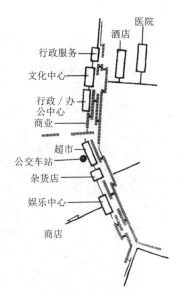

图8.35　新城中心的结构

9）美丽山丘南大泽（第15居住区）

本项目是多摩新城西部开发的一部分，由住房城市开发公团主导，位于京王帝都电力铁路南大泽站以北，毗邻东京都立大学。总占地面积约 66hm²，规划住宅户数 1500 户，以 1989 年到 1991 年（部分待定）入住为目标进行建设开发。地块由几个各自拥有广场的居住组团组成，各组团之间由称为"环形漫游道"的步行专用道相连接。住宅类型主要是中层的联排别墅，高层住宅建筑在保持景观和谐的前提下建于地块的北部（表 8.13、表 8.14，图 8.36~图 8.38）。这一开发的特点是，在尊重设计各个组团的建筑师各自设计风格的同时，内井昭藏先生作为主建筑师从总体规划阶段进行了设计调整，成功地创造出整体和谐的景观。

表 8.13 土地使用率

类别	土地使用分区	面积（hm²）	总用地占比（%）
宅基地	居住用地	18.74	28.3
	教育设施用地	5.89	8.9
	便利设施用地	2.27	3.4
	其他用地	3.16	4.8
	小计	30.06	45.4
公共用地	道路用地	10.16	15.3
	公园绿地	26.00	39.3
	小计	36.16	54.6
总计		66.22	100.0

表 8.14 居住组团设施

类别	名称	数量
公共、公益设施	小学	1
	中学	1
	幼儿园	1
	托儿所	1
近邻中心设施	派出所	1
	邮局	1
	店铺：超市、饮食店及其他店铺	—
	近邻公园	1
	儿童公园	3
	绿地	3

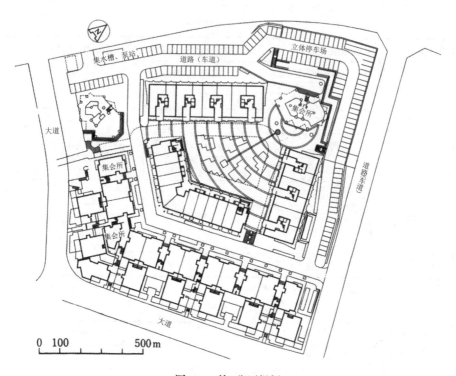

图8.36 第3街区规划

图8.37 实景照片

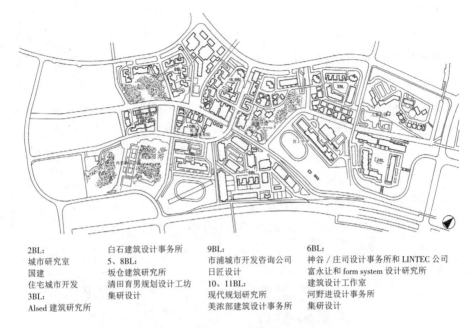

2BL:	白石建筑设计事务所	9BL:	6BL:
城市研究室	5、8BL:	市浦城市开发咨询公司	神谷 / 庄司设计事务所和 LINTEC 公司
国建	坂仓建筑研究所	日匠设计	富永让和 form system 设计研究所
住宅城市开发	清田育男规划设计工坊	10、11BL:	建筑设计工作室
3BL:	集研设计	现代规划研究所	河野进设计事务所
Alsed 建筑研究所		美浓部建筑设计事务所	集研设计

图8.38　总体规划

8.4　城市更新与再开发

8.4.1　城市更新

　　新开发是针对未开发土地的，而再开发则是针对现有的城市街道。二战前，再开发主要以地区为单位，大多仅限于一些不良居住区域的改造。二战后，随着城市规划重要性的不断加强，为激活老城区以及城市整体的活力，各种不同的再开发开始出现。通过一系列再开发，从整体上改善城市功能，叫作城市更新[①]（urban renewal）。

　　技术革新和工业发展不仅带来了经济的腾飞，也深刻地改变了城市生活的方式。过去的城市规划针对时代的需求不断作出了灵活应变，而过去留下的物质设施，随着时间推移，因无法满足新时代的需求被逐渐废弃。城市活动的变化是剧烈的，但是由于物质设施本身的固定性，如果不对设施进行改造，城市活动就无法顺利开展。

　　生产设施的规模化、机动车的高效利用以及环境保护等这一系列的新时代要求，需要

――――――――――

①1958 年在荷兰海牙召开的首届城市再开发研讨会中，将城市更新的范畴作了广义的界定：地区再开发、地区修复、地区保护。

打破陈旧的城市形态，以崭新的城市街区结构取而代之。这种取代不能仅仅停留在简单的拓宽道路或是建筑物改造的层面上，而是要对城市整体进行结构化的改良。

城市更新主要有两大要求，第一是在城市发展过程中扩大产业区域，以满足日益活跃的经济活动，保证土地的高效利用和交通的便利。如对高层建筑和商业设施的民间资本投资，以及对铁路、道路等高运力的城市基础设施建设的投资等城市更新方式，能很好地满足这一要求。但如果有妨碍此类投资顺利进行的情况，则需要通过再开发协调权利关系去除障碍。

第二个要求，就是对那些在城市光鲜亮丽的表面背后，被弃置的过密、老旧的住宅和生活环境进行改善的要求。不良居住区的改造（图 8.39）、工厂遗迹绿地化、灾害警戒区的取消、防止公害的再开发、历史建筑物的保护等都是这一类要求的体现。

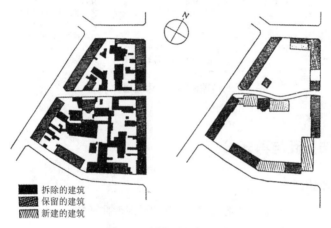

拆除的建筑
保留的建筑
新建的建筑

图8.39　居住区改良示例

前者是从经济观点出发对于城市更新的要求，是企业比较热心的再开发项目，后者则是从社会福利出发的城市更新要求，个人和企业往往不感兴趣。前者主要在美国发展起来，后者主要在以英国为代表的欧洲比较盛行。同样是再开发，但二者的目的是大不相同的，如果将二者混同，没有给予居民生活上足够的补偿和考虑，让前者假以后者之名强加实行，是不可取的。

在欧洲特别是德国和北欧进行的小规模街区单元的再开发，主要适用于城市内部密集区，将街区内过密和老旧的建筑拆除，清除道路的障碍，保留完好的建筑或对保留建筑加以完善，创造新的中空型街区，这样的措施称为"挖空法"（hollowing out）。

8.4.2　再开发的目的

城市再开发的目的往往不是单一的而是多种兼备的。

1）城市中心的扩大，中心区域的重建

实例：美国费城的市中心再开发（图8.40），斯德哥尔摩的市中心再开发，日本的站前再开发（中心区的建设和车站前广场、道路以及公共设施的整治）。

改造前　　　　　　　　改造后

图8.40　商务中心（费城）

2）大规模公共设施的推进

实例：斯德哥尔摩的市中心再开发（地铁、高速路、广场），伦敦的大象城堡站再开发（街道），日本新宿站西口再开发（交通广场）。

3）提供住宅，改善居住环境

如破旧居住区拆迁，居住区改良，工厂遗迹再开发。

4）灾害高危地区对策，公害防治对策

实例：东京都江东三角洲防灾据点，四日市盐滨地区再开发。

5）灾后重建项目

实例：鹿特丹莱恩班街地区，静冈、沼津等地的防灾建筑街区。

6）历史建筑保护

实例：伦敦的圣保罗大教堂地区（图8.41）。

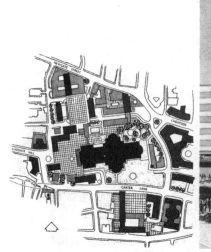

图8.41 圣保罗大教堂周边开发区

8.4.3 再开发的方法

再开发时采取什么开发形式，主要取决于对既有环境的改造程度。

1）地区再开发（redevelopment）

这一类型的再开发主要包括一系列彻底改变从前土地使用和基础设施的再开发措施。例如全面收购土地、拆除建筑、搬迁居民、整理地下埋设物、地区再造，建设新建筑，选定业主等。在很多国家，地区再开发都是在全面收购整个区域土地的基础上进行的，而日本根据《城市再开发法》，无法进行全面的土地收购，再开发主要通过土地相关权利变更以及部分收购的方式来进行。

2）地区修复（rehabilitation）

保留地区内较完好的建筑加以修理，拆除不良建筑，建设新的住宅和社区中心建筑，保证公园、停车场等公共用地。原则上不改变土地使用，只改变部分基础设施。欧美许多城市，在道路等基础设施完善或住宅等建筑存量充足时，常用此方法进行再开发。

3）地区保护（conservation）

地区内的全部建筑原则上保留，对住宅和城市设施进行修缮和升级，以期提升现代化水平。对基础设施的改动也控制在最小限度内。

在运用上述再开发的措施时，首先要在城市基本规划阶段对现有城市区域的情况进行充分的调研，其次根据不同的再开发策略进行分类，然后从紧迫性最高的区域开始实现再开发。

8.4.4 日本的城市街区改良工作

日本的城市街区改良工作主要有以下几方面：

1）土地区划整理工作

日本自古以来就有许多木制建筑，地震或战争后市区往往因火灾而焦土一片，灾后重建就需要开展土地区划整理工作，进行大规模的居住区开发与公共设施配套建设。另外因为木制建筑的整体搬移比较容易，即便是平时，周围建筑密布的环境下，土地区划整理工作也能够进行。但是二战后因为地块的细分严重，不可燃的建筑物增多，在既有的城市区域内土地区划整理实行难度越来越大。

2）防灾建筑街区开发工作

防火城市是日本明治时期以来城市规划想要实现的夙愿。这项工作可以追溯到关东大地震灾后重建时对防火建筑的补贴政策，之后从建筑防火带到防火街区的建设施工，从点到线、由线到面不断扩大。原来这项工作的主要目的是提高城市的防灾能力，但发展到今天，防灾街区的建设已经与城市更新政策及既有城区再开发事业相结合。

3）公共设施配套相关的城区改造工作

城区改造工作主要以街道、车站前广场等公共设施的配套为目的，为了保证公共设施的用地，将周围区域也进行征用，在建设公共设施的同时建设防火建筑，然后转让给其他业主用作商业用途。目前，公共设施配套相关的城区改造工作也被统筹在城镇区域再开发事业中。

4）城市街区再开发工作

城市街区再开发受《城市再开发法》指导，主要由合作组织或地方公共团体主导。另外，住宅和城市配套的国有企业在建造居住区的同时也可进行相关的再开发。区域振兴整备公团也可以参与再开发（表 8.15）。再开发时，如果土地和建筑权利属于第 1 类城市街区再开发的情况，可通过权利置换的方式操作。权利置换是指在城市街区再开发中，将权利所有者在区域内部对土地和建筑所有的权利，根据规划置换到再开发后的设施建设用地和建设面积上的权利置换（图 8.42）。这种操作通常用于车站前商业区再开发中。如果是第 2

类城市街区再开发的情况，再开发主体是公共机关时，可以进行土地征用。

表 8.15　市区再开发事业的实行状况（引自：建设省 1996 年 12 月 31 日资料）

| 实施者 | 主管部门 | 类别 | 所处进度阶段 | | | | | | | | | 合计 | |
| | | | 工作结束 | | 通过权利置换规划 | | 通过项目规划 | | 通过城市规划 | | | | | |
			地块数	面积（hm²）	地块数	面积（hm²）	地块数	面积（hm²）	地块数	面积（hm²）			地块数	面积（hm²）
地方公共团体	城市局	一类	83	170.80	12	20.70	3	2.90	23	43.50			121	237.90
	城市局	二类	4	91.50	2	82.60	9	53.30	4	17.70			19	245.10
	小计		87	262.30	14	103.30	12	56.20	27	61.20			140	483.00
合作小组	城市局	一类	43	52.10	16	28.10	14	19.70	18	24.00			91	123.90
	住房局	二类	141	123.19	28	35.57	26	24.41	35	40.16			230	223.33
	小计		184	175.29	44	63.67	40	44.11	53	64.16			321	347.23
住宅城市建设公团	城市局	一类	7	16.10	2	8.70	2	5.70	1	1.40			12	31.90
	城市局	二类	0	0.00	0	0.00	2	5.10	2	4.60			4	9.70
	住房局	一类	10	10.41	2	5.72	2	2.82	2	1.67			16	20.62
	小计		17	26.51	4	14.42	6	13.62	5	7.67			32	62.22
住宅供给公社	城市局	一类	2	0.90	1	1.50	0	0.00	0	0.00			3	2.40
	住房局	一类	3	4.81	0	0.00	1	1.53	1	0.40			5	6.74
	小计		5	5.71	1	1.50	1	1.53	1	0.40			8	9.14
个人	住房局	一类	84	35.57	14	9.61	5	2.17	4	1.44			107	48.79
合计	城市局		139	331.40	33	141.60	30	86.70	48	91.20			250	650.90
	住房局		238	173.98	44	50.90	34	30.93	42	43.67			358	299.48
	总计		377	505.38	77	192.50	64	117.63	90	134.87			608	950.38

注：城市局主管获得国家或地方行政扶植的再开发工作。对 1 类用地，如有 2 类项目实行则按照 2 类统计。
　　各工作分区的工作进程阶段不同的，按照各个分区的实际进展阶段进行面积统计，所有分区都已完
　　成工作进展的部分则以地块数统计。

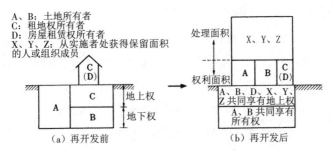

A、B：土地所有者
C：租地权所有者
D：房屋租赁权所有者
X、Y、Z：从实施者处获得保留面积的人或组织成员

图8.42 权利置换方式示意

5）居住区域改良工作

居住区域改良工作受《居住区改良法》指导，其目标是在不良房屋集中的区域，重建住宅，完善基础生活设施。是破旧小区拆迁（slum clearance）的一种。在日本，此类再开发从二战前就已经开始，但仅限于居住环境特别恶劣的特定地区。

6）城区住宅建设及大规模开发

目的在于由住宅城市整备公团提供更多的市区住宅。城市住宅建设主要是指在城市设施的建筑物上层建设住宅的再开发类型，大规模开发主要是将工厂遗址改建为中高层建筑的居住区开发。另外，建造公营木结构住宅也是此类开发的目的之一。

7）城镇街区改造与再开发

上述各项改良工作都对改善日本既有的城市环境起到了很大的作用，但各项工作的指导法律以及开发主体都有严格的限制，不符合条件将无法开展。最近，各项制度开始整合，各参与主体的协作也更加深化，制度得到一定完善。

但是，日本城市中常见的木结构建筑密集的地区，却没有开展上述改良工作，因为缺乏改造建设所必须的道路以及公共空间。在强地震后发生火灾时，火势常会大面积延烧，造成大量伤亡，从这个意义上来说，这些地区是最需要更新的，但在居住区域改良以及再开发工作中都没有被提及，至今仍被忽视。

近来，随着市镇村与居民对话不断深入，整治、开发、保护等各种形式的街区建设运动在日本全国展开，其中就有木结构建筑密集区综合改善这一项。这种综合改善与上述依据法律制度的措施不同，它根据现有的条件，结合国家补贴、市政单一项目、居民自助等不同的方式，从能做的事情入手推进区域改善，是一种现实的、渐进的方法，未来的成果值得期待。主要案例有神户市板宿地区、神户市真野地区、丰中市庄内南地区、大阪市毛马大东地区、东京都京岛地区等。

另一方面，在建设活动频繁的现状市区内，有许多个人或民营企业主导的耐火建筑的拆建、增建、改建等，其投资总额也是巨大的。如果我们不对城区改造与再开发进行统筹，这些个人或小企业的努力最终会消散，不仅不能解决问题，反而会加剧用地利益相关的竞争。将这些分散的努力集结起来并加以稳固，是今后工作的必经之路。把民间的能量以地区为单位汇聚一体，在投资和开发的各个环节加以利益关系的调整，势必会更好地发挥再开发事业的作用，帮助实现强化区域协作这一城市更新的目标。

8.4.5 土地集中和置换

与城市新发展不同，现状街区的再开发是对现有城市土地的重组，土地权属零散、权属关系复杂尤成问题。因此，在开展工作时，无法避免地需要对权利关系进行协调。

1）土地集中

将产权零散的土地集中起来使用，称为土地集中（land assemblage）。土地集中的方法有暂时性收购再开发区域内土地、产权所有者权利共享、根据产权面积土地置换等。

将城市内细分的地块连起来，以道路为边界组成一个街区（图 8.43a）。通过土地集中去除了街区内部的宅地边界，让街区内一体化的土地使用成为可能（图 8.43b）。如能实现跨街区的土地集中，去除街区边界，则能实现跨街区的大规模居住用地开发（图 8.43c）。这样的跨街区的用地称为超级街区（super block），像这样的土地区划的调整叫作重构（replotting）。

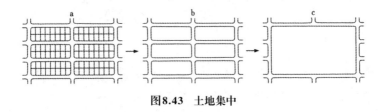

图 8.43 土地集中

2）置换

置换（replace）的原意是指"更换""交替"，此处还有一层含义是"流转"。这是因为 A 区的土地调整了，B 区的用地才能得到保证，逐次反复，强调土地置换了很多次不断被利用的意思。但无论叫什么，核心含义是指突破原有再开发单个项目的开发机制，多项开发工作联动，激发人的移动和土地的流转，加强开发的效果（图 8.44）。

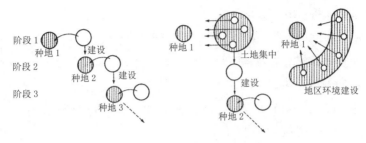

图8.44　用地置换

流转开始于某种形式的土地供应,这样的土地称为种地。种地1原则上是未开发的土地,新城用地、新开发用地、填海造地等都是这一类型的种地。在新城开发中,为了保证工厂用地而使原有的城市街区大型工厂搬迁,搬迁后腾出的土地就称为种地2。

新开发项目与再开发项目联动在日本相关的案例较少,不过在英国新城开发的过程中,为吸引工厂和居民入住到新城中,流转是最基本的一种方法。新开发的土地置换如果成功,就可以接着利用种地2进行再开发,推进二次置换。

8.4.6　再开发案例研究

图 8.45 为伦敦市区改善事业, 标示了伦敦未来有可能开展改善项目的区域 (area of opportunity) 和改善项目已经执行的区域 (action area)。后者中的 5 处由大伦敦议会 (G.L.C.) 主导, 包括伦敦码头区 (London Docklands area)、考文特花园 (Covent Garden) 等区域, 其他的小规模开发项目由伦敦特别区 (L.B.C.) 主导。

区域政策候补用地

▲　改善项目执行区
　　（G.L.C. 主导）

●　改善项目执行区
　　（L.B.C. 主导）

--- 水道

图8.45　伦敦的市区改善事业（引自:旧大伦敦开发规划）

1）布罗德盖特（Broadgate）

位于伦敦特别区的北部，项目利用了原有的布罗德街（Broad Street）车站、利物浦街（Liverpool Street）车站以及铁轨线路的上部空间，重点再开发，打造成办公场所的业务中心。废除了一部分铁路改为居住用地，并在用地范围内充分利用线路上空的开发权，用以建造宽阔的办公写字楼（跨度78m），将利物浦街站的保护与其他区域的使用形态相融合。区域内的容积率上限为500%（图8.46）。

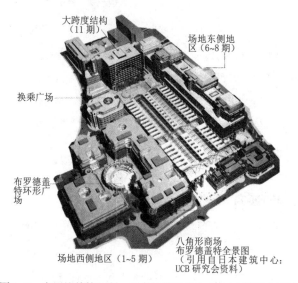

图8.46 布罗德盖特（引自：日本建筑研究中心UCB研究会资料）

开发概况

规模：用地面积11.5hm²，建筑面积350000m²。

开发企业：Rosehaugh Stanhope Development。

设计者：Arup Associates（4栋），Skidmore，Owings & Merril（10栋）。

建筑：14栋商业、办公楼，每栋7~11层。

工期：1985年动工，1991年竣工。

2）考文特花园（Covent Garden）

考文特花园位于伦敦中心地区的一角，虽然自古以来便因集市和剧场而热闹喧嚣，但近年来却因交通堵塞和建筑老化，成为再开发的候补区域。恰逢将市场转移至郊外的决策出台，考文特花园的基础设施改造和大规模再开发规划也被提上了议程。后来，再开发规划进行了大幅修改，尽量利用现有道路，将步行街和室外空间结合起来，尽可能实现原有建筑的再利用。还对位于区域中心的中央市场进行了改建，成为中庭式的新式中心，改造后的中心加地下部分共有 3 层，包括商店、露天咖啡厅和工作室。曾经的鲜花市场也变成了现在伦敦交通博物馆。另外，老旧住宅区也将以区为单位陆续开始修复工程（图 8.47）。

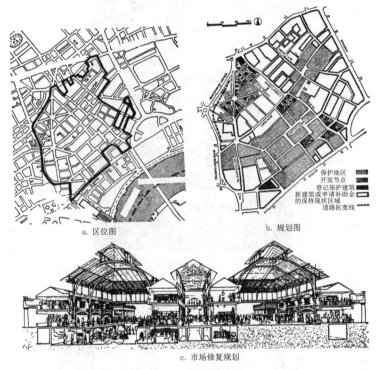

a. 区位图

b. 规划图

保护地区
开发节点
登记保护建筑
新建筑或申请补助金
的保持现状区域
道路拓宽线

c. 市场修复规划

图8.47　考文特花园

3）巴比肯（Barbican）

巴比肯位于伦敦市中心，虽然一直是中心商业区，但第二次世界大战时遭受巨大破坏变为废墟。巴比肯的再开发规划方案在 1954 年提出，于 1959 年最终方案确定并开始了重建工程。

再开发的主要内容有三点。第一，为了防止市中心人口减少，必须确保各类住宅满足需求（户数 2113 户，居民 6500 人）；第二，为了市中心能维持有效运作，需要给相关设施预留足够空间（南部的 8.8hm²）；第三，建造艺术中心和学校等文化设施（中央人工湖周边区域）。此外，这里还保存着部分古迹和教会，成为伦敦市民的市中心绿洲（图 8.48~

图 8.50）。地区总面积约为 $26hm^2$，由大伦敦议会、巴比肯区和伦敦市政府三方共同开发。

图8.48　巴比肯实景

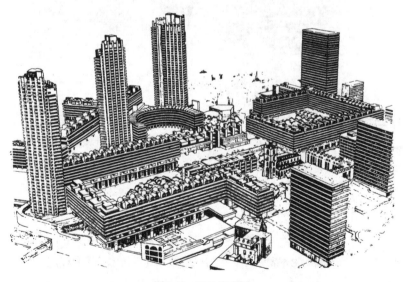

图8.49　巴比肯鸟瞰

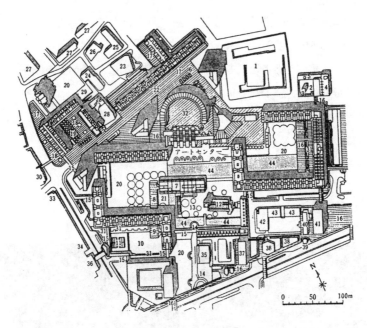

图例

1. 啤酒酿造厂
2. 中庭
3. 塔楼
4. 顶层出租用房
5. 事务所
6. 电力局分局
7. 市立伦敦女子学校
8. 市立伦敦女子学校预科校
9. 市立伦敦女子学校体育馆
10. 市立伦敦女子学校草坪运动场
11. 市立伦敦女子学校网球场
12. 圣吉尔斯教会
13. 圣吉尔斯广场
14. 城墙
15. 步行桥

16. 步行栈道（68 级）
17. 步行栈道（70 级）
18. 通往商业设施的台阶
19. 树篱
20. 公园
21. 市立伦敦女子学校草坪花园
22. 联通小道
23. 无障碍设施
24. 职业训练学校
25. 派出所岗亭
26. 礼拜堂
27. 房地产公司
28. 住宅、事务所
29. 广场
30. 地铁站

31. 机动车停靠站
32. 音乐厅
33. 仓库
34. 事务所
35. 卫生局
36. 停车场
37. 住宅、事务所
38. 店铺
39. 圣阿尔法格教会（遗址）
40. 店铺
41. 住宅、事务所
42. 住宅、事务所
43. 办公楼
44. 水面

图8.50　基本规划

4）查尔斯中心（Charles Center）

美国巴尔的摩市为了应对中心区的经济性衰退，将查尔斯中心的再开发提上日程，于 1960 年开始，1969 年完工。查尔斯中心东临城市的行政中心和金融中心，西面为小型商业中心，中心主要承担办公功能，并将以上几个中心连结起来构成巴尔的摩市中心区。规划方案由当地的规划委员会提出，并得到联邦的财政补助。

查尔斯中心用地占地约 12hm²，南北向较长，东西两侧有 2 条长公路，为了实现区域的一体化以及人车分流，南北向架起了步行天桥，构成了贯穿中心的轴线。

主要功能区中，北部为高层公寓住宅（300~400 户）和购物中心，围绕南广场的是办公区域和酒店，包括商店、办公楼、剧场、联邦政府办公大楼，西面毗邻市民中心。停车场全部在地下（图8.51~图8.53）。

　　总建造费用1亿3千万美元，其中公共投资3千万美元，其余为私人投资。

事务所占地面积：　　　186000m^2；

商业设施占地面积：　　40000 m^2；

公共停车场：　　　　　2500 车位；

专用停车场：　　　　　1500 车位；

酒店：　　　　　　　　500~800 间客房；

剧场：　　　　　　　　1500 坐席。

图8.51　区域规划模型

图8.52　南广场和剧场

1. 联邦政府办公楼
2. 市民中心
3. 莫里斯美卡尼克剧场
4. 查尔斯中心高楼
5. 希尔顿酒店
6. 巴尔的摩酒店
7. 露台
8. 2 区公园
9. 6 区公园
10. 14 区公园
11. 高层住宅
12. 事务所办公楼
13. 银行、事务所办公楼
14. 停车场
15. 商店

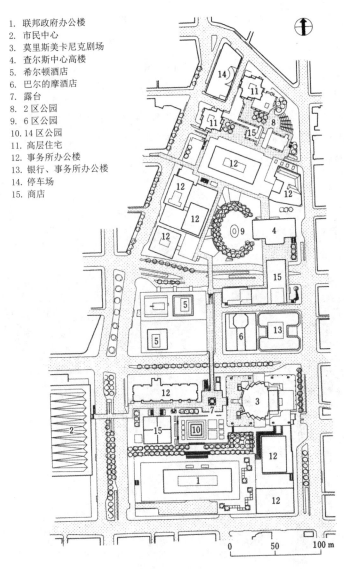

图8.53　基本规划

5）内港区（Inner Harbor Place）

　　美国东海岸的巴尔的摩市自古以来便是海陆交通要地，作为港湾和工商业城市繁荣至今。二战后，与其他城市一样，巴尔的摩市也面临市中心活力降低和城市环境荒废等问题。为应对这样的困境，巴尔的摩市政府提出了建设文化、教育城市的目标，从 20 世纪 60 年代开始积极地投入到城市再开发当中。第一例是查尔斯中心的再开发，第二例就是内港区了。

内港区在查尔斯中心的东南面，是一个位于海湾沿岸占地 40hm² 的项目，也是全市再开发方案的核心。改造的主要宗旨是重建一个不负巴尔的摩"海上门户"之名的魅力港湾。

1980 年竣工开业的内港区，是由以开发购物中心而闻名的劳斯公司负责的。两个几乎一样的呈直角排列的展览厅围绕着中间的广场。北面展厅有 34 家特色风味的饮食专卖店和餐厅，西侧展厅则有 22 家主营鱼贝类等的生鲜食品店，家庭餐厅、快餐等 33 家店铺也即将入驻。

广场是市民休憩的场所，防波堤边停靠的是过去的军舰（帆船），东侧有地标性的高层写字楼（屋顶瞭望台）和水族馆（图 8.54~ 图 8.56）。

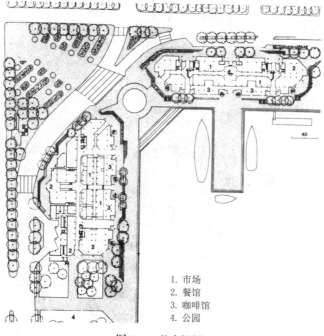

1. 市场
2. 餐馆
3. 咖啡馆
4. 公园

图8.54　基本规划

图8.55　中心区广场和北侧展厅

图8.56　内港区鸟瞰

6）洛尔诺·马尔默区（Lower Norrmalm）

这是斯德哥尔摩市中心区域的再开发案例。这一区域一直以来都是办公楼和商店聚集区，问题在于：第一，建筑物都已经老化，需要更现代化的办公空间；第二，规划修建穿梭于地下的高速公路；第三，从郊外魏林比（Vällingby）、法斯塔（Farsta）以及斯卡勒霍曼（Skärholmen）乘地铁上下班的人员需要一个活动广场。再开发的目的就在于一次性解决以上三个问题。1946 年由马克利乌斯（Sven Markelius）和赫尔登进行区域详细规划设计，在 1962 和 1967 年又进行了两次修改（图 8.57~图 8.59）。

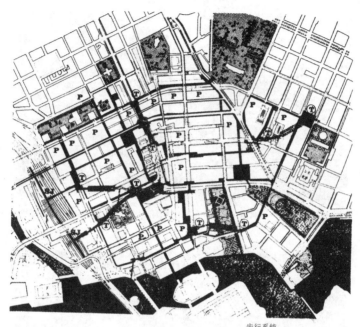

步行系统
━━ 步道
▬▬▬ 地下通道
～～～ 公园
P 停车场
T 地铁站
SJ 火车站

图8.57 基本规划

图8.58 商业街和步行天桥

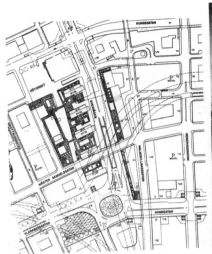

图8.59　霍特哥特地区

第 1 阶段（1955—1962 年）：选定霍特哥特（Hötorget）地区首先进行建设，于 1962 年竣工。为了这个工程，于 1953 年制定了特别法，在地区详细规划通过之前将地区内的土地征用权交给市政府。5 栋 18 层写字楼平行排列，1~2 层是商铺，并用步行天桥相连接。地下设置了停车场和集散空间。

第 2 阶段（1962—1975 年）：赛格尔广场（Sergels Torg）周边地区进行了再开发。增建兼顾地下大厅采光的旋转台、下沉式广场和南侧的文化中心。

此后，洛尔诺马尔默区的再开发持续推进，老城区和市中心的工程也将完结。

7）拉德芳斯（La Defense）

拉德芳斯位于巴黎西部连通香榭丽舍大道的轴线上，曾经是中小工厂和老旧建筑群的混合区（图 8.60）。

从 20 世纪 30 年代起，为消除本区以及整个巴黎的混乱，进行过种种努力，但均以失败告终。1956 年，为了恢复巴黎的城市功能，这里被指定为整治区，通过将分散在巴黎市内的中枢业务设施移至此处，再开发规划得到推进，并成立了拉德芳斯区域整治公社（E.P.A.D.）。

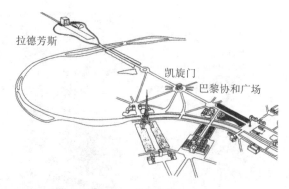

图8.60 拉德芳斯位置

整个区域分为 A 区（115hm²）和 B 区（700hm²）。A 区以建筑面积 1400000m² 的高层办公建筑为中心，依靠人工层和步行天桥成功实现空间的立体利用，地铁（R.E.R.）、机动车道和停车场等交通设施的配套也十分齐全。1989 年，位于西侧广场的新凯旋门（Arche）竣工，这是纪念法国大革命 200 周年的项目之一（图 8.61~ 图 8.64）。B 区主要是高层住宅和绿化带。

拉德芳斯地区初期基础设施建设所花费的资金约为 25 亿法郎,84% 以债券的形式筹得,其余 16% 是国家及地方政府的出资。

图8.61 新凯旋门

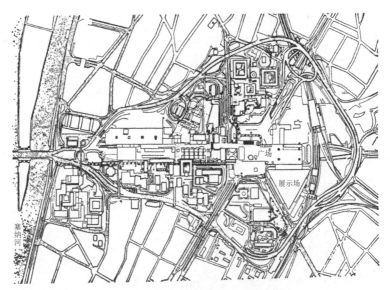

图8.62　基本规划（A区）

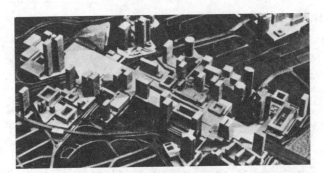

图8.63　A区规划模型

图8.64　A区鸟瞰

8）巴特雷公园城（Battery Park City）

位于纽约曼哈顿南部，是面向哈德逊河的滨水区再开发的代表（图8.65）。这里从19世纪以来就是码头和仓库，随着港湾功能的闲置，即便华尔街就在附近也仍然是逐渐荒废。1966年，纽约州州长提出了规划方案；1968年，巴特雷公园城规划局（Battery Park City Authority，简称BPCA）成立，并于1969年制定了基本规划（图8.66左）。在历经长达十年的曲折过程后，纽约州开发公司加入了再开发，1979年新的基本规划出台，建造了南北狭长的37hm² 的填海地（图8.66右）。

新基本规划方案的主要内容是，用地面积的42%用来建造14000户的居住区；9%用来建造办公中心，确保540000m² 的办公面积；30%作为公共区域的公园、广场、步行道和游艇港等。另外，区域内的道路与周边街道巧妙融合，同时避免形成大型街区。居住区的景观设计以曼哈顿良好的住宅区作为设计指导。1986年州长和市长达成共识，将BPCA的部分收益作为中低收入者住房建设的补助资金。

图8.65　巴特雷公园城远景

工程的第一期是住宅开发，建设了门户广场以及商务办公区的世界金融中心（图8.67），第二期接着完成了雷克托居住区的开发，第三期是巴特雷住宅区开发以及北部居住区的基础调整等。

区域面积：37hm²；

居住人口：30000，14000户；

就业人口：31000；

办公面积：540000m²；

工程费总额：40亿美元。

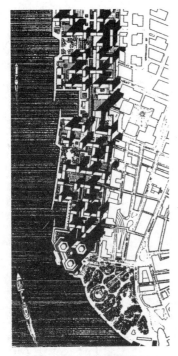

北部居住区

世界金融中心

门户广场

雷克托居住区

巴特雷居住区

南公园

1969 年的总体规划　　　　　　现行规划（1979 年的总体规划，引自当地手册）

图8.66　巴特雷公园城规划

图8.67　世界金融中心

9）基町住宅区再开发（广岛市）

广岛市基町区曾经是军事用地，二战后，1946 年出台了将其改建为中央公园（58.7hm²）的城市规划方案，然而核爆灾民和回国的人陆续聚集在此地，形成了所谓的"核爆难民区"，解决这一问题成了广岛市的重大课题。将 4000 户居民迁往外地显然不可能，所以当局将公园用地中的 14hm² 划分为居住经营用地。1968 年在 5.9hm² 用地上建设了共 930 户的中层住宅，其余的 8.1hm² 用地建设了共 3000 户的高层住宅（图 8.68～图 8.73）。

图8.68　整体模型

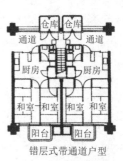

错层式带通道户型

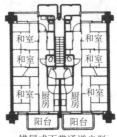

错层式不带通道户型

图8.69　住宅标准户型

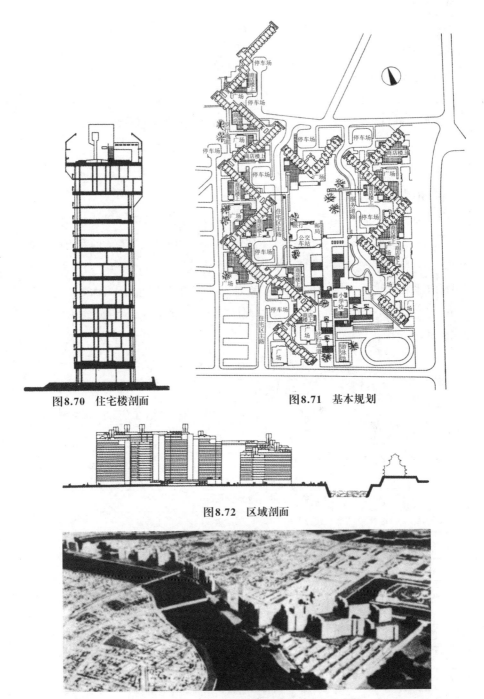

图8.70　住宅楼剖面

图8.71　基本规划

图8.72　区域剖面

图8.73　整体模型(前方为太田河，右为中央公园)

设计以折线形建筑的高层住宅群组成，最高建筑为 20 层，以 1390 人 /hm² 的高人口密度成为日本再开发项目中的特例。

高层住宅开发概况如下。

规划设计：广岛市政府、大高建筑设计事务所；　　人口密度：1390 人 /hm²；

户数：3000 户；　　　　　　　　　　　　　　容积率：230%；

人口：11000；　　　　　　　　　　　　　　建筑覆盖率：29.8%；

占地面积：8.1hm²；　　　　　　　　　　　　建设主体：广岛县广岛市。

10）柏站东口再开发

这是依据《城市再开发法》的再开发（公共团体实施）的实例。开发范围不仅限于以柏站为中心的车站周围，还包括常磐线沿线的腹地。用地虽然有巨大的商业潜力，但站前没有广场，聚集着小规模的店铺和住宅，道路也很狭窄。1969 年，为了激活这一地区，将其打造为柏市的门面，政府出台了新的规划。1971 年将规划进行了具体化，再开发项目决定建设高台式站前广场以及 A、B 两栋高楼，整个工程于 1973 年竣工（表 8.16、表 8.17，图 8.74~ 图 8.77）。

表 8.16　土地使用比较

类别		再开发前		再开发后	
		面积（m²）	构成比例（%）	面积（m²）	构成比例（%）
公共用地	道路	3870	20.5	5169	27.4
	广场	1440（国铁用地）	7.7	5308	28.1
	水渠	84	0.4	0	0
建筑用地		13469	71.4	8386	44.5
合计		18863	100.0	18863	100.0

表 8.17　设施建筑

类别	A 栋	B 栋
所在地	柏市柏 1 丁目 1~20	柏市柏 1 丁目 1~21
用地面积	3166.27m²	5220.10m²
建筑占地面积	3031.07m²	4484.06m²
建筑面积	25388.45m²	47668.35m²
容积率	799.13%	799.67%

续表 8.17

类别	A 栋	B 栋
层数和层高	地下 2 层, 地上 8 层 32.6m	地下 3 层, 地上 14 层 59.65m
停车场	无	125 车位

广场主要用于公交汽车以及一般车辆的上下客, 其上的天桥作为步行者的空间, 为来往旅客和顾客服务。

再开发大楼是有商场的商业楼, 高层通过两座高架桥相连接。因为在该区域内并没有建造住宅的计划, 所以公营住宅的建设则另做规划。

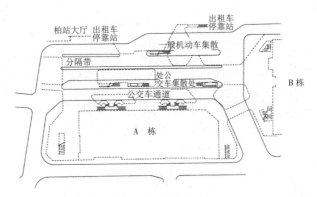

图 8.74 规划平面

图 8.75 再开发前

图8.76　再开发后

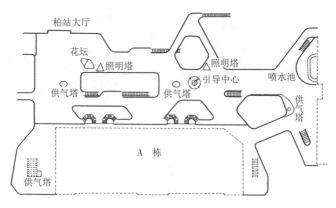

图8.77　设施建筑规划

11）大川端水上城市 21

位于东京都临海区域，中央区月岛的前端。此项目占地约 15.5hm²，是大川端再开发构想的一部分。这里原本是石川岛播磨重工业的工厂和仓库所在地，为了重建为与东京市中心相适应的居住区，住宅城市建设公团、东京都政府、城市住宅开发公司和三井不动产四方协同，于 1988 年开始了除沿海突出部分之外区域的再开发项目。

因城市规划中对辅助道路 305 号线进行了相关补助，所以该区域得以直接连通东京站，具有地理优势；直面隅田川的滨水区设计采用了高标准的防洪堤，同时确保了亲水性。最初的构想是在用地的突出部分设置以文化、办公、商业设施为主体的开发项目，1995 年对此构想进行了再度商讨后，京都住宅开发公司和三井不动产决定变更计划，改为建造 2 栋超高层住宅楼以及若干文化商业设施（表 8.18、图 8.78）。

表 8.18　开发概况

位置	用地面积（m²）	容积对象建筑面积（m²）	规划容积率（%）	开发者	楼名	用途	住户数
东部板块	32600	153800	472	东京都政府	C1、C2、D1、D2	租赁住宅	280
				城市住宅开发公司	B	租赁住宅	425
				住宅城市建设公团	A、E、F、G	租赁住宅	661
				小计	—	—	1366
西部板块	31600	150200	476	三井不动产	H	租赁住宅	1170
					I	出售住宅	
					J	出售住宅	
					K、L	租赁住宅	
北部板块	26000	182300	701	三井不动产	M	出售住宅	870
				住宅城市建设公团	N	租赁住宅	594
				三井不动产住宅城市建设公团	O	商业办公设施等	—
					P	文化设施	
				小计	—	—	1464
合计	90200	486300	539	—	—	—	4000

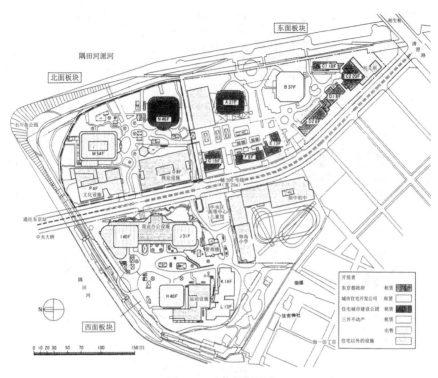

图8.78　总体规划设计

12）神户临海乐园

神户临海乐园是针对 1982 年停用的旧国铁凑川货物站旧址的 10.5hm² 及其周边 23hm² 区域的再开发项目（图 8.79）。这是神户滨水区重建工程的一环，目的在于将神户市由工业城市转型打造成文化城市。

再开发的目标有：①创造新的城市中心，由以前集中于三宫一带转向市中心西部的激活发展；②建设复合的多功能城市，导入先进的信息系统；③建造焕发环境活力的城市。用地由办公区域（写字楼和商业楼）、创新区域（教育中心和儿童中心等）和生活区域（容纳 522 户的住宅区、小学、高中、市立盲人学校等）组成。在设计上保障临海区域为公园、人行道等可供人亲近自然的空间（图 8.80）。

在项目实施上，住宅城市建设公团应用"特定再开发"进行区划整理，应用"新城市据点建设整治""特定住宅街区综合整治促进"进行 3 个公共项目的实施，在实施过程中积极地引入市民参与。再开发于 1995 年左右整体完工。

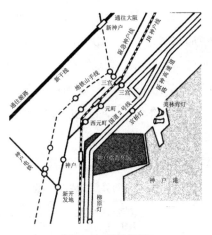

图8.79 项目位置

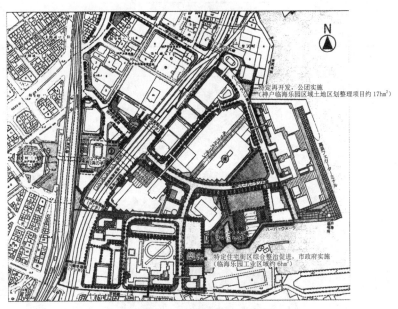

图8.80 神户临海乐园规划

13）户冢再开发

在江户时代，户冢站周边作为旧东海道的驿站点曾经繁荣一时。由于在二战中受损并不严重，战后初期也维持着从前的街道风貌。但进入经济高度增长的时代，随着人口增加和城市发展，户冢站逐渐变成了高密度的街区。在横滨市，户冢站是仅次于横滨站的交通枢纽，户冢站及其周边地区也是仅次于横滨站区域的城市节点，在以多中心发展为目标的横滨，户冢站及周边地区已经成为了第二市中心。

在经济高度增长期初期的1962年，政府决定通过城市规划，针对户冢站周边的广大区域进行土地区划整理项目。1989年，市营地铁开通，车站周边的资源集聚开始加速。1994年，第2类街区的再开发规划通过。此后，城市规划历经了5次修改，范围逐渐扩大，整个再开发于2012年12月完工。车站东西共占地6.1hm²，西口再开发区域是土地区划整理和街区再开发的共同实施项目（表8.19、图8.81）。

这是日本最大规模的再开发项目，从1962年到2012年，历经半个世纪终于完成。

表8.19　户冢再开发区域权利人数

项目	规划通过时人数 （1997年3月）	权利置换后交付时人数 （2010年3月）
土地及建筑物所有人、租地权人	210	59
承租人、转租人	252	69
合计	462	128

图8.81　户冢再开发平面

参考文献

全书

Abrams, Charles : The Language of Cities, A Glossary of Terms, Viking Press, 1971.

Ashworth, Graham : Encyclopaedia of Planning, Barrie & Jenkins, 1973.

Whittick, Arnold : Encyclopedia of Urban Planning, McGraw-Hill Book Co., 1974.

Branch, Melville C.: Urban Planning Theory, Dowden, Hutchinson & Ross, Inc., 1975.

日本建築学会編: 建築術語集 (都市計画の部), 丸善, 1949.

磯村英一編: 都市問題事典, 鹿島出版会, 1965.

建築用語辞典, 技報堂, 1965.

日本都市計画学会編: 都市計画用語集, 技報堂, 1966.

都市計画文献目録, 日本都市計画学会, 1969.

米谷栄二編: 土木計画便覧, 丸善, 1976.

チャールズ・エイブラムス, 伊藤　滋監訳: 都市用語辞典, 鹿島出版会, 1978.

梶　秀樹他: 現代都市計画用語録, 彰国社, 1978.

建設用語事典, 建設用語研究会篇, ぎょうせい, 1981

建築設計資料集成 9「地域」, 日本建築学会編, 丸善, 1983.

都市計画マニュアル (全 3 巻 9 冊), 日本都市計画学会編, ぎょうせい, 1986.

日本都市計画学会編: 都市計画用語集, 1986.

都市開発協会: 都市問題資料室蔵書目録, 1990.

都市計画協会編: 近代日本都市計画年表, 都市計画協会, 1991.

山田　学他: 現代都市計画事典, 彰国社, 1992.

巽　和夫編: 現代ハウジング用語事典, 彰国社, 1993.

都市計画用語研究会編: 最新都市計画用語事典, ぎょうせい, 1993.

Joseph Stubben: DER STADTEBAU, Vieweg, 1890.

Gottfried Feder: Die Neue Stadt, Berlin Verlag von Julius Springer, 1939.

ELIEL SAARINEN: THE CITY—ITS GROWTH ITS DECAY ITS FUTURE, THE
M.I.T. PRESS, 1965.

日本建築学会編：西洋建築史図集，彰国社，1953.

日本都市計画学会：都市計画図集，技報堂出版，1978.

日本建築学会編：日本建築史図集，彰国社，1980.

クリストファー・アレグサンダー，平田翰那訳：バターン・ランゲージー環境設計の
手引き，鹿島出版会，1984.

都市計画用語研究会編：都市計画用語事典，ぎょうせい，2012.

第1章

Mumford, Lewis : The Culture of Cities, Harcourt, Brace and Co., 1938.

Zucker, Paul : Town and Square from the Agora to the Village Green, Columbia
Univ. Press, 1959.

Mumford, Lewis : The City in History, 1961.

Hirous, F. R. : Town-Building in History, George G. Harrap Co., 1965.

Reps, J. W. : The Making of Urban America, A History of City Planning in the
United States, Princeton Univ. Press, 1965.

Scott Mel : American City Planning since 1890, Univ. of California Press, 1969.

Newton, Norman T. : Design on the Land, The Development of Landscape
Architecture, The Belknap Press of Harvard Univ. Press,1971.

Tarn, J. N. : Working-class Housing in 19th-century Britain, Lund Humphries
Publishers Ltd., 1971.

Cherry, Gordon E. : Urban Change and Planning, A History of Urban Development
in Britain since 1750, G. T. Foulis & Co. Ltd., 1972.

Cherry, Gordon E.: The Evolution of British Town Planning, Leonard Hill Books,
1974.

Rosenau, Helen : The Ideal City, Studio Vista, 1974.

Donald A. Krueckeberg : Introduction to Planning History in the United States,
State Univ. of New Jersey, 1983.

Schaffer, Daniel:Two Centuries of American Planning, Mansell Publishing Ltd.,

1988

L. マンフォード, 生田　勉訳: 歴史の都市・明日の都市, 新潮社, 1969.

伊藤ていじ: 都市史 (新訂建築学大系 2), 彰国社, 1969.

近代日本建築学発達史　第 6 篇, 都市計画, 日本建築学会, 丸善, 1972.

L. マンフォード, 生田　勉訳: 都市の文化, 鹿島出版会, 1974.

玉置豊次郎: 日本都市成立史, 理工学社, 1974,　1985.

モホリ・ナギ, 服部岑生訳: 都市と人間の歴史, 鹿島出版会, 1975.

J&S. ジェリコ, 山田　学訳: 景観の世界, 彰国社, 1980.

L. マンフォード, 磯村英一訳: 多層空間都市, ぺりかん社, 1980.

戦前の住宅政策の変遷に関する調査, 日本住宅総合センター, 1980.

ジョージ R. コリンズ編: プランニング　アンド　シティーズ, シリーズ, 訳書, 井上書院, 1980 ～.

藤森照信: 明治の東京計画, 岩波書店, 1982.

W. オストロウスキー, 大庭常良訳編: 現代都市計画, 起源とその動向, 工学院大学都市計画研究室, 1982.

レオナルド・ベネヴォロ, 佐野敬彦, 林　寛治訳: 図説都市の世界史 1 ～ 4, 相模書房, 1983.

鈴木　隆: 市街地の形態と開発主体に関する研究, 19 世紀前半のパリの中層・高密度市街地, 1983.

ゴードン・E・チェリー編, 大久保昌一訳: 英国都市計画の先駆者たち, 学芸出版社, 1983.

石田頼房: 日本近代都市計画の百年, 自治体研究社, 1987.

W. アッシュワース, 下総　薫訳: イギリス田園都市の社会史, お茶の水書房, 1987.

石田頼房: 日本近代都市計画史研究, 柏書房, 1987.

山口　広編: 郊外住宅地の系譜, 鹿島出版会, 1987.

日本都市計画学会編: 近代都市計画の百年とその未来, 1988.

越沢　明: 満州国の首都計画, 日本評論社, 1988.

中村良夫他: 文化遺産としての街路, 国際安全学会, 1989.

東京都都市計画局編: 東京の都市計画百年, 1989.

越沢　明：東京の都市計画，岩波書店，1991.

越沢　明：東京都市計画物語，日本経済評論社，1991.

田村　明：江戸東京まちづくり物語，1992.

石田頼房編：未完の東京計画，筑摩書房，1992.

復興事務局編：帝都復興事業誌（復刻版），青史社，1993.

同潤会編：同潤会十八年史，青史社，1993.

渡辺俊一：「都市計画」の誕生－国際比較からみた日本近代都市計画－，柏書房，1993.

伊東　孝：東京再発見－土木遺産は語る，岩波書店，1993.

東郷尚武：東京改造計画の軌跡，東京市政調査会，1993.

寺西弘文：東京都市計画史論，東京都市計画社，1995.

Peter Hall：URBAN & REGIONAL PLANNING, Pelican Books, 1975.

Frank Jackson : SIR RAYMOND UNWIN － Architect Planner and Visionary, A.Zwem mer, 1985.

Peter Hall：URBAN AND REGIONAL PLANNING Third edition, Routledge, 1992.

Daniel H.Burnham, Edward H.Benett ： PLAN OF CHICAGO, Princeton Architectural Press, 1993.(再版)

Raymond Unwin : TOWN PLANNING IN PRACTICE, Princeton Architectural Press,1994.(再版)

Edited by Richard T.LeGates and Frederic Stout :(1996)「THE City Reader」Routledge, 1996.

Daniel Noin : Paul White, PARIS, WILEY, 1997.

Edited by Marcial Echenique and Andrew Saint ： CITIES FOR THE NEW MILLENNIUM, SPON PRESS, 2001.

ハンス・プラーニッツ, 鯖田豊之訳：中世都市成立論―商人ギルドと都市宣誓共同体, 未来社，1959.

内藤昌：江戸と江戸城，鹿島出版会，1966.

アーサー・コーン，星野芳久訳：都市形成の歴史，鹿島出版会，1968.

ルイス・マンフォード，生田勉訳：歴史の都市　明日の都市，新潮社，1969

森田慶一: ウィトルーウイウス建築書, 東海大学出版会, 1979.

R.E. ウィッチャーリー, 小林文次訳: 古代ギリシャの都市構成, 相模書房, 1980.

フランソワーズ・ショエ, 彦坂裕訳, 近代都市 ‒ 19 世紀のプランニング , 井上書院, 1983.

レオナルド・ベネーヴォロ, 佐野敬彦, 林寛治訳: 図説・都市の世界史―1 古代, 同―2 中世, 同―3 近世, 同―4 近代, 相模書房, 1983.

アーヴィン Y・ガランタイ, 堀池秀人訳: 都市はどのようにつくられてきたか―発生から見た都市のタイポロジー, 井上書院 .1984.

W. アシュワース, 下総薫訳: イギリス田園都市の社会史, 御茶の水書房, 1987.

日本都市計画学会編: 近代都市計画の百年とその未来, 日本都市計画学会, 1988.

藤森照信: 明治の東京計画, 岩波書店, 1992.

山鹿誠次: 江戸から東京そして今―地域研究への招待, 大明堂, 1993.

渡辺俊一: 「都市計画」の誕生―国際比較からみた日本近代都市計画, 柏書房, 1993.

張在元: 中国　都市と建築の歴史―都市の史記, 鹿島出版会, 1994

宇田英男: 誰がパリをつくったか, 朝日新聞社, 1994.

宮元健次: 江戸の都市計画―建築家集団と宗教デザイン, 講談社, 1996.

カールグルーバー, 宮本正行訳: 図説ドイツの都市造形史, 西村書店, 1999.

都市史図集編集委員会編: 都市史図集, 彰国社, 1999.

河村茂: 日本の首都　江戸・東京　都市づくり物語, 都政新報社, 2001.

妹尾達彦: 長安の都市計画, 講談社, 2001.

斯波義信: 中国都市史, 東京大学出版会, 2002.

ピエール・ラブダン, 土居義岳訳: パリ都市計画の歴史, 中央公論美術出版, 2002.

鈴木隆: パリの中庭型家屋と都市空間―19 世紀の市街地形成, 中央公論美術出版, 2005.

布野修司: 近代世界システムと殖民都市, 京都大学学術出版会, 2005.

リチャード・プランツ, 酒井詠子訳: ニューヨーク都市居住の社会史, 鹿島出版会, 2005.

世界遺産学検定―公式 テキストブック 1, 講談社, 2005.

陣内秀信他: 図説西洋建築史, 彰国社, 2005.

泉田英雄: 海域アジアの華人街—移民と殖民による都市形成, 学芸出版社, 2006.

陣内秀信: 南イタリアの海洋都市, 法政大学大学院エコ地域デザイン研究所, 2006.

アンソニー・M・タン, 三村浩史訳: 歴史都市の破壊と保全・再生—世界のメトロポリスに見る景観保全のまちづくり, 海路書院, 2006.

藤田達生: 江戸時代の設計者—異能の武将・藤堂高虎, 講談社, 2006.

Howard, E.: Garden Cities of Tomorrow, 1902.

Geddes, Patrick : Cities in Evolution, Ernest Benn, 1915.

Le Corbusier : Urbanism, 1924.

Perry, Clarence Arthur : Neighborhood and Community Planning, Regional Survey of New York and Its Environs, 1929.

Le Corbusier : La Ville Radieuse, 1933.

Feder, G.: Die neue Stadt, Verlag von Julius Springer, 1939.

Le Corbusier : La Charte d' Athenes, 1943, 1957.

Le Cobusier : Maniere de Penser l' Urbanism, 1947.

Gallion, A. B. & Eisner, S.: The Urban Pattern, D. Van Nostrand Co. 1950, 1963, 1991.

Wright, Frank Lloyd : The Living City, Horizon Press, 1958.

Lynch, Kevin : The Image of the City, Joint Center for Urban Studies, 1960.

Jellicoe, G. A.: Mortopia, Studio Books Longraice Press, 1961.

Reiner, Thomas A. : The Place of the Ideal Community in Urban Planning, Philadelphia Univ. of Pennsylvania Press, 1962.

Lynch, Kevin : Site Planning. M. I. T. Press, 1962.

Stein, Clarence : Toward New Towns for America, M. I. T. Press, 1966, 1969.

Doxiadis, C. A. : EKISTICS, An Introduction to the Science of Human Settlements, Hutchinson & Co. Ltd., 1968.

Choay, Francoise : The Modern City Planning in the 19th Century, George Braziller, 1969.

Collins, George R. : The Modern City Planning in the 20th Century, George

Braziller, 1969.

Smithson, Alison : Team 10 Primer, Studio Vista Ltd.,1970.

Benevolo, Leonardo : The Origins of Modern Town Planning, M. I. T. Press 1971.

Boardmann, Philip : The Worlds of Patrick Geddes, Routledge & Kegan Paul, 1978.

Lynch, Kevin : City Sense and City Design, MIT Press, 1995.

武居高四郎: 地方計画の理論と実際, 富山房, 1938.

ル・コルビジェ, 坂倉準三他訳: 輝く都市, 丸善, 1959.

C.A. ドキシアデス, 磯村英一訳: 新しい都市の未来像, 鹿島出版会, 1965.

ル・コルビジェ, 樋口 清訳: ユルバニスム, 鹿島出版会, 1967.

T. ライナー, 太田 実研究室訳: 理想都市と都市計画, 日本評論社, 1967.

W. グロピウス, 蔵田周忠, 戸川敬一訳: 生活空間の創造, 彰国社, 1967.

F.L. ライト, 谷川正己, 谷川睦子訳: ライトの都市論, 彰国社, 1968.

K. リンチ, 丹下健三, 冨田玲子訳: 都市のイメージ, 岩波書店, 1968.

E. ハワード, 長 素連訳: 明日の田園都市, 鹿島出版会, 1968.

西山夘三: 地域空間論, 勁草書房, 1968.

内田祥三先生記念出版会: 内田祥三先生作品集, 鹿島出版会, 1969.

A. スミッソン編, 寺田秀夫訳: チーム10の思想, 彰国社, 1970.

佐々木宏: コミュニティ計画の系譜, 鹿島出版会, 1971.

日笠 端: 欧米における集団住宅地計画, わが国における集団住宅地計画(新訂建築学大系27巻), 集団住宅, 彰国社, 1971.

ガリオン, アイスナー, 日笠 端監訳, 土井幸平, 森村道美訳: アーバン・パターン, 日本評論社, 1975.

ル・コルビジェ, 古阪隆正訳: アテネ憲章, 鹿島出版会, 1976.

L.ベネヴォロ, 横山 正訳: 近代都市計画の起源, 鹿島出版会, 1976.

C.A. ペリー, 倉田和四生訳: 近隣住区論, 鹿島出版会, 1976.

H. ロウズナウ, 西川幸治監訳: 理想都市, 鹿島出版会, 1979.

A.&P. スミッソン, 大江 新訳: スミッソンの都市論, 彰国社, 1979.

月尾嘉男, 北原理雄: 実現されたユートピア, 鹿島出版会, 1980.

ピーター・ウォルフ，島内三郎訳：都市のゆくえ，ビジネス・リサーチ，1980.

C. アレクザンダー，平田翰那訳：時を超えた建設の道，鹿島出版会，1993.

伊藤　滋：人間・都市・未来を考える，PHP 研究所，1997.

蓑原　敬：街づくりの変革―生活都市計画へ，学芸出版社，1998.

E.A. ガトキント，日笠端監訳，渡辺俊一，森戸哲訳：都市―文明史からの未来像，日本評論社，1966.

西川幸治：都市の思想―保存修景への指標，日本放送出版会，1973.

ル・コルビュジエ，吉阪隆正編訳：アテネ憲章，鹿島出版会，1976.

J. ジェイコブス，黒川紀章訳：アメリカ大都市の死と生，鹿島出版会，1977.

C・ジェンクス，佐々木宏訳：ル・コルビュジエ，鹿島出版会，1978.

吉田鋼市：トニー・ガルニエ，鹿島出版会，1993.

Abercrombie, Patrick : Greater London Plan, H. M. S. 0.,1944.

Gallion, A. & Eisner, S.: The Urban Pattern, D. Van Nostrand Co., 1950.

Kell A strom : City Planning in Sweden, The Swedish Institute, 1967.

Scott, Mel:American City Planning since 1890, University of California Press,1969.

Cullingworth, J. B. : Town and Country Planning in Britain, George Allen and Unwin Ltd., 1976.

Cullingworth J. B.: Urban and Regional Planning in Canada, Transaction Inc., 1987.

Hamnett, S. & Bunker, R. : Urban Australia, Planning Issue and Policies, Mansell Co. Ltd., 1987.

Newman, P. & Thornley, A.: Urban Planning in Europe, Routledge, 1996.

石川栄耀：改訂日本国土計画論，八元社，1942.

カリングワース，久保田誠三訳：英国の都市農村計画，都市計画協会，1972.

近代日本建築学発達史　第 6 編　都市計画：日本建築学会，丸善，1972.

日笠　端：欧米における集団住宅地計画（建築学大系 27 巻），彰国社，1975.

日笠　端：わが国における集団住宅地計画（建築学大系 27 巻），彰国社，1975.

早川文夫：住宅問題とは何か，大成出版，1975.

伊藤ていじ：都市史（新訂建築学大系 2 巻），彰国社，1975.

日笠　端：先進諸国における都市計画手法の考察，共立出版，1985.

鈴木信太郎：都市計画の潮流―東京，ロンドン，パリ，ニューヨーク―，山海堂，1993.

第2章

Saarinen, Eliel：The City, its growth, its decay, its future, M. I. T. Press, 1943.

Gropius, Walter : Scope of Total Architecture, Harper & Brothers 1943.

Gottmann, Jean : Megalopolis, Twentieth Century Fund, 1961.

Jacobs, Jane : The Death and Life of Great American Cities, Random House, Inc.,1961.

Gutkind, E. A.: The Twilight of Cities, Free Press of Glencoe, 1962.

Park, R. E. and Burgess, E. W.: The City, University of Chicago Press, 1967.

奥井復太郎：現代大都市論，有斐閣，1940.

木内信蔵：都市地理学研究，古今書院，1941.

W.A. ロブソン，蝋山政道監訳：世界の大都市，東京市政調査会，1958.

都市計画論（自治論集20），地方自治研究会，1964.

都市整備論（自治論集24）地方自治研究会，1964.

磯村英一編：都市問題事典，鹿島出版会，1965.

C.A. ドキシアディス，磯村英一訳：新しい都市の未来像，鹿島出版会，1965.

都市問題講座，有斐閣，1966 ～ .

E.A・ガトキント，日笠　端監訳：都市，日本評論社，1966.

日笠　端：都市と環境，日本放送出版協会，1966.

現代大都市の諸問題 I, II,III, 地域開発センター，1966.

倉沢　進：日本の都市社会，福村出版，1967.

柴田徳衛：現代都市論，東京大学出版会，1967.

木内信蔵：地域概論，東京大学出版会，1968.

宮本憲一：社会資本論，有斐閣，1968.

飯沼一省：都市の理念，都市計画協会，1969.

J. ジェコブス，黒川紀章訳：アメリカ大都市の死と生，鹿島出版会，1969.

吉野正治：都市計画とはなにか，三一書房，1970.

ルイス・マンフォード，磯村英一監訳：多層空間都市，ペリカン社，1970.

団地建設と市民生活（団地白書），町田市，1971.

現代都市学シリーズ，日本放送出版会，1971.

大谷幸夫: 都市のとらえ方（都市住宅），鹿島出版会，1972.

岩波講座，現代都市政策，岩波書店，1973 ～ .

P. ペータース，河合正一訳: 人間のための都市，鹿島出版会，1978.

上田　篤: ユーザーの都市，学陽書房，1979.

木内信蔵: 都市地理学原理，古今書院，1979.

大谷幸夫: 空地の思想，北斗出版，1979.

小木曽定彰: 住いと都市の環境論，新建築社，1979.

総合研究開発機構編: 都市空間の回復，学陽書房，1980.

OECD 編，宮崎正雄監訳: 住みよい街づくり，80 年代の課題，ぎょうせい，1980.

田村　明: 環境計画論，鹿島出版会，1980.

奥田道大，広由康生編訳: 都市の理論のために，現代都市社会学の再検討，多賀出版，1983.

都市の環境診断，環境情報科学特集，環境情報科学センター，1983.

奥田道大: 大都市の再生，都市社会学の現代的視点，有斐閣，1985.

陣内秀信: 東京の空間人類学，筑摩書房，1985.

倉沢　進編: 東京の社会地図，東大出版会，1986.

大谷幸夫: 建築・都市論集，勁草書房，1986.

戸沼幸一: 遷都論，ぎょうせい，1988

八幡和郎: 遷都，中央公論社，1988.

天野光三: 新国土改造論，PHP 研究所，1988.

阿部泰隆: 国土開発と環境保全，日本評論社，1989.

地下都市，ジオフロントへの挑戦，地下空間利用研究グループ，清文社，1989

渡部一郎編: 遷都論のすべて，竹井出版，1989.

C. アレクザンダー他，難波和彦訳: まちづくりの新しい理論，鹿島出版会，1989.

石井威望他: ジャパン・コリドール・プラン，PHP 研究所，1990.

堺屋太一: 新都建設，文芸春秋社，1990.

東京大学公開講座「都市」，東京大学出版会，1991.

B.J. フリーデン, L.B. セイガリン, 北原理雄監訳: よみがえるダウタウン, アメリカ都市再生の歩み, 鹿島出版会, 1992.

日笠　端, 一河秀洋, 田中啓一編: 新首都・多極分散論, 有斐閣, 1995.

日本計画行政学会編:「環境指標」の展開, 学陽書房, 1995.

日笠　端: 市街化の計画的制御 (市町村の都市計画 2), 共立出版, 1998

Jane Jacobs : The Death and Life of Great American Cities － The Failure of Town Planning, Pelican Books, 1961.

Peter Hall: CITIES of TOMORROW—Updated Edition, Blackwell Publishers Ltd, 1988.

Edited by John Brotchie Michael Batty Peter Hall & Peter Newton ： CITIES OF THE 21st CENTURY, Halsted Press, 1991.

C.A. ドクシアディス, 磯村英一訳: 新しい都市の未来像, 鹿島研究所出版会, 1965.

フランク・ロイド・ライト, 谷川正已, 谷川睦子訳: ライトの都市論, 彰国社, 1968.

増田四郎: 都市, 筑摩書房, 1968.

羽仁五郎: 都市の論理―歴史的条件－現代の闘争, 勁草書房, 1968.

ルイス・マンフォード, 磯村英一監訳, 神保登代訳: 多層空間都市―アメリカに見るその明暗と未来, ペリカン双書, 1970.

矢守一彦: 都市プランの研究―変容系列と空間構成, 大明堂, 1970.

織田武雄: 地図の歴史―世界篇, 講談社, 1974.

ルイス・マンフォード, 生田勉訳: 都市の文化, 鹿島出版会, 1974.

ガリオン・アイスナー, 日笠端訳: アーバン・パターン, 日本評論社, 1975.

S・モホリ―ナギ, 服部岑生訳: 都市と人間の歴史, 鹿島出版会, 1975.

ロバートヴェンチューリ他編著, 石井和紘, 伊藤公文訳: ラスベガス, 鹿島出版会, 1978.

ル・コルビュジエ, 井田安弘訳: 四つの交通路, 鹿島出版会, 1978.

月尾嘉男, 装置としての都市, 鹿島出版会, 1981.

木原武一: ルイス・マンフォード, 鹿島出版会, 1984.

芦原義信: 隠れた秩序―二十一世紀の都市に向かって, 中央公論社, 1986.

早川和男: 欧米住宅物語―人は住むためにいかに闘っているか, 新潮社, 1990.

佐藤滋，街区環境研究会：現代に生きるまち—東京のまちの過去・未来を読み取る，彰国社，1990.

石田頼房：未完の都市計画—実現しなかった計画の計画史，筑摩書房，1992.

C・ロウ・F・コッター，渡辺真理訳：コラージュ・シティ，鹿島出版会，1992.

陣内秀信：ヴェネツイア—水上の迷宮都市，講談社，1992.

陣内秀信：都市と人間，岩波書店，1993.

S・E・ラスムッセン：横山正訳：都市と建築，東京大学出版会，1993.

比較都市史研究会編：比較都市史の旅，原書房，1993.

西川幸治：都市の思想 [上]，日本放送出版協会，1994.

若桑みどり，世界の都市の物語 13 フィレンツェ，文藝春秋，1994.

大河直躬編：都市の歴史とまちづくり，学芸出版社，1995.

高橋正男：世界の都市の物語 14 イェルサレム，文藝春秋，1996.

猿谷要：世界の都市の物語 15 アトランタ，文藝春秋，1996.

陳舜臣：世界の都市の物語 16 香港，文藝春秋，1997.

布野修司：都市と劇場—都市計画という幻想，彰国社，1998.

勝又俊雄：ギリシャ都市の歩き方，角川書店，2000.

福井憲彦，陣内秀信：都市の破壊と再生，相模書房，2000.

窪田亜矢：界隈が活きるニューヨークのまちづくり—歴史・生活環境の動態的保全，学芸出版社，2002.

浅見泰司他編著：トルコ・イスラーム都市の空間文化，山川出版社，2003.

斎藤公男，空間構造物語—ストラクチュラル・デザインのゆくえ，彰国社，2003.

西田雅嗣，矢ヶ崎善太郎編著：図説建築の歴史—西洋・日本・近代，学芸出版社，2003.

上田篤：都市と日本人—「カミサマ」を旅する，岩波書店，2003.

ピーター・カルソープ，倉田直道，倉田洋子訳：次世代のアメリカの都市づくり—ニューアーバニズムの手法，学芸出版会，2004.

上岡伸雄：ニューヨークを読む，中公新書，2004.

陣内秀信：中世海洋都市アマルフィの空間構造—南イタリアのフィールド調査 1998-2003，法政大学大学院エコ地域デザイン研究所，2004.

都市みらい推進機構編，都市をつくった巨匠たち―シティプランナーの横顔，ぎようせい，2004.

中山徹：人口減少時代のまちづくり―21世紀＝縮小型都市計画のすすめ，自治体研究社，2010.

市川宏雄，久保隆行：東京の未来戦略，東洋経済新報社，2012.

Lewis, Harold MacLean : Planning the Modern City, John Wiley & Sons, 1949.

Gallion, A. & Eisner, S.: The Urban Pattern, D. Van Nostrand Co., 1950.

Gibberd, F.: Town Design, Architectural Press, 1953.

Keeble, Lewis : Principles and Practice of Town and Country Planning, Estate Gazette Ltd. 1952, 1959.

Goodman, W. I. & Freund, E.C.: Principles and Practice of Urban Planning, International City Managers' Association 1967.

Bacon, Edmund, N.: Design of Cities, Thames and Hudson Ltd., 1967.

Muller, W.: Stadtebau, B. G. Teubner, 1974.

Golany, Gideon : New-Town Planning, Principles and Practice, John Wiley & Sons, 1976.

White, P. M.: Soviet Urban and Regional Planning, Mansell, 1979.

Hall, Peter : Urban and Regional Planning, Routledge, 1992.

石川栄耀：新訂都市計画及び国土計画，産業図書，1941,1954.

武居高四郎：都市計画，共立出版，1947,1958.

ハロルド・ルイス，都市計画研究会訳：最近都市計画（上，下），1950.

谷口成之：都市計画，コロナ社，1961.

市川清志，横山光雄：都市計画（建築学大系26），彰国社，1964.

都市計画（都市問題講座7），有斐閣，1966.

川名吉衛門：都市計画，大明堂，1972,

今野 博編：都市計画，森北出版，1972.

奥田教朝，吉岡昭雄：都市計画通論，オーム社，1973.

大河原春雄：これからの都市計画，鹿島出版会，1973.

渡部与四郎：都市計画・地域計画，技報堂，1973.

山田正男：変革期の都市計画，鹿島出版会，1974.

ガリオン，アイスナー，日笠 端監訳，土井幸平，森村道美訳：アーバン・パターン，日本評論社，1975.

J.テトロ，A.ゴス，伊藤 滋，伊藤よし子訳：都市計画概説，鹿島出版会，1975.

桂 久男，足立和夫，材野博司編：都市計画，森北出版，1975.

田村 明：都市を計画する，岩波書店，1977.

日笠 端：都市計画，共立出版，1977,1986,1993.

渡辺新三，松井 寛：都市計画要論，オーム社，1978.

加藤 晃，今井一夫：スウェーデンの都市計画，国民科学社，1979.

伊藤 滋他：ケーススタディ都市および農村計画（土木工学大系 23），彰国社，1979.

秋山政敬：都市計画，理工図書，1980.

春日井道彦：比較でみる西ドイツの都市と計画，フランクフルトと大阪，学芸出版社，1981.

J.グラッソン，大久保昌一訳：地域計画，清文社，1981.

J.ラトクリフ，大久保昌一監訳：都市農村計画，清文社，1981.

M.ロバート，大久保昌一監訳：都市計画技法，清文社，1981.

土井幸平，川上秀光，森村道美，松本敏行：都市計画（新建築学大系 16），彰国社，1981.

W.オストロウスキー，大庭常良訳編：現代都市計画，工学院大都市計画研究室，1982.

早川文夫，月尾嘉男共編：現代都市・地域計画，オーム社，1982.

光崎育利：都市計画，鹿島出版会，1984

土田 旭，伊丹 勝，日端康雄，内田雄造，林 泰義，高見沢邦郎：市街地整備計画（新建築学大系 19），彰国社，1984.

加藤 晃，河上省吾：都市計画概論（第 2 版），共立出版，1986.

高山英華：私の都市工学，東大出版会，1987.

都市計画教育研究会編：都市計画教科書，彰国社，1987.

大崎本一：東京の都市計画，鹿島出版会，1989.

坂本一郎：都市計画の基礎，放送大学教育振興会，1992.

寺西弘文: 政治都市計画論, 東京と欧米の都市政策, 神無書房, 1992.

天野光三, 青山吉隆: 図説都市計画, 丸善, 1992.

日本都市計画学会編: 石川栄耀都市計画論集, 彰国社, 1993.

五十嵐敬喜, 小川明雄: 都市計画, 利権の構図を超えて, 岩波書店, 1993.

加藤　晃: 都市計画概論 (第4版), 共立出版, 1998.

三村浩史: 地域共生の都市計画, 学芸出版社, 1997.

森村道美: マスタープランと地区環境整備, 都市像の考え方とまちづくりの進め方, 学芸出版社, 1998.

久隆浩, 柴田祐, 嘉名光市, 林田大作, 坂井信行, 篠原祥, 松村暢彦, 永田宏和, 宮崎ひろ志, 下村泰彦, 室崎千重: 都市・まちづくり学入門, 学芸出版社, 2011.

第3章

Nicholas, R.: City of Manchester Plan, Jarrold & Sons, 1945.

London County Council:London Plan,1960.

Kent, Jr., T. J.: The Urban General Plan, Chandler Publishing Co., 1964.

General Plan for the City of Boston, (1965–1975) Boston Redevelopment Authority, 1965.

Greater London Development Plan, Report of Studies, Greater London Council, 1967.

Greater London Development Plan, G. L. C.1976.

Paris Projet, No.1 ～ No.19 ～ 20,l'Atelier Parisien D'Urbanism

富山県射水地域広域計画, 都市計画学会, 東大都市工学科 高山研究室, 1962.

都市基本計画論 (UR2号), 東大都市工学科 高山研究室, 1967.

山形市都市整備基本計画, 山形市, 東大都市工学科 高山研究室, 1968.

いわき市都市整備基本計画, いわき市, 東大都市工学科 川上研究室, 1968.

杉並区長期基本計画に関する調査研究報告書, 住宅環境整備に関する調査と提案, 東京都杉並区, 東大都市工学科 日笠研究室, 伊藤研究室, 1969.

広島市都市基本計画, 広島市, 東大都市工学科 森村研究室, 1970.

三郷町整備開発計画, 都市計画協会, 東大都市工学科 森村研究室, 1971.

広場と青空の東京構想試案, 東京都, 1971.

東京都長期計画，マイタウン東京，21 世紀をめざして，東京都，1982.

埼玉県都市基本計画策定調査報告書，社会開発研究所，1982.

神奈川県都市整備の基本方向，都市整備基本計画市町村調整に向けて，神奈川県，1985.

日笠　端：大都市周辺都市の市街地整備計画立案方式の一試案，第一住宅建設協会，1990.

市町村の都市計画マスタープランの現状と課題，日本都市計画学会，1996.

日笠端：都市基本計画と地区の都市計画－市町村の都市計画 3，共立出版，2000.

Dean, Robert, D. & Leahy, William, H.: Spatial Economic Studies, Free Press, 1970.

チウネン，近藤泰男訳：孤立国，日本評論社，1943.

ケメニー・スネル，甲田訳：社会科学における数学的モデル，培風館，1966.

A. レッシュ，篠原泰三訳：レッシュ経済立地論，大明堂，1968.

B. ベリー，西岡訳：小売業，サービス業の地理学，大明堂，1970.

奥平耕造：都市工学読本，都市を解析する，彰国社，1976.

谷村，梶，池田，腰塚：都市計画数理，朝倉書店，1986.

下総　薫監訳：都市解析論文選集，古今書院，1987.

八木沢壮一他：都心の土地と建物，東京・街の解析，電機大出版局，1987.

日本建築学会編：建築・都市計画のための調査・分析方法，井上書院，1987.

Abercrombie, Patrick : Greater London Plan, 1944.

A Policies Plan for the Year 2000, The Nation's Capital, Washington D. C.1961.

Ministry of Housing & Local Government: South East Study, H. M. S. 0.,1964.

Schema Directeur d' Amenagement et d'Urbanisme de la Region de Pans, 1965.

South East Economic Planning Team : The Strategy for the South East, H. M. S. 0., 1967.

Joint Planning Team : The Strategic Plan for the South East, H. M. S. 0.,1971.

Strategic Planning Advice for London, Policies for the 1990's. London Planning Advisory Committee, 1988.

現代大都市の諸問題，I, II, III, 地域開発センター，1966.

首都圏整備委員会: 首都圏基本計画, 1968.

大都市圏の比較研究, 東大都市工学科 日笠研究室, 1972.

首都圏基本計画, 国土庁, 1976.

南関東大都市地域総合整備推進計画策定調査報告書, 建設省都市局, 1982.

東京大都市圏の地域構造の変化に関する調査研究, 日本住宅総合センター, 1983.

首都改造計画, 国土庁大都市圏整備局, 1985.

日笠 端: 地区整備計画の視点よりみた東京大都市圏の市街化の分析, 第一住宅建設協会, 1987.

日本都市計画学会編: 東京大都市圏, 彰国社, 1992.

Jean Gottmann:MEGALOPOLIS—The Urbanized Northeasteran Seaboard of the United States, Twentieth Century fund,1961.

国土計画協会編: ヨーロッパの国土計画―国際共生型国土創生を目指して, 朝倉書店, 1990.

川上秀光: 巨大都市東京の計画論, 彰国社, 1990.

国土庁大都市圏整備局編: 東京都心のグランドデザイン, 大蔵省印刷局, 1995.

国土庁編: 21 世紀の国土のグランドデザイン, 大蔵省印刷局, 1998.

第4章

Bartholomew, Harland : Land Uses in American Cities, Harvard University Press,1955.

Land Use in an Urban Environment, edited by Department of Civic Design, University of Liverpool,1961.

Chapin, F. Stuart: Urban Land Use Planning, Harper & Brothers, 1965.

Delatons, John : Land Use Control in the United States, M. I. T. Press, 1969.

Procos, Dimitri: Mixed Land Use, Dowden, Hutchinson & Ross, Inc. 1976.

高山英華: 都市計画における密度の研究, 1950.

太田 実: 都市の地域構造に関する計画的研究, 1960.

石田頼房: 大都市周辺部における散落状市街化の規制手法に関する研究, 1962.

富山市都市開発基本計画, 東大都市工学科 高山研究室, 1966.

F.S. チェピン, 佐々波秀彦, 三輪雅久訳: 都市の土地利用計画, 鹿島出版会, 1966.

高山英華編：都市生活者の生活圏行動調査，地域社会研究所，1968.

大井町開発基本計画，地域社会研究所，東大都市工学科 日笠研究室，1969.

都市の土地利用計画のたて方，日本都市計画学会，1979.

和田照男：現代農業と土地利用計画，東京大学出版会，1980.

石田頼房：都市農業と土地利用計画，日本経済評論社，1990.

水口俊典：土地利用計画とまちづくり，規制・誘導から計画協議へ，学芸出版社，1997.

川上光彦，裏山益郎，飯田直彦，土地利用研究会編：人口減少時代における土地利用計画―都市周辺部の持続可能性を探る，学芸出版社，2010.

Buchanan, Colin : Traffic in Towns, H. M. S. O.,1963.

Ritter, Paul:Planning for Man and Motor, Pergamon Press 1964.

Lewis, David : The Pedestrian in the City, D. Van Nostrand Co., 1965.

OECD : Streets for People, 1974.

Uhlig, Klaus : Die fu β gangerfreundliche Stadt, Verlag Gerd Hatje, Stuttgart 1979.

伊藤　滋：都市計画における発生交通量に関する方法論研究，1962.

ブキャナン，八十島義之助，井上　孝訳：都市の自動車交通，鹿島出版会，1965.

八十島義之助他編：都市交通（都市問題講座），有斐閣，1965.

織本錦一郎監修：駐車場の計画と設計，鹿島出版会，1967.

井上　孝編：都市交通講座1〜5，鹿島出版会，1970.

広島市交通問題懇談会：広島の都市交通の現況と将来，広島市，1971.

八十島義之助，花岡利幸：交通計画，技報堂，1971.

アメリカ市町村協会　新谷洋二他訳：都市交通計画の立て方，鹿島出版会，1972.

交通工学研究会：交通工学ハンドブック，技報堂，1973.

谷藤正三：都市交通計画，技報堂，1974.

角本良平：人間，交通，都市，鹿島出版会，1974.

渡部与四郎：業務交通体系論，技報堂，1975.

OECD編，岡　並木監修，宮崎　正訳：楽しく歩ける街，PARCO出版局，1975.

イギリス都市計画協会，中津原　努・桜井悦子訳：新しい街路のデザイン，鹿島出版

会 ,1980.

今野　博: まちづくりと歩行空間, 鹿島出版会, 1980.

M.J. ブルトン, 大久保昌一監訳: 交通計画, 清文社, 1981.

P.R. ホワイト, 大久保昌一監訳: 公共輸送計画, 清文社, 1981.

土木学会編: 街路の景観設計, 技報堂, 1985.

加藤　晃, 竹内伝史: 都市交通論, 鹿島出版会, 1988.

赤崎弘平他: 人と車「おりあい」の道づくり, 鹿島出版会, 1989.

土木学会編: 交通整備制度, 仕組と課題, 1990.

新谷洋二編著: 都市交通計画, 技報堂, 1993.

岡本堯生: 東京の都市交通, 鉄道が創る都市の未来, ぎょうせい, 1994.

大西　隆: 都市交通のパースペクティブ, 鹿島出版会, 1994.

東京市町村自治調査会編: 駅空間整備読本, 同調査会, 1996.

石坂悦男・渡部与四郎編著: 地域社会の形成と交通政策, 東洋館出版社, 1997.

L. ベネヴォロ, 横山正訳: 近代都市計画の起源, 鹿島出版会, 1976.

Tunnard, C. & Pushkarev, B. : Man-made America, Chaos or control?, Yale Univ. Press, 1962.

McHarg, Ian L.: Design with Nature, Natural History Press, 1969.

Newton, Norman T.: Design on the Land, Belknap Harvard, 1971.

ターナード C.& プシカレフ B. 鈴木忠義訳: 国土と都市の造形, 鹿島出版会, 1966.

今野　博編: 都市計画, 第 4 章公園緑地計画, 森北出版, 1973.

アレン・オブ・ハートウッド, 大村虔一他訳: 都市の遊び場, 鹿島出版会, 1973.

都市と公園緑地, 日本都市センター, 1974.

高原栄重: 都市緑地の計画, 鹿島出版会, 1974.

新田新三: 植栽の理論と技術, 鹿島出版会, 1974

冲中　健: 緑地施設の設計, 鹿島出版会, 1974.

アービット・ベルソン, 大村虔一他訳: 新しい遊び場, 鹿島出版会, 1974.

アービット・ベルソン, 北原理雄訳: 遊び場のデザイン, 鹿島出版会, 1974.

野呂田芳成編著: 公園緑地政策, 産業能率短大出版部, 1975.

樋口忠彦: 景観の構造, 技報堂, 1975.

観光・レクリエーション計画論，ラック計画研究所，技報堂，1975.

ロイ・マン，相田武文訳：都市の中の川，鹿島出版会，1975.

田畑貞寿：都市のグリーンマトリックス，鹿島出版会，1979.

クリフ・タンディ，扇谷弘一訳：ランドスケープ・ハンドブック，鹿島出版会，1979.

ユネスコ編，京都芸術短大訳：人のつくった風景，学芸出版社，1981.

進士五十八：緑からの発想，思考社，1983.

丸田頼一：都市緑地計画論，丸善，1983.

斉藤一雄，田畑貞寿：緑の環境デザイン，日本放送出版協会，1985.

都市緑化による都市景観形成事例集，みどりのまちづくり研究会，ぎょうせい，1986.

高橋理喜男，井出久登，渡部達三，勝野武彦，輿水　肇：造園学，朝倉書店，1986.

染谷昭夫，藤森泰明，森繁　泉：マリーナの計画，鹿島出版会，1988.

東京都環境保全局：みどりのフィンガープラン，1989.

進士五十八：アメニティ・デザイン，学芸出版社，1992.

井出久登，亀山　章：緑地生態学，朝倉書店，1993.

デヴィッド・ニコルソン―ロード，佐藤　昌訳：都市と緑，都市緑化基金，1994.

丸田頼一：都市緑化計画論，丸善，1994.

田畑貞寿編著：市民ランドスケープの創造，公害対策技術同友会，1996.

Albert Fein： FredericK Law Olmsted and the American Environmental Tradition, George Braziller, 1972.

アルバート・ファイン，黒川直樹訳：アメリカの都市と自然―オルムステッドによるアメリ力の環境計画，井上書院，1983.

上田篤，世界都市研究会編著：水網都市―リバー・ウォッチングのすすめ，学芸出版社，1987.

石川幹子：都市と緑地，岩波新書，2001.

和辻哲郎：風土・人間的考察，岩波書店，1939.

宮脇　昭：植物と人間，日本放送出版協会，1970.

品田　穣：都市の自然史，中公新書，1971.

沼田　真：植物たちの生，岩波新書，1972.

沼田　真：自然保護と生態学，共立出版，1973.

四手井綱英: 森林の価値, 共立出版, 1973.

町田市環境調査報告書（自然環境）, 町田市, 1973.

四手井綱英: 日本の森林, 中公新書, 1974.

J.L. サックス, 山川洋一郎, 高橋一修: 環境の保護, 岩波書店, 1974.

建設省都市局: 環境共生都市づくり, ぎょうせい, 1993.

I.L. マクハーグ, 下河辺淳, 川瀬篤美監訳: デザイン・ウイズ・ネイチャー, 集文社, 1994.

土地総合研究所: 環境負荷の小さな都市システムのあり方, 1995.

アン・W・スパーン, 高山啓子他訳: アーバン・エコシステム, 公害対策技術同友会, 1996.

ドネラ・H・メドウズ・デニス・L・メドウズ・ヨルゲン・ランダース: 成長の限界―人類の選択, ダイヤモンド社, 2005.

Donald W.Insall and Associates:Chester,A Study in Conservation,H.M.S.O.,1968.

西川幸治: 都市の思想, 保存修景への指標, 日本放送出版協会, 1973.

歴史的町並みのすべて, 環境文化研究所編, 若樹書房, 1978.

西山夘三監修, 観光資源保護財団編: 歴史的町並み事典, 柏書房, 1981.

戸沼幸市編, 早稲田大学都市計画研究室: あづましい未来の津軽, 津軽書房, 1982.

佐藤　優: 脈脈盛岡の街づくり, 在研究所, 1984.

岡山の町並み, 岡山県郷土文化財団, 1984.

西村幸夫: CIVIC TRUST 英国の環境デザイン 1978 ～ 1991, 駿々堂, 1995.

大河直躬編: 都市の歴史とまちづくり, 学芸出版社, 1995.

田辺平学: 不燃都市, 河出書房, 1945.

都市不燃化同盟: 都市不燃運動史, 1957.

浜田 稔: 建築防火論（新訂建築学大系 21）, 彰国社, 1970.

中田全一: 火災（防災科学技術シリーズ 14）, 共立出版, 1970.

柴田徳衛, 伊藤 滋: 都市の回復（現代都市学シリーズ 4）, 日本放送出版協会, 1971.

藤井陽一郎, 村上處直: 地震と都市防災, 新日本出版社, 1973.

防災科学技術シリーズ, 共立出版, 1966 ～ 1973.

河角 広編: 地震災害, 共立出版, 1973.

浜田 稔：東京大震火災への対応，日本損害保険協会，1974.

室崎益輝：地域計画と防火，勁草書房，1981.

宇佐美竜夫：東京地震地図，新潮社，1983.

村上處直：都市防災計画論，同文書院，1986.

東京都都市計画局：東京都の防災都市づくり，1993.

阪神復興支援 NPO 編：真野まちづくりと震災からの復興，自治体研究社，1995.

三船康道：地域・地区防災まちづくり，オーム社，1995.

石井一郎：都市の防災，技術書院，1995.

都留重人編：現代資本主義と公害，岩波書店，1968.

宮本憲一編：公害と住民運動，自治体研究社，1970.

宇井　純：公害原論 I～III，亜紀書房，1971.

中沢誠一郎：都市学と総合アセスメント，大明堂，1982.

建設省都市計画課監修，環境都市研究会：環境都市のデザイン，ぎょうせい，1994.

第5章

Gibberd, F.: Town Design, Architectural Press, 1953.

Sharp, T., Gibberd, F., & Holford, W.: Design in Town and Village, H. M. S. O., 1953.

Lynch, Kevin : The Image of the City, Joint Center for Urban Studies, 1960.

Lynch, Kevin : Site Planning, M. I. T. Press, 1962.

Bacon, Edmund N.: Design of Cities, Thames & Hudson, 1967.

Dober, Richard P.: Environmental Design, Reinhold Book Co., 1969.

Urban Design Manhattan, Regional Plan Association, Studio Vista, London, 1969.

Cullen, Gordon : The Concise Townscape, Architectural Press, 1971.

Lynch, Kevin : What Time Is This Place, M. I. T. Press, 1972.

芦原義信：外部空間の構成（建築から都市へ），彰国社，1962.

ケヴィン・リンチ，前野，佐々木訳：敷地計画の技法，鹿島出版会，1966.

栗田　勇：都市とデザイン，鹿島出版会，1966.

E. ベーコン，渡辺定夫訳：都市のデザイン，鹿島出版会，1967.

A.I.A., 波多江健郎訳：アーバンデザイン，青銅社，1967.

日本の都市空間, 彰国社, 1968.

都市設計 (建築設計資料集成 5), 日本建築学会, 丸善, 1972.

ルドフスキー, 平良, 岡野訳: 人間のための街路, 鹿島出版会, 1973.

都市デザイン研究体: 現代の都市デザイン, 彰国社, 1973.

早大吉阪研究室: 杜の都・仙台のすがた, 仙台デベロッパー委員会, 1973.

都市空間の計画技法, 彰国社, 1974.

ケヴィン・リンチ, 大谷研究室訳: 時間の中の都市, 鹿島出版会, 1974.

フルーイン, 長島正充訳: 歩行者の空間, 鹿島出版会, 1974.

G. カレン, 北原理雄訳: 都市の景観, 鹿島出版会, 1975.

F. ギバード, 高瀬忠重他訳: タウン・デザイン, 鹿島出版会, 1976.

R.P. ドーバー, 土田 旭訳: 環境のデザイン, 鹿島出版会, 1976.

佐々波秀彦編: 欧米の都市開発, 講談社, 1976.

漆原美代子: 都市環境の美学, 日本放送出版協会, 1978.

芦原義信: 街並みの美学, 岩波書店, 1979.

ケヴィン・リンチ, 北原理雄訳: 知覚環境の計画, 鹿島出版会, 1979.

久保 貞監修: 都市設計のための新しいストラクチュア, 鹿島出版会, 1979.

志水英樹: 街のイメージ構造, 技報堂, 1979.

紙野桂人: 見る環境のデザイン, 歴史的集落と街路景観, 学芸出版, 1980.

鈴木信宏: 水空間の演出, 鹿島出版会, 1981.

D. ベーミングハウス, 鈴木信宏訳: 水のデザイン, 鹿島出版会, 1983.

筑波研究学園都市中心地区景観計画 1,2, 住宅都市整備公団, 1983,1985.

芦原義信: 穏れた秩序, 21 世紀の都市に向って, 中央公論社, 1986.

ガレット・エクボ, 久保 貞他訳: 風景のデザイン, 鹿島出版会, 1986.

ダグラス・M・レン, 横内憲久監訳: 都市のウォーターフロント開発, 鹿島出版会 ,1986.

上田 篤他編: 水網都市, 学芸出版社, 1987.

ケヴィン・リンチ, 山田 学訳: 新版 敷地計画の技法, 鹿島出版会, 1987.

鳴海邦碩: 景観からのまちづくり, 学芸出版社, 1988.

C. アレグザンダー他, 難波和彦監訳: まちづくりの新しい理論, 鹿島出版会, 1989.

日本開発構想研究所: 北米ウォーターフロント開発, 1989.

鳴海邦碩他編: 都市デザインの手法, 学芸出版社, 1990.

岡　秀隆, 藤井純子: ヨーロッパのアメニティ都市, 新建築社, 1991.

蓑原　敬監修: デザイン都市宣言, 同朋社出版, 1993.

漆原美代子: 都市を愉しむ, 広済堂出版, 1993.

渡辺定夫編著: アーバンデザインの現代的展望, 鹿島出版会, 1993.

シリル・ポーマイア, 北野理雄訳: 街のデザイン, 鹿島出版会, 1993.

芦原義信: 東京の美学―混沌と秩序―, 岩波書店, 1994.

鳴海邦碩編: 都市環境デザイン, 学芸出版社, 1995.

都市環境デザイン会議編: 日本の都市環境デザイン ,'85～'95, 学芸出版社, 1996.

田村　明: 美しい都市景観をつくるアーバンデザイン, 朝日選書, 1997.

都市デザイン研究体編: 日本の都市空間, 彰国社, 1968.,

カミッロ・ジッテ, 大石敏雄訳: 広場の造形, 美術出版社, 1968.

都市デザイン研究体: 現代の都市デザイン, 彰国社, 1969.

トーマス・シャープ, 長素連・もも子訳: タウンスケープ, 鹿島出版会, 1972.

フレデリック・ギバード, 高瀬忠重, 日端康雄他訳: タウン・デザイン, 鹿島出版会, 1976.

材野博司: 都市の街割, 鹿島出版会, 1989.

藤森照信: 都市建築　日本近代思想大系 19, 岩波書店, 1990.

オギュスタン・ベルク: 日本の風景・西欧の景観―そして造景の時代, 講談社, 1990.

竹内裕二: イタリア中世の山岳都市―造形デザインの宝庫, 彰国社, 1991.

西山康雄: アンウインの住宅地計画を読む―成熟社会の住環境を求めて, 彰国社, 1992.

松栄: ドイツ中世の都市造形―現代に生きる都市空間探訪, 彰国社, 1996.

相田武文, 土屋和男: 都市デザインの系譜, 鹿島出版会, 1996.

名古屋世界都市景観会議'97: 都市風景の生成, 名古屋世界都市景観会議'97 実行委員会, 1998.

J. バーネット, 兼田敏之訳: 都市デザイン―野望と誤算, 鹿島出版会, 2000.

井口勝文他: 都市のデザイン―＜きわだつ＞から＜おさまる＞へ, 学芸出版社, 2002.

ラ・シャマイエフ, C. アレキサンダー, 岡田新一訳: コミュニティとプライバシイ,鹿島出版会, 1967.

　ポール.P. グッドマン, 槇　文彦, 松本　洋訳: コミュニタス, 理想社会への思索と方法, 彰国社, 1968.

　園田恭一: 地域社会論, 日本評論社, 1969.

　倉沢　進: 日本の都市社会, 福村出版, 1969.

　マーガレット・ミード, ムリエル・ブラウン, 冨田, 渡辺訳: コミュニティ, その理想と現実, 北望社, 1970.

　副田義也: コミュニティ・オーガニゼーション, 誠信書房, 1971.

　青井和夫, 松原治郎, 副田義也: 生活構造の理論, 有斐閣, 1972.

　地方自治制度研究会: コミュニティ読本, ぎょうせい, 1973.

　コミュニティ研究会 (中間) 報告, 自治省コミュニティ研究会, 1973, 1977.

　勝村　茂編著: 地域社会, 学陽書房, 1973.

　鴨脚　清: 人間環境と集団, 福村出版, 1973.

　高知市コミュニティ計画 (コミュニティ・カルテ) 高知市, 1974.

　R.M. マッキーヴァー, 中　久郎, 松本通晴監訳: コミュニティ, ミネルヴァ書房, 1975.

　地方自治制度研究会: 続コミュニティ読本, ぎょうせい, 1975.

　コミュニティの形成に関する研究, 地方行政システム研究所, 1975.

　国民生活センター: 現代日本のコミュニティ, 川島書店, 1975.

　渡辺俊一: アメリカ都市計画とコミュニティ理念, 技報堂, 1977.

　日笠　端, 日端康雄他: コミュニティの空間計画論, 第一住宅建設協会, 1977.

　地方自治制度研究会: 新コミュニティ読本, ぎょうせい, 1977.

　J バーナード, 正岡寛司監訳: コミュニティ論批判, 早稲田大学出版部, 1978.

　森村道美編著: コミュニティの計画技法, 彰国社, 1978.

　園田恭一: 現代コミュニティ論, 東大出版会, 1978.

　青井和夫: 小集団の社会学, 東京大学出版会, 1980.

　磯村英一編: コミュニティの理論と政策, 東海大学出版会, 1983.

　地域社会研究所編: 20 周年記念論文集, 1983.

　奥田道大: 都市コミュニティの理論, 東大出版会, 1983.

二宮哲雄，中藤康俊，橋本和幸：混住化社会とコミュニティ，御茶の水書房，1985.

日端康雄：現代のコミュニティ論と空間計画の相互関連性に関する研究，第一住宅建設協会，1987.

N.ウェイツ，C.ネヴイット，塩崎賢明訳：コミュニティ・アーキテクチュア，都市文化社，1992.

蓮見音彦，奥田道大編：21 世紀日本のネオ・コミュニティ，東大出版会，1993.

地域社会研究所編：企業移転と地域社会，ぎょうせい，1993.

川村健一，小門裕幸：サステイナブル・コミュニティ，学芸出版社，1995.

日笠 端：コミュニティの空間計画，共立出版，1997.

Clarence S.Stein: Toward New Towns for America, THE M.I.T PRESS,1957.

西村幸夫編：路地からのまちづくり，学芸出版社，2006.

篠原修：篠原修が語る日本の都市―その伝統と近代，彰国社，2006.

山崎亮：コミュニティデザインの時代，中央公論新社，2012.

Design of Dwellings (Dudley Report) H. M. S. 0.,1944.

Adams, Thomas : The Design of Residential Areas, Harvard Univ. Press, 1953.

American Public Health Association : Planning the Neighborhood, Public Administration Service, 1960.

Whyte, W. H.: Cluster Development, American Conservation Association, 1964.

Jensen, Rolf : High Density Living, Leonald Hill, 1966.

Wheaton, Milgram, Meyerson : Urban Housing, Free Press, 1966.

Hoffman, Hubert: Urban Low-Rise Group Housing, Verlag Arthur Niggli, 1967.

Housing in the Nordic Countries, Denmark, Finland, Iceland, Norway and Sweden, S. L. Mollers Co., 1968.

Strong, Ann Louise : Planned Urban Environments, John Hopkins, 1971.

Die Gropiusstadt, Der Stadtebauliche Planungs-und Entscheidungsvorgang Verlag Kiepert KG, Berlin, 1974.

Untermann/Small:Site Planning for Cluster Housing, Van Nostrand Reinhold, 1977.

DeChiara/Koppelman : Site Planning Standards, McGraw Hill, 1978.

日笠，入沢，大庭，鈴木：集団住宅（建築学大系 27 ），彰国社，1956,1971.

入沢　恒：大都市区域における住宅団地の立地と開発形態とに関する研究，1958.

日笠　端：住宅地の計画単位と施設の構成に関する研究，1959.

日本住宅公団 10 年史，日本住宅公団，1965.

共同住宅編集委：共同住宅，技報堂，1970.

フーベルト・ホフマン，北原理雄訳：都市の低層集合住宅，鹿島出版会，1973.

鈴木成文，栗原嘉一郎，多湖　進：集合住宅住区，丸善，1973.

谷口汎邦編：公共施設計画 1.(資料集成)科学技術センター，1974.

日端康雄：住宅地の環境改善，イギリスの経験の場合，1975.

クラレンス A. ペリー，倉田和四生訳：近隣住区論，鹿島出版会，1975.

日本住宅公団 20 年史，日本住宅公団，1975.

建築文化 No.355：特集コミュニティ・デザイン，彰国社，1976.

H. ダイルマン他，若月幸敏訳：現代集合住宅の構成，鹿島出版会，1976.

キャンディリス，三宅理一訳：リゾート集合住宅の計画と設計，鹿島出版会，1976.

アンネ・マリー・ポロウィ，湯川・長沢訳：子どものための生活空間，鹿島出版会，1978.

延藤安弘他：計画的小集団開発，学芸出版社，1979.

日本建築家協会編，低層集合住宅 I,II，彰国社，1980.

三村浩史：人間らしく住む　都市の居住政策，学芸出版社，1980.

住宅地景観設計マニュアル’82，住宅・都市整備公団，1982.

デリック・アボット，キンブル・ポリット，小川正光訳：ヒル・ハウジング斜面集合住宅，学芸出版，1984.

高山英華，日笠　端：大規模民間宅地開発の都市計画的評価に関する調査研究 I.II.，第一住宅建設協会，1984.

高見沢邦郎編著：居住環境整備の手法，彰国社，1988.

佐藤　滋：集合住宅団地の変遷，鹿島出版，1989.

川手昭二：都市開発のフロンティア，鹿島出版会，1990.

西山康雄：アンウインの住宅地計画を読む，彰国社，1992.

巽　和夫・未来住宅研究会編：住宅の近未来像，学芸出版社，1996.

American Public Health Association : An Appraisal Method for Measuring the

Quality of Housing,1945.

Smith, Wallace F.: Housing, The social and Economic Elements, 1970.

F. エンゲルス, 加田訳: 住宅問題, 岩波書店, 1929.

西山夘三: 日本の住宅問題 (岩波新書 112), 岩波書店, 1952.

米国公衆保健協会, 居住衛生委員会, 住居不良度の判定に関する委員会: 居住の質測定の為の評価法, 1952.

政策研究会: 日本の住宅問題, 三一書房, 1959.

高山, 三輪, 下総, 宮崎, 久松: 住宅問題 (建築学大系 2), 彰国社, 1960.

田畑貞寿, 池田亮二: 住環境の理論と設計, 鹿島出版会, 1969.

金沢, 西山, 福武, 柴田編: 住宅問題講座 (1) ～ (8) , 有斐閣, 1970 ～ .

北欧 5 ケ国建設省編　森　幹郎訳: 北欧の住宅政策, 相模書房, 1970.

神戸市の住宅政策の方向, 神戸市, 1971.

東京の住宅問題, 東京都, 1971.

欧米諸国の住宅政策, 通産省住宅産業室編, 1973.

岡田光正, 藤本尚久, 曽根陽基: 住宅の計画学, 鹿島出版, 1973.

西山夘三: 日本のすまい, I.II.III, 勁草書房, 1975.

早川文夫: 住宅問題とは何か, 大成出版, 1975.

ウォーレンス F. スミス, 池田亮二訳: 住宅問題, その社会的, 経済的要素, 鹿島出版会, 1975.

現代の住宅問題, ジュリスト増刊総合特集 No.7, 有斐閣, 1977.

下山瑛二, 水本　浩, 早川和男, 和田八束編著: 住宅政策の提言, ドメス出版, 1979.

オーア, L.L., 田中啓一訳: 日本とアメリカにみる所得と住宅問題, ダイヤモンド社, 1979.

川島　博編: 住宅政策の今日的課題, 1983.

日本住宅会議編: 日本住宅会議双書 1,2, ドメス出版, 1983 ～ .

J.D. ディヴィッド, 湯川・延藤訳: 世界の高齢者住宅, 鹿島出版会, 1989.

早川和男, 岡本祥浩: 居住福祉の論理, 東京大学出版会, 1993.

巽　和夫編: 現代社会とハウジング, 彰国社, 1993.

平山洋介: コミュニティ・ベースド・ハウジング―現代アメリカの近隣再生, ドメス出版, 1993.

高橋公子: 住まいの近景・遠景, 彰国社, 1994.

早川和男編: 講座現代居住 (全5巻), 東京大学出版会, 1997.

吉田克己: フランス住宅法の形成, 東京大学出版会, 1997.

Nelson, R. L.: The Selection of Retail Locations, F. W. Dodge Corp., 1958.

Burns, Wilfred : British Shopping Centres, Leonald Hill Books, 1959.

Gruen, Victor & Smith, Larry : Shopping Town U. S. A., Reinhold Publishing Corp., 1960.

Johnes, Colin S.: Regional Shopping Centers, Business Books Ltd, 1969.

Gruen, Victor : Centers for the Urban Environment, Survival of the Cities, Van Nostrand Reinhold Co., 1973.

石原舜介編: 商店街再開発, 科学技術センター, 1966.

南多摩新都市開発計画, 商業施設に関する調査研究, 地域開発研究所, 1968.

筑波研究学園都市の中心地区計画に関する調査報告書, 首都圏整備委員会事務局, 1971.

服部銈次郎, 杉村暢二著: 商店街と商業地域, 古今書院, 1973.

日笠　端・石原舜介: 地域施設　商業, 丸善, 1974.

岡　並木編: ショッピング・モール, 地域科学研究会, 1980.

商業空間のスペース・デザイン, SD 別冊 No.13　鹿島出版会, 1981.

杉村暢二: 日本の地下街, 大明堂, 1983.

東京都労働経済局: これからの商店街づくりのために, 1984.

杉村暢二: 都市商業調査法, 大明堂, 1989.

Gibberd F : Town Design, Architectural Press, 1953.

ゴードン・ロディ, 大庭常良訳: 都市と工業, 相模書房, 1957.

山本正雄編: 日本の工業地帯, 岩波書店, 1959.

下河辺　淳: 工業地の計画単位とその配置に関する研究, 1960.

紺野　昭: 工業の立地条件と施設規模に関する研究, 1962.

ウイリアム・ブレッド: 工業団地, 住宅公団, 1962.

紺野昭他: 地域発展の過程における業種別にみた工業集積の諸要因についての定量

的考察，住宅公団

紺野　昭他：局地的企業集団と工業地開発に関する研究

紺野　昭：工業地計画論，相模書房，1966.

三村浩史・北条蓮英・安藤元夫：都市計画と中小零細工業，新評論，1978.

第6章

Town and Country Planning Act 1947, 1968, 1971, 1990, H. M. S. O.

Goodman, W. I. & Freund E. C. : Principles and Practice of Urban Planning, International City Managers' Association, 1967.

Ministry of Housing and Local Government : Development Plans, A Manual on Form and Content, H. M. S. O., 1970.

Garner, J. F.: Planning Law in Western Europe, North-Holland Co., 1975.

Bielenberg, W./Dyong, H. : Das neue Bundesbaugesetz, Die neue Baunutzungsverordnung, Varlag fur Verwaltungspraxis, Franz Rehm, Munchen, 1977.

都市計画法規集，1,2,3(加除式)，新日本法規

建築法令例規，1,2,3,4(加除式)，帝国地方行政学会

国宗正義・北畠照躬訳：西ドイツ連邦建築法，日本住宅協会，都市計画協会，1961.

欧米の計画立法大要，日本都市センター，1965.

フランスの建築，都市，地域計画，日本都市センター，1963.

日笠 端：西ドイツとの対比における我が国都市計画制度の問題点，1975.

日笠 端，日端康雄，中村直喜：西ドイツにおける都市計画の制度と運用，1976.

日笠 端他監修：西ドイツの都市計画制度と運用，日本建築センター，1977.

H. ディートリッヒ・J. コッホ，阿部成治訳：西ドイツの都市計画制度，学芸出版社，1981.

五十嵐敬喜：現代都市法の状況，三省堂，1983.

日笠 端：先進諸国における都市計画手法の考察，共立出版，1985.

欧米における都市開発制度の動向，小林国際都市政策研究財団，1988.

北畠照躬：都市計画・都市再開発・都市保存，住宅新報社，1990.

地価と詳細都市計画，野村総合研究所，1990.

成田頼明編著：都市づくり条例の諸問題，第一法規出版，1992.

原田純孝, 広渡清吾, 吉田克己, 戒能通厚, 渡辺俊一編: 現代の都市法, ドイツ, フランス, イギリス, アメリカ, 東京大学出版会, 1993.

建設省都市局監修, 都市開発制度比較研究会: 諸外国の都市計画・都市開発, ぎょうせい, 1993.

五十嵐敬喜, 野口和雄, 池上修一: 美の条例―いきづく町をつくる―真鶴町, 学芸出版社, 1996.

日笠端, 成田頼明他編著: 西ドイツの都市計画制度と運用―地区詳細計画を中心として, 日本建築センター, 1977.

日笠端: 市街化の計画的制御, 市町村の都市計画 2, 共立出版, 1998.

(財) 民間都市開発推進機構都市研究センター: 欧米のまちづくり・都市計画制度―サスティナブル・シティへの途, ぎょうせい, 2004.

柳沢厚, 野口和雄: まちづくり・都市計画なんでも質問室, ぎょうせい, 2012.

松下圭一: シビルミニマムの思想, 東京大学出版会, 1971.

西尾　勝: 権力と参加, 東京大学出版会, 1975.

ハンス B.C. スピーゲル, 田村　明訳: 市民参加と都市開発, 鹿島出版会, 1975.

ニューヨーク圏計画協会編, 柴田徳衛監訳: 都市政策への市民参加, 鹿島出版会, 1975.

篠原　一: 市民参加, 岩波書店, 1977.

清水浩志郎, 秋山哲男編著: 高齢者の社会参加とまちづくり, 公務職員研修協会, 1988.

ヘンリー・サノフ, 小野敬子訳, 林　泰義解説: まちづくりゲーム, 晶文社, 1993.

マイケル・ノートン, グループ 99 訳: 僕たちの街づくり作戦, 都市文化社, 1993.

小林重敬編, 計画システム研究会: 協議型まちづくり, 学芸出版社, 1994

秋本福雄: パートナーシップによるまちづくり, 行政・企業・市民 / アメリカの経験, 学芸出版社, 1997.

Haar, Charles M. : Law and Land, Anglo-American Planning Practice, M.I.T.Press,

河田嗣郎: 土地経済論, 共立出版, 1924.

C.M.　ハール, 大塩洋一郎・松本　弘訳: 都市計画と土地利用, 都市計画協会,

1968.

　　新沢嘉芽統，華山　謙：地価と土地政策，岩波書店，1969.

　　宅地審議会関係資料集，建設省，1969.

　　櫛田光男編：土地問題講座（1）～（5），鹿島出版会，1970.

　　経済審議会：日本の土地問題第1部，第2部，経済企画協会，1970.

　　ヨーロッパにおける土地政策（計画評論 No.1），都市計画協会，1970.

　　内藤亮一．：建築規制による宅地制度の合理化に関する研究

　　佐伯尚美，小宮隆太郎：日本の土地問題，東京大学出版会，1972.

　　日本土地法学会：土地問題双書，有斐閣，1973～．

　　早川和男：空間価値論，都市開発と地価の構造，勁草書房，1973.

　　水本　浩：土地問題と所有権，有斐閣，1973.

　　篠塚昭次：土地所有権と現代，日本放送出版協会，1974.

　　篠塚昭次：不動産法の常識（上下），日本評論社，1974.

　　国土の利用に関する年次報告（国土白書），国土庁，1976～．

　　イギリスの土地税制（外国の土地制度研究シリーズ I–III）日本不動産研究所，1976.

　　渡辺洋三：土地と財産権，岩波書店，1977.

　　早川和男：土地問題の政治経済学，東洋経済新報社，1977.

　　H.D.ドラプキン，吉田公二監訳：土地政策と都市の発展，第一法規，1980.

　　M. クラウン，小沢健二訳：アメリカの土地制度，大明堂，1981.

　　日笠　端編共著：土地問題と都市計画，東京大学出版会，1981.

　　住宅土地問題研究論文集，日本住宅総合センター，1982～．

　　大久保昌一編：地価と都市計画，学芸出版，1983.

　　田村　明監修：日本都市センター編：自治体の土地政策，ぎょうせい，1983.

　　稲本洋之助，戒能通厚，田山輝明，原田純孝編著：ヨーロッパの土地法制，フランス
・イギリス，西ドイツ，東大出版会，1983.

　　地価と土地システム，国際比較による解決方策，野村総合研究所，1988.

　　藤田宙靖：西ドイツの土地法と日本の土地法，創文社，1988.

　　土地（世界 13 ケ国の土地制度比較）国土庁土地局，1988.

　　日本不動産研究所：土地問題事典，東洋経済新報社，1989.

不動産実務情報ファイル, 第一法規出版, 1989.

岩見良太郎: 土地資本論, 自治体研究社, 1989.

成田頼明: 土地政策と法, 弘文堂, 1989.

五十嵐敬喜: 土地政策のプログラム, 日本評論社, 1991.

辻村　明, 中村英夫, 日本人と土地, 日本における土地意識とその要因, ぎょうせい, 1991.

岩田規久男, 小林重敬, 福井秀夫: 都市と土地の理論, ぎょうせい, 1992.

川瀬光義: 台湾の土地政策, 平均地権の研究, 青木書店, 1992.

目良浩一他: 土地税制の研究, 日本住宅総合センター, 1992.

開発利益還元論, 都市における土地所有のあり方, 日本住宅総合センター, 1993.

土地総合研究所編: 日本の土地, その歴史と現状, ぎょうせい, 1996.

国土庁土地局監修: 市町村 GIS 導入マニュアル, ぎょうせい, 1997.

第7章

Suggested Land Subdivision Regulations, Housing and Home Finance Agency, 1960.

Williams, Norman : The Structure of Urban Zoning, Buttenheim Publishing Corp., 1960.

Babcock, Richard F.: The Zoning Game, Univ. of Wisconsin Press, 1966.

Delatons, John : Land Use Control in the United States, M. I. T. Press, 1969.

Cullingworth, J. B. : Town and Country Planning in Britain, George Allen and Unwin Ltd., 1976.

アメリカの土地利用規制, 日本都市センター, 1947.

フランスの優先市街化地域制度による団地建設の現況調査, 日本住宅公団, 1967.

カリングワース, 久保田誠三訳: 英国の都市農村計画, 都市計画協会, 1972.

都市計画研究会編: 用途地域と住民, 自治体研究社, 1972.

日笠　端, 日端康雄: 住宅市街地の計画的制御の方策に関する研究（Ⅰ～Ⅴ）第一住宅建設協会, 1978 ～ 1982.

空中権その理論と運用, 建設省空中権調査研究会編著, ぎょうせい, 1985.

渡辺俊一: 比較都市計画序説, イギリス・アメリカの土地利用規制, 三省堂, 1985.

鵜野和夫：都市開発と建築基準法，清文社，1988.

日笠　端：都市計画からみた総合設計制度による土地利用転換についての考察，第一住宅建設協会，1988.

日笠　端：東京都総合設計制度による住宅を含む事例についての分析，第一住宅建設協会，1991.

大阪市計画局・大阪府建築士会：大阪の総合設計制度，1992.

福川裕一：ゾーニングとマスタープラン，アメリカの土地利用計画・規制システム，学芸出版社，1997.

中井検裕・村木美貴：英国都市計画とマスタープラン，学芸出版社，1998.

Patsy Healey : Local Plans in British Land Use Planning, Pergamon Press, 1983.

Bruton, Michael & Nicholson, David ; Local Planning m Practice, Hutchinson, 1987.

日端康雄：西独の地区詳細計画における土地の建築的利用の制御，1976.

日笠 端編著：地区計画，都市計画の新しい展開，共立出版，1981.

建築行政における地区計画，建設省住宅局内建築行政研究会，第一法規，1981.

地区別計画資料集，自治省行政課，1982.

地区計画の手引，新市街地の整序のために，地区計画研究会，新日本法規，1983.

地区計画とまちづくり，地区計画一問一答，都市計画協会，1984.

石田頼房，池田孝之：「建築線」計画から地区計画への展開，東京都立大学都市研究センター，1984.

日端康雄：ミクロの都市計画と土地利用，学芸出版社，1988.

再開発地区計画の手引，同研究会編著，ぎょうせい，1989

材野博司：都市の街割，鹿島出版会，1989.

地区計画研究会，日笠　端編著：21世紀の都市づくり―地区の都市計画―，第一法規出版，1993.

高見沢邦郎，日端康雄，佐谷和江：地区計画制度の運用実態と今後の課題，第一住宅建設協会，地域社会研究所，1993.

地区計画を点検する（特集），造景 No.8,1997.

第8章

西脇仁一・石橋多聞編：公害衛生工学大系 I, II, III, 日本評論社, 1966.

合田　健他編：衛生工学ハンドブック, 朝倉書店, 1967.

石橋多聞：上水道学, 技報堂, 1969.

徳平　淳：衛生工学, 森北出版, 1975.

団地内施設の計画, 共同住宅第 3 篇第 3 章, 技報堂, 1970.

団地の施設計画（建築学大系 27 巻 IV), 彰国社, 1971.

建築設計資料集成 5, 日本建築学会, 1972.

吉武泰水編, 建築計画学（全 12 巻）（商業, 教育, 医療, 住宅, 学校, 病院, 図書館）, 丸善, 1973.

柏原士郎：地域施設計画論, 立地モデルの手法と応用, 鹿島出版会, 1991.

区画整理対策全国連絡会議編：区画整理対策の実際, 自治体研究社, 1974.

区画整理対策全国連絡会議編：区画整理対策のすべて, 自治体研究社, 1976, 1984.

区画整理地区の計画的建築誘導, 建設省都市局区画整理課, 1977.

岩見良太郎：土地区画整理の研究, 自治体研究社, 1978.

本城和彦, 井上　孝編：都市開発政策と土地区画整理, アジア及び日本の経験, 名古屋市, 1984.

建設省都市局区画整理課監修：新世代区画整理への展開, 大成出版, 1993.

名古屋市計画局：都市開発政策と土地区画整理—アジア及び日本の経験, 名古屋市計画局, 1989.

Rodwin, Lloyd : British New Towns Policy, Harvard Univ. Press, 1956.

London County Council： The Planning of a New Town, London County Council, 1961.

Osborn, Frederic J. & Whittick, Arnold : The New Towns, The Answer to Megalopolis, Leonard Hill, 1963.

Stein, C. S.: Toward New Towns for America, M. I. T. Press, 1966.

Washington New Town, Washington Development Corporation, 1966.

Ling, Arthur : Runcorn New Town, Runcorn Development Corporation, 1967.

Merlin, Pierre : New Towns, Methuen Co., 1971.

Strong, Ann Louise : Planned Urban Environment, Johns Hopkins Press, 1971.

Irvine New Town Plan, Irvine Development Corporation,1971.

Hertzen & Spreiregen : Building A New Town, Tapiola, M. I. T. Press, 1971.

A. I. A.: New Towns in America, John Wiley & Sons, 1973.

Galantay, Ervin Y.: New Towns, Antiquity to the Present, George Braziller, 1975.

30–13

ロンドン州議会編, 佐々波秀彦・長峯晴夫訳: 新都市の計画, 鹿島出版会, 1964.

日本都市センター: 世界の新都市開発, 日本都市センター, 1965.

日本都市計画学会: 研究学園都市開発基本計画, 1966～1968.

日本都市計画学会: 多摩ニュータウン計画, 1967～1968.

高山英華編: 高蔵寺ニュータウン計画, 鹿島出版会, 1967.

日本都市計画学会: 港北ニュータウン基本計画, 1968.

建築文化283号, 60年代のニュータウン特集, 彰国社, 1970.

近藤茂夫: イギリスのニュータウン開発, 至誠堂, 1970.

ヘルツェン・スプライレゲン, 波多江健郎, 武藤　章訳: タピオラ田園都市, 1971.

F.J. オズボーン, 扇谷弘一, 川手昭二訳: ニュータウン　計画と理念, 鹿島出版会, 1972.

下総　薫: イギリスの大規模ニュータウン, 東京大学出版会, 1975.

アーサー・リン編, 日笠　端監訳, 相川友弥訳: ニュータウンの環境計画, 彰国社, 1975.

佐々波秀彦編著: 欧米の都市開発, 講談社, 1976.

片寄俊秀: ニュータウンの建設過程に関する研究, 長崎造船大学, 1977.

デイビッド・バス, 樋口　清訳: ベリングビーとファシュタ, 鹿島出版会, 1978.

片寄俊秀: 実験都市, 千里ニュータウンはいかに造られたか, 社会思想社, 1981.

住田昌二編著: 日本のニュータウン開発, 都市文化社, 1984.

千里ニュータウンの総合評価に関する調査研究, 同委員会編, 1984.

磯崎新: ショーの製塩工場, 六耀社, 2001.

Wilson, James Q.: Urban Renewal,M. I. T. Press, 1964.

Anderson, Martin : The Federal Bulldozer, A Critical Analysis of Urban Renewal

1949- 1962, M. I. T. Press, 1964.

Johnson-Marsall, Percy : Rebuilding Cities, Edinburgh Univ. Press, 1966.

Holliday, John : City Centre Redevelopment, Charles Knight & Co., 1973.

都市の再開発, 日本都市センター, 1960.

静岡市中心部再開発計画, 東大都市工学科, 高山研究室, 1960.

日本都市計画学会: 岡山市都市再開発マスタープラン, 1962.

高山英華監修: 世界の都市再開発―法制とその背景, 日本都市センター, 1963.

都市計画専門視察団: アメリカの都市計画と再開発, 日本生産性本部, 1963.

石原舜介: 商店街再開発, 科学技術センター, 1966.

高密度住宅地再開発の (物的) 計画手法について, 東大都市工学科川上研究室, 1969.

市街化区域の整備に関する研究報告書, 大阪府土木部, 1971.

マーチン・アンダーソン, 柴田徳衛, 宮本憲一監訳: 都市再開発政策, 1971.

建築文化 304 号: 都市再開発特集号, 彰国社, 1972.

藤田邦昭・柴田正昭: 都市再開発, 街づくりの現場から, 日経新書, 1976.

田辺健一・高野史男・二神 弘: 都心再開発, 古今書院, 1977.

藤田邦昭: 実践としての都市再開発, 学芸出版社, 1980.

木村光宏, 日端康雄: ヨーロッパの都市再開発, 学芸出版社, 1984.

石原舜介監修: 都市再開発と街づくり (都市経営の科学), 技報堂, 1985.

成田孝三: 大都市衰退地区の再生, 大明堂, 1987.

全国市街地再開発協会編: 日本の都市再開発史, 住宅新報社, 1991.

日端康雄, 木村光宏: アメリカの都市再開発, 学芸出版社, 1992.

ロバータ・B・グラッツ, 富田靭彦, 宮路真知子訳, 林 泰義監訳: 都市再生, 晶文社, 1993.

内田雄造: 同和地区のまちづくり論, 環境整備計画・事業に関する研究, 明石書店, 1993.

アーバンコンプレックスビルディング推進会議編: 米国における複合開発の計画プロセス, 日本建築センター建築技術研究所, 1993.

藤田邦昭: 街づくりの発想, 学芸出版社, 1994.

建設省都市再開発課監修：都市再開発ハンドブック，ケイブン出版，1995.

柴田正昭：都市再開発と合意形成，地元からのまちづくり，都市問題経営研究所，1995.

日本都市センター編：世界の都市再開発，日本都市センター，1963.

ハワード・サールマン，小沢明訳：パリ大改造—オースマンの業績，井上書院，1983.

全国市街地再開発協会：日本の都市再開発史，全国市街地再開発協会，1991.

松井道昭：フランス第二帝政下のパリ都市改造，日本経済評論社，1997.

パオラ・ファリーニ，上田曉編：造景別冊—イタリアの都市再生，建築資料研究社，1998.

日本政策投資銀行編著：海外の中心市街地活性化—アメリカ・イギリス・ドイツ 18都市のケーススタディ，ジェトロ，2000.

横森豊雄：英国の中心市街地活性化—タウンセンターマネジメントの活用，同文舘出版，2001.

遠藤新：米国の中心市街地再生—エリアを個性化するまちづくり，学芸出版社，2009.